Entwurf zeitdiskreter Ausgangsregler für Systeme unter Stellgrößen- und Stellratenbeschränkungen

Sabine Lerch

Entwurf zeitdiskreter Ausgangsregler für Systeme unter Stellgrößen- und Stellratenbeschränkungen

Springer Vieweg

Sabine Lerch
Wuppertal, Deutschland

Diese Dissertation wurde von der Fakultät für Elektrotechnik, Informationstechnik und Medientechnik der Bergischen Universität Wuppertal im Juni 2023 angenommen.

ISBN 978-3-658-43060-3 ISBN 978-3-658-43061-0 (eBook)
https://doi.org/10.1007/978-3-658-43061-0

Die Deutsche Nationalbibliothek verzeichnet diese Publikation in der Deutschen Nationalbibliografie; detaillierte bibliografische Daten sind im Internet über http://dnb.d-nb.de abrufbar.

Planung/Lektorat: Carina Reibold
Springer Vieweg ist ein Imprint der eingetragenen Gesellschaft Springer Fachmedien Wiesbaden GmbH und ist ein Teil von Springer Nature.
Die Anschrift der Gesellschaft ist: Abraham-Lincoln-Str. 46, 65189 Wiesbaden, Germany

Das Papier dieses Produkts ist recyclebar.

Vorwort

Die vorliegende Arbeit entstand während meiner Tätigkeit als wissenschaftliche Mitarbeiterin am Lehrstuhl für Automatisierungs- und Regelungstechnik der Bergischen Universität Wuppertal.

Zunächst möchte ich Herrn Prof. Dr.-Ing. Bernd Tibken danken, der mir die Möglichkeit bot, an seinem Lehrstuhl zu promovieren. Dabei schenkte er mir von Anfang an sein Vertrauen, ermutigte mich stets und gab mir die nötigen Freiheiten. Vielen Dank für die angenehme Arbeitsumgebung und die kompetente fachliche Unterstützung.

Zudem danke ich Herrn Prof. Dr.-Ing. Andreas Rauh für die Übernahme des Korreferats und die langjährige Zusammenarbeit auf Augenhöhe. Für die stetigen fachlichen Anreize sowie die aufmerksame Durchsicht meiner Arbeit bin ich ihm sehr verbunden.

Des weiteren gilt mein Dank meinen Kollegen am Lehrstuhl für den fachlichen Austausch, den freundschaftlichen Umgang und die penible Durchsicht meiner Arbeit. Dabei möchte ich Herrn Dr.-Ing. Robert Dehnert besonders für die umfassende Einführung in die Thematik und die ständige fachliche Betreuung danken. Frau Michelle Rosik danke ich insbesondere für den regelmäßigen Austausch zu unseren Themen und die damit verbundenen aufbauenden Worte, die mich ermutigt haben, nie aufzugeben.

Ebenfalls danke ich Frau Jennifer Panz für das aufmerksame Korrektorat.

Mein besonderer Dank gilt meinen Eltern Juliane und Werner Lerch sowie meiner Schwester Kathrin Skinder, die mich auf meinem Weg stets gefördert und unterstützt haben.

Nicht zuletzt danke ich meinem Verlobten Christoph Keil, der immer bedingungslos zu mir hält und sich trotz seiner Expertise auf einem gänzlich anderen Fachgebiet für meine Arbeit interessiert und sie Korrektur gelesen hat. Vielen Dank für die aufopfernde Unterstützung, die Geduld und den Humor, der mich auch in schwierigen Zeiten erdet.

Wuppertal
2023

Sabine Lerch

Notation

Im Rahmen dieser Arbeit werden Skalare durch nicht-fettgedruckte Buchstaben (z. B. a oder A), Vektoren durch fettgedruckte kleine Buchstaben (z. B. $\boldsymbol{a}$) und Matrizen durch fettgedruckte große Buchstaben (z. B. $\boldsymbol{A}$) dargestellt. $\boldsymbol{A} \succ 0$ bedeutet, dass die Matrix oder Funktion $\boldsymbol{A}$ positiv definit ist. Die Operatoren $\prec$, $\succeq$ und $\preceq$ stehen für negative Definitheit, positive Semidefinitheit und negative Semidefinitheit. Die Schreibweise $\boldsymbol{A} \succ \boldsymbol{B}$ bedeutet, dass $\boldsymbol{A} - \boldsymbol{B}$ positiv definit ist.

Außerdem beschreibt

$\boldsymbol{A}^{-1}$	die Invertierte der Matrix $\boldsymbol{A}$,
$\boldsymbol{A}^{\mathrm{T}}$	die Transponierte der Matrix $\boldsymbol{A}$,
$\boldsymbol{a}^{\mathrm{T}}$	einen liegenden Vektor,
$\mathrm{diag}(\boldsymbol{A})$	die Diagonale der Matrix $\boldsymbol{A}$,
$\mathrm{diag}(a, b, c)$	eine Diagonalmatrix mit den Elementen a, b und c,
$\lambda(\boldsymbol{A})$	die Eigenwerte der Matrix $\boldsymbol{A}$
$\mathrm{He}(\boldsymbol{A})$	die verkürzte Schreibweise für $\boldsymbol{A} + \boldsymbol{A}^{\mathrm{T}}$,
$\boldsymbol{A} \otimes \boldsymbol{B}$	das Kronecker-Produkt zweier Matrizen $\boldsymbol{A}$ und $\boldsymbol{B}$,
$a_{\{i,j\}}$	das Element der i-ten Zeile und j-ten Spalte der Matrix $\boldsymbol{A}$,
$\boldsymbol{a}^{\mathrm{T}}_{\{i\}}$	die i-te Zeile der Matrix $\boldsymbol{A}$ und
$a_{\{i\}}$	das i-te Element des Vektors $\boldsymbol{a}$.

Zudem wird das Symbol $\star$ verwendet, um eine symmetrische Matrix durch

$$\begin{pmatrix} \boldsymbol{A} & \boldsymbol{B} \\ \boldsymbol{B}^T & \boldsymbol{C} \end{pmatrix} = \begin{pmatrix} \boldsymbol{A} & \boldsymbol{B} \\ \star & \boldsymbol{C} \end{pmatrix}$$

verkürzt darzustellen.

Komplexe Zahlen werden im Allgemeinen als z, deren Real- und Imaginärteile als $\mathrm{Re}(z)$ und $\mathrm{Im}(z)$ und die komplex Konjugierte von z als z^* gekennzeichnet.

Obere und untere Schranken einer Variablen a werden durch $\overline{a}$ bzw. $\underline{a}$ dargestellt.

Inhaltsverzeichnis

1 Einführung ... 1

2 Grundlagen ... 5
- 2.1 Digitaler Regelkreis ... 5
- 2.2 Zeitdiskretisierung linearer zeitinvarianter Systeme ... 7
- 2.3 Stabilität ... 9
- 2.4 Lineare und bilineare Matrixungleichungen ... 16
- 2.5 Konvexe Optimierung ... 19
- 2.6 Modellbildung beschränkter Aktoren ... 20
- 2.7 Zustandsregelung unter beschränkten Aktoren ... 24
- 2.8 Konvexe Einschließung der Sättigungsfunktionen ... 27
- 2.9 Generalisierte Sektorbedingung ... 31
- 2.10 Windup-Effekt ... 33

3 Problemstellung und Stand der Forschung ... 35
- 3.1 Problemstellung ... 35
- 3.2 Lösung der diskreten Ljapunow-Ungleichung für Zustandsrückführungen ... 38
- 3.3 Lösung der diskreten Ljapunow-Ungleichung für Ausgangsrückführungen ... 40
- 3.4 Iterative Lösung der diskreten Ljapunow-Ungleichung für verschiedene Reglerstrukturen ... 42
- 3.5 Berücksichtigung von Stellgrößen- und Stellratenbeschränkungen ... 47
- 3.6 Optimierungsaufgaben ... 49
- 3.7 Beispielsysteme ... 55
- 3.8 Zielformulierung ... 61

4 Neue Methoden 63
4.1 Nichtsättigende und sättigende Regler 64
4.2 Vergleich der Aktormodelle 79
4.3 Adaption auf verschiedene Reglerstrukturen 82
4.4 Anti-Windup-Methoden 89
4.5 Reduktion von Schwingungen 99
4.6 Sättigungsabhängige Ljapunow-Funktionen 108
4.7 Vergleiche mit anderen Methoden 114

5 Fazit 127

Literaturverzeichnis 131

Abkürzungsverzeichnis und Symbole

Abkürzungsverzeichnis

A/D	Analog-Digital
AE	Angle-Ellipse
BMI	Bilineare Matrixungleichung (engl.: bilinear matrix inequality)
D/A	Digital-Analog
DOF	Dynamische Ausgangsrückführung (engl.: dynamic output feedback)
FSF	Vollständige Zustandsrückführung (engl.: full state feedback)
LMI	Lineare Matrixungleichung (engl.: linear matrix inequality)
LTI	linear zeitinvariant (engl.: linear time invariant)
MRS	Stellgrößen- und Stellratenbeschränkung (engl.: magnitude and rate saturation)
NLMI	Nichtlineare Matrixungleichung (engl.: nonlinear matrix inequality)
OFSF	Beobachterbasierte vollständige Zustandsrückführung (engl.: observer-based full state feedback)
OSSF	Beobachterbasierte strukturierte Zustandsrückführung (engl.: observer-based structured state feedback)
PDLF	Parameterabhängige Ljapunow-Funktion (engl.: parameter dependent Lyapunov function)
QLF	Quadratische Ljapunow-Funktion
SDLF	Sättigungsabhängige Ljapunow-Funktion (engl.: saturation dependent Lyapunov function)
SOF	Statische Ausgangsrückführung (engl.: static output feedback)
SSF	Strukturierte Zustandsrückführung (engl.: structured state feedback)
SVD	Singulärwertzerlegung (engl.: singular value decomposition)
ZRD	Zustandsraumdarstellung

Symbole

a, b	Halbachsen der Ellipse
c	Funktionswert einer Höhenlinie
h	Hypotenuse
i	Zählvariable
j	Zählvariable oder imaginäre Zahl
k	diskrete Zeitvariable
l	Iterationsschritt
m	Anzahl der Stellgrößen $\boldsymbol{u}$
n	Anzahl der Zustände $\boldsymbol{x}_s$ der linearen Systemdynamik
n_z	Anzahl aller Zustände $\boldsymbol{z}$ im geschlossenen Regelkreis
p	Anzahl der Ausgänge $\boldsymbol{y}$
q	Zählvariable
r	Radius
r_e	Zielradius
s	Zählvariable
t	aktuelle Zeit
T	definierter Zeitpunkt
T_{A}	Abtastzeit
z	komplexe Zahl
$\boldsymbol{d}$	Zustandsvektor des differenziellen Anteils eines PID-Reglers
$\boldsymbol{e}$	Vektor der Regelabweichung
$\boldsymbol{i}$	Zustandsvektor des integralen Anteils eines PID-Reglers
$\boldsymbol{u}$	unbeschränkter (berechneter) Stellgrößenvektor
$\boldsymbol{u}_{\mathrm{max}}$	Vektor der maximalen Stellgrößen
$\boldsymbol{u}_s$	beschränkter (wirksamer) Stellgrößenvektor
$\boldsymbol{u}_{\mathrm{R}}$	Stellgrößenvektor im Arbeitspunkt
$\boldsymbol{v}$	unbeschränkter (berechneter) Stellratenvektor
$\boldsymbol{v}_s$	beschränkter (wirksamer) Stellratenvektor
$\boldsymbol{v}_{\mathrm{max}}$	Vektor der maximalen Stellraten
$\boldsymbol{w}$	Führungsgrößenvektor
$\boldsymbol{x}_s$	Zustandsvektor der linearen Systemdynamik
$\boldsymbol{x}$	erweiterter Zustandsvektor der beschränkten Regelstrecke
$\hat{\boldsymbol{x}}$	Zustandsvektor des Beobachters
$\boldsymbol{x}_c$	Zustandsvektor der dynamischen Rückführung
$\boldsymbol{x}_{\mathrm{R}}$	Ruhelage oder Arbeitspunkt
$\boldsymbol{x}_0$	Anfangszustand

$\boldsymbol{y}$	Ausgangsvektor
z	erweiterter Zustandsvektor des geschlossenen Regelkreises
$\boldsymbol{0}$	Nullmatrix
$\boldsymbol{A}$	erweiterte Systemmatrix der beschränkten Regelstrecke
$\boldsymbol{A}_c$	Regelparameter einer dynamischen Rückführung
$\boldsymbol{A}_d$	Systemmatrix der diskreten linearen Systemdynamik
$\boldsymbol{A}_s$	Systemmatrix der kontinuierlichen linearen Systemdynamik
$\hat{\boldsymbol{A}}$	Systemmatrix des Beobachters
$\mathcal{A}$	erweiterte Systemmatrix des geschlossenen Regelkreises
$\tilde{\mathcal{A}}$	Eckmatrix des geschlossenen Regelkreises
$\boldsymbol{B}$	erweiterte Eingangsmatrix der beschränkten Regelstrecke
$\boldsymbol{B}_c$	Regelparameter einer dynamischen Rückführung
$\boldsymbol{B}_d$	Eingangsmatrix der diskreten linearen Systemdynamik
$\boldsymbol{B}_s$	Eingangsmatrix der kontinuierlichen linearen Systemdynamik
$\hat{\boldsymbol{B}}$	Eingangsmatrix des Beobachters
$\mathcal{B}$	erweiterte Eingangsmatrix des geschlossenen Regelkreises
$\boldsymbol{C}$	erweiterte Ausgangsmatrix der beschränkten Regelstrecke
$\boldsymbol{C}_c$	Regelparameter einer dynamischen Rückführung
$\boldsymbol{C}_s$	Ausgangsmatrix der Regelstrecke
$\hat{\boldsymbol{C}}$	Ausgangsmatrix des Beobachters
$\mathcal{C}$	nullregelbares Gebiet
$\boldsymbol{D}_c$	Regelparameter einer dynamischen Rückführung
$\mathcal{D}$	Menge von Diagonalmatrizen mit den Einträgen 0 oder 1
$\boldsymbol{E}, \boldsymbol{E}_1, \boldsymbol{E}_2$	Anti-Windup-Verstärkungen
$\mathcal{E}$	Ellipsoid
$\boldsymbol{F}$	Aktorrückführung der beschränkten Regelstrecke
$\mathcal{F}$	Aktorrückführung des geschlossenen Regelkreises
$\boldsymbol{F}_i, \boldsymbol{G}_i, \boldsymbol{H}_{i,j}$	allgemeine bekannte Matrizen
$\boldsymbol{G}$	allgemeine LMI-Variable
$\boldsymbol{H}, \mathcal{H}_1, \mathcal{H}_2$	Hilfsregler-Verstärkungen
$\boldsymbol{I}$	Einheitsmatrix
$\boldsymbol{K}$	Reglerverstärkung einer statischen Rückführung
$\boldsymbol{K}_{\mathrm{P}}, \boldsymbol{K}_{\mathrm{I}}, \boldsymbol{K}_{\mathrm{D}}$	Reglerverstärkungen einer PID-Regelung
$\mathcal{K}$	Matrix der Reglerverstärkung des geschlossenen Regelkreises
$\hat{\mathcal{K}}$	Entscheidungsvariable für den PID-Regler
$\boldsymbol{L}$	Beobachterverstärkung
$\mathcal{L}$	lineares Gebiet
$\boldsymbol{M}$	Transformationsmatrix der Kongruenztransformation

$\boldsymbol{N}$	allgemeine LMI-Variable
$\boldsymbol{P}$	Ljapunow-Matrix
$\hat{\boldsymbol{P}}$	Approximation der Ljapunow-Matrix
$\boldsymbol{Q},\ \boldsymbol{Q}_1,\ \boldsymbol{Q}_2,\ \boldsymbol{R}$	allgemeine LMI-Variablen
$\boldsymbol{R}_{11},\ \boldsymbol{R}_{12},\ \boldsymbol{R}_{22}$	Parameter zur Abbildung einer D_R-Region
$\boldsymbol{S},\ \boldsymbol{S}_0,\ \boldsymbol{S}_1$	allgemeine LMI-Variable
$\mathcal{S}$	Sektor
$\boldsymbol{T}$	allgemeine LMI-Variable
$\boldsymbol{T}_r$	Diagonalmatrix der Zeitkonstanten des PT_1-Gliedes
$\boldsymbol{W}_1,\ \boldsymbol{W}_2$	Schlupfvariablen
$\mathcal{X}_0$	Gebiet der Anfangszustände $\boldsymbol{x}_0$
$\boldsymbol{Y}$	allgemeine LMI-Variable
α	Inverser Radius
α_e	Inverser Zielradius
β	Vergrößerungsoperator für das Gebiet $\mathcal{X}_0$
γ	Entscheidungsvariable zur Maximierung des Einzugsgebietes
Γ	Abbruchmerker
$\delta,\ \epsilon$	Variablen zur Definition von Stabilität
ε	Abbruchbedingung
ζ	allgemeine LMI-Variable
η	Darstellung konvexe Hülle
ϑ	Dämpfungswinkel
$\boldsymbol{\Theta}$	Eckmatrizen der konvexen Hülle einer einfachen Sättigung
λ_{AE}	Schnittpunkt der AE
λ_c	Eigenwert eines kontinuierlichen Systems
λ_d	Eigenwert eines diskreten Systems
λ_{M}	Mittelpunkt der Kardioide
μ	Steigung
ξ	allgemeine LMI-Variable
$\boldsymbol{\Xi}$	Eckmatrizen der konvexen Hülle einer verschachtelten Sättigung
ρ	Spektralradius
σ	Exponentielle Abklingrate
τ	Zeitkonstante
$\phi,\ \boldsymbol{\phi},\ \Phi$	Variablen zur Erklärung der konvexen Hülle
Ω	Einzugsgebiet
Ω_g	gesichertes Einzugsgebiet

$\mathbb{1}$	Einsmatrix
$\mathbb{C}$	Menge der komplexen Zahlen
$\mathbb{E}$	Menge der Entscheidungsvariablen des Anti-Windups
$\mathbb{K}$	Menge der Entscheidungsvariablen des Reglers
$\mathbb{R}$	Menge der rationalen Zahlen
$\mathrm{conv}\{\cdot\}$	Konvexe Hülle
$\mathbf{dz}(\cdot)$	mehrdimensionale Totzonenfunktion
$f(\cdot)$	Systemgleichung
$\boldsymbol{F}(\cdot)$	allgemeine Funktion von Entscheidungsvariablen
$J(\cdot)$	Gütefunktion (Zielfunktion)
$\mathrm{sat}(\cdot)$	Sättigungsfunktion
$\mathbf{sat}_U(\cdot)$	mehrdimensionale Sättigungsfunktion der Stellgrößen
$\mathbf{sat}_V(\cdot)$	mehrdimensionale Sättigungsfunktion der Stellraten
$V(\cdot)$	Ljapunow-Funktion
$\delta(\cdot)$	Deltafunktion

Abbildungsverzeichnis

Abbildung 2.1	Digitaler autonomer Regelkreis	6
Abbildung 2.2	Diskretisiertes Regelkreismodell	9
Abbildung 2.3	Beispielhafte Darstellung des Ellipsoiden $\mathcal{E}(\boldsymbol{P})$ und der Menge der Anfangszustände $\mathcal{X}_0$	15
Abbildung 2.4	Beispielhafte Darstellung der linearen Gebiete $\mathcal{L}_U(\boldsymbol{K})$ und $\mathcal{L}_V(\boldsymbol{K}+\boldsymbol{F})$	26
Abbildung 2.5	Eindimensionale Darstellung der Sektorbedingung einer Totzone	32
Abbildung 2.6	Dynamisches Verhalten eines Regelkreises mit Windup-Effekt	33
Abbildung 3.1	Trajektorien des Rendezvous-Manövers (Beispielsystem 16) mit dem Zustandsregler (3.1) mit Stellgrößenbeschränkungen (links) und mit Stellgrößen- sowie Stellratenbeschränkungen (rechts)	37
Abbildung 3.2	Konvergenzverhalten des Algorithmus nach Dehnert	47
Abbildung 3.3	Linien konstanter Dämpfung in der komplexen Ebene für einen beispielhaften Dämpfungswinkel von $\vartheta = 60°$ bei einem kontinuierlichen (links) und einem diskreten System (rechts)	52
Abbildung 3.4	Beispielhafte Darstellungen der Kardioiden- und AE-Konturen	53
Abbildung 4.1	Trajektorien des Rendezvous-Manövers (Beispielsystem 16) mit dem Zustandsregler (4.32)	73

Abbildung 4.2	Eigenwertlagen des geschlossenen Regelkreises bei $\underline{\alpha}_1 = \underline{\alpha}_2$ und $\underline{\alpha}_1 \neq \underline{\alpha}_2$ für das numerische Beispielsystem 3	74
Abbildung 4.3	Verläufe von $\underline{\alpha}_1$, ρ^{-1} und α_Δ während der Iteration mit einseitiger oder beidseitiger Schrittweitenregelung für die Vought F-8 Crusader (Beispielsystem 9)	75
Abbildung 4.4	Säulendiagramme der Ergebnisse $\overline{\rho}$ und ρ zur Maximierung der Abklingrate (oben) und Ergebnisse $\tilde{\beta}$ in % des maximalen Ergebnisses zur Maximierung des Einzugsgebietes (unten) für die nichtsättigende (Th. 4.1) und sättigende Regelung (Th. 4.2)	77
Abbildung 4.5	Trajektorien des numerischen Beispielsystems 1 bei nichtsättigender und sättigender Regelung	77
Abbildung 4.6	Dynamisches Verhalten der Modellierungsmöglichkeiten für den Aktor des Ventils (Beispielsystem 8)	81
Abbildung 4.7	Säulendiagramm der Ergebnisse $\tilde{\beta}$ in % des maximalen Ergebnisses für das PT_1- (2.39) und das strikte Aktormodell (2.44)	81
Abbildung 4.8	Aufbau eines Regelkreises mit vollständiger Zustandsrückführung (FSF, links) und strukturierter Zustandsrückführung (SSF, rechts)	83
Abbildung 4.9	Säulendiagramme der Ergebnisse $\overline{\rho}$ und ρ für die statische vollständige (FSF) und strukturierte Zustandsrückführung (SSF), sowie die beobachterbasierte vollständige (OFSF) und strukturierte (OSSF) Zustandsrückführung	86
Abbildung 4.10	Trajektorien des instabilen Kampfflugzeuges (Beispielsystem 17) mit dynamischer Ausgangsrückführung (DOF) oder PID-Regler	88
Abbildung 4.11	Aufbau der Aktorrückführung (links ohne gestrichelte Linie), der einfachen Back-Calculation (links mit gestrichelter Linie) und der zweifachen Back-Calculation (rechts)	90
Abbildung 4.12	Trajektorien des numerischen Beispielsystem 3 mit DOF und DOF_{bc_2}	96

Abbildung 4.13 Lösungen der Anti-Windup-Varianten für die dynamische Ausgangsrückführung (DOF), die sich von der statischen Ausgangsrückführung (SOF) unterscheiden ... 97
Abbildung 4.14 Trajektorien des Rührkessels (Beispielsystem 12) mit verschiedenen Anti- Windup-Varianten für den PID-Regler ... 98
Abbildung 4.15 Trendlinie zur Wahl von λ^r_{AE} nach der geringsten Abweichung der Flächeninhalte ... 102
Abbildung 4.16 Säulendiagramm der Ergebnisse $\overline{\rho}$ und ρ für vollständige Zustandsrückführungen mit Theorem 4.2 und 4.4 ... 104
Abbildung 4.17 Verläufe von $\underline{\alpha}_1$, ρ^{-1} und α_Δ während der Iteration beim Entwurf vollständiger Zustandsrückführungen für die F/A-18 HARV (Beispielsystem 18) mit Theorem 4.2 und 4.4 ... 105
Abbildung 4.18 Säulendiagramme der Ergebnisse $\overline{\vartheta}$ und ϑ bei der Maximierung der Abklingrate oder der Dämpfung für vollständige Zustandsrückführungen ... 106
Abbildung 4.19 Trajektorien des instabilen VTOL-Helikopters (Beispielsystem 15) bei der Maximierung der Abklingrate oder der Dämpfung mit beobachterbasierter strukturierter Zustandsrückführung (OSSF) ... 107
Abbildung 4.20 Säulendiagramme der Ergebnisse $\tilde{\beta}$ in % des maximalen Ergebnisses bei Verwendung einer QLF oder SDLF zum Entwurf vollständiger Zustandsrückführungen ... 113
Abbildung 4.21 Säulendiagramme der Ergebnisse $\overline{\rho}$ und ρ für die Theoreme 4.6 bzw. 4.8, 4.7 bzw. 4.9, 4.10 und 4.5 mit einer vollständigen (FSF) und strukturierten Zustandsrückführung (SSF) sowie einer statischen Ausgangsrückführung (SOF) und einem PID-Regler ... 121

Tabellenverzeichnis

Tabelle 4.1 Übersicht zum Vorgehen zur iterativen Lösung der Optimierungsprobleme ... 72
Tabelle 4.2 Ergebnisse $\overline{\rho}$, ρ und β für das numerische Beispielsystem 1 bei verschiedenen Optimierungsaufgaben ... 79
Tabelle 4.3 Matrizen $\mathcal{A}$, $\mathcal{B}$ und $\mathcal{K}$ bei verschiedenen Reglerstrukturen ... 85
Tabelle 4.4 Matrizen $\mathcal{A}$, $\mathcal{B}_1$ und $\mathcal{B}_2$ bei verschiedenen Reglerstrukturen mit Anti-Windup ... 91
Tabelle 4.5 Vergleich der Komplexität der drei Anti-Windup-Varianten ... 95
Tabelle 4.6 Frobeniusnormen der Regelmatrizen des numerischen Beispielsystems 3 bei verschiedenen Anti-Windup-Varianten für die dynamische Ausgangsrückführung (DOF) ... 95
Tabelle 4.7 Ergebnisse β für das TAFA (Beispielsystem 13) bei den verschiedenen Methoden für verschiedene Regler mit einer QLF oder SDLF ... 123

1 Einführung

Mithilfe der Automatisierungstechnik können heutzutage zahlreiche Prozesse ohne manuelles Eingreifen erfolgen. Dies führt nicht nur zu einem effizienteren und sichereren Arbeiten, sondern ermöglicht erst das Lösen einiger Aufgaben, bei denen das menschliche Geschick an seine Grenzen gerät.

Ein wichtiges Teilgebiet der Automatisierungstechnik ist die Steuer- und Regelungstechnik. Bei einer Steuerung werden die Aktoren eines Systems auf Basis von Erfahrungswerten eingestellt, um ein bestimmtes Verhalten herbeizuführen. Dies birgt jedoch den Nachteil, dass auf unerwartete Störungen nicht reagiert werden kann. Somit können instabile Regelstrecken durch eine Steuerung nicht sicher betrieben werden, da diese durch Störungen ihren Arbeitspunkt verlassen und nicht selbstständig zurückkehren können. Dies führt zum unaufhaltsamen Ansteigen von Zustandsgrößen, was aufgrund technischer Grenzen in der Zerstörung des Systems mündet.

Eine Regelung löst dieses Problem, indem Sensorikdaten ausgewertet und daraus passende Stellgrößen für die Aktorik berechnet werden. Da dies heutzutage in einem eingebetteten System geschieht, berechnet der Regler die neuen Stellgrößen zu festen Zeitschritten, also zeitdiskret. Dazu müssen ebenfalls die Signale der Sensoren abgetastet und quantisiert werden. Durch die Rückführung kann der Regler auf Störungen reagieren und somit auch instabile Regelstrecken stabilisieren.

Dies erfordert die Auswahl einer passenden Reglerstruktur und eine geeignete Parametrierung. Mit diesen Aufgaben beschäftigt sich die Regelungstechnik. Im industriellen Umfeld werden häufig PID-Regler eingesetzt, da diese für Systeme

---

Ergänzende Information Die elektronische Version dieses Kapitels enthält Zusatzmaterial, auf das über folgenden Link zugegriffen werden kann https://doi.org/10.1007/978-3-658-43061-0_1.

S. Lerch, *Entwurf zeitdiskreter Ausgangsregler für Systeme unter Stellgrößen- und Stellratenbeschränkungen*, https://doi.org/10.1007/978-3-658-43061-0_1

mit einem Ein- und einem Ausgang durch empirische Einstellregeln parametriert werden können. Dabei wird jedoch kein Stabilitätsbeweis erbracht und bei mehreren Ein- oder Ausgängen können die Regeln nicht angewendet werden. Daher sind modellbasierte Ansätze vorteilhaft, welche die Regelparameter auf der Basis eines physikalischen Modells der Regelstrecke einstellen.

Es existieren bereits zahlreiche Techniken, um zeitdiskrete Regler für lineare Systeme modellbasiert auszulegen. Reale Systeme weisen jedoch in der Regel kein exakt lineares Verhalten auf.Um dennoch die Methoden der linearen modellbasierten Regelungstechnik zu nutzen, können die Differenzengleichungen des physikalischen Modells mithilfe einer Taylor-Reihenentwicklung linear approximiert werden. Dieses linearisierte Modell kann zur Auslegung einer Festwertregelung verwendet werden, da sich die dynamischen Eigenschaften auf das nichtlineare System in der Nähe des Entwicklungspunktes übertragen.

Jedes reale System unterliegt zudem Stellgrößen- und Stellratenbeschränkungen, die durch eine lineare Approximation auf Basis einer Taylorreihenentwicklung nicht hinreichend genau beschrieben werden. Durch das Vernachlässigen dieser Beschränkungen beim Entwurf eines Reglers kann ein System instabil werden. Es ist daher unabdingbar, die Stellbeschränkungen im Entwurf zu berücksichtigen.

Die Anforderung der Stabilität ist lediglich die Grundvoraussetzung für das Betreiben eines Systems. Um die positiven Eigenschaften der Automatisierungstechnik zu nutzen, soll das Verhalten optimiert werden. Das geforderte Gütekriterium hängt dabei von der Anwendung ab. Häufig ist eine schnelle Dynamik erwünscht, zudem kann beispielsweise auch versucht werden, den Energieverbrauch zu vermindern. Ebenfalls ist es bei Systemen mit großen Störeinflüssen vorteilhaft, den Stabilitätsbereich zu vergrößern oder es kann gefordert werden, Oszillationen zu vermeiden, um beispielsweise Geräuschemissionen zu verhindern.

Die gleichzeitige Stabilitätsgarantie und Optimierung eines Gütekriteriums kann als Optimierungsproblem formuliert werden. Dabei lassen sich die Stabilitätsbedingungen durch Matrixungleichungen darstellen. Die Lösung nichtlinearer Matrixungleichungen ist jedoch nicht trivial, sodass es von Vorteil ist, diese zunächst in lineare Matrixungleichungen umzuformulieren, für die numerisch effiziente Lösungsverfahren existieren.

Das Ziel dieser Arbeit ist daher, geeignete Optimierungsprobleme mit linearen Matrixungleichungen zu formulieren und zu lösen, um den Entwurf verschiedener diskreter Reglerstrukturen für lineare Systeme unter Stellgrößen- und Stellratenbegrenzungen zu ermöglichen.

Dazu werden in Kapitel 2 die Grundlagen für diese Arbeit erläutert. Anschließend wird in Kapitel 3 die Problematik genauer erörtert und der Stand der Forschung herausgearbeitet. Nach einer ausführlicheren Diskussion über mögliche Optimierungsaufgaben wird darauffolgend das Ziel der Arbeit formuliert. In Kapitel 4 werden neue Methoden zur Lösung der Optimierungsprobleme hergeleitet. Diese werden anhand von Beispielen validiert und mit Methoden aus der Literatur verglichen. Schließlich folgt mit Kapitel 5 das Fazit der Arbeit.

Der Anhang im elektronischen Zusatzmaterial enthält weitere Informationen, Herleitungen und Beweise sowie die numerischen Ergebnisse der Beispiele.

2 Grundlagen

In den folgenden Abschnitten werden zunächst die grundlegenden Eigenschaften der digitalen Regelung vorgestellt. Dies beinhaltet eine Beschreibung des digitalen Regelkreises und die Darstellung einer linearen Systemdynamik im Zustandsraum. Ebenfalls werden Stabilitätsdefinitionen und Bedingungen zur Überprüfung erläutert. Da in dieser Arbeit für den Reglerentwurf konvexe Optimierungsprobleme basierend auf linearen Matrixungleichungen gelöst werden sollen, werden hierzu grundlegende Eigenschaften und Lösungsverfahren aufgezeigt. Danach wird die Modellierung der Stellgrößen- und Stellratenbeschränkung eingeführt. Dabei treten nichtlineare Sättigungsfunktionen auf, die einen Entwurf mit linearen Matrixungleichungen erschweren. Um die Stabilität der beschränkten Systeme dennoch sicherstellen zu können, wird das Konzept der Einschließung der Sättigungsfunktionen in konvexe Hüllen und lokale generalisierte Sektorbedingungen vorgestellt. Zum Schluss wird der Windup-Effekt erläutert, der bei Systemen mit Stellbeschränkungen auftritt und daher in dieser Arbeit eine Rolle spielen wird.

2.1 Digitaler Regelkreis

Die digitale Regelung hat gegenüber der analogen Regelung zahlreiche Vorteile und hat sich mittlerweile durchgesetzt [10]. Dies ist vor allem in der Flexibilität begründet [41]. Während bei einer analogen Regelung eine Hardware-Schaltung durch ihre Struktur und Bauteile den Regler festlegt, kann die Software eines digitalen Reglers auch im Endprodukt noch angepasst werden. Zudem werden durch die digitale Regelung neue Reglerstrukturen erschlossen, die in Hardware-Schaltungen nicht oder nur durch großen Aufwand umsetzbar sind [41]. Ein Beispiel dafür sind strukturvariable Regelungen, bei denen in verschiedenen Arbeitsbereichen verschiedene Regler verwendet werden. Des Weiteren sind digitale Regler heutzutage durch die

S. Lerch, *Entwurf zeitdiskreter Ausgangsregler für Systeme unter Stellgrößen- und Stellratenbeschränkungen*, https://doi.org/10.1007/978-3-658-43061-0_2

stetige Weiterentwicklung von Mikroprozessoren preisgünstiger und leistungsfähiger [100].

Daher beschäftigt sich diese Arbeit ausschließlich mit der digitalen Regelung. Die Struktur eines digitalen autonomen Regelkreises ist in der Abbildung 2.1 dargestellt. Bei der zu regelnden Strecke handelt es sich um ein zeitkontinuierliches System, das damit ein analoges Element im digitalen Regelkreis darstellt. Durch die Aktoren kann mithilfe der Stellgrößen $\boldsymbol{u}_s(t)$ zum Zeitpunkt t Einfluss auf die Strecke genommen werden, während durch die Sensoren die Ausgänge $\boldsymbol{y}(t)$ zum Zeitpunkt t gemessen werden. Die Aufgabe des auf dem Mikrocontroller implementierten digitalen Reglers ist es, mithilfe der Ausgänge der Regelstrecke geeignete Stellgrößen zu berechnen, um den geschlossenen Regelkreis in ein stabiles Gleichgewicht zu führen. Dabei wird in dieser Arbeit angenommen, dass die Führungsgrößen $\boldsymbol{w}(t) = \boldsymbol{0}$ sind, also keine Benutzereingaben möglich sind.

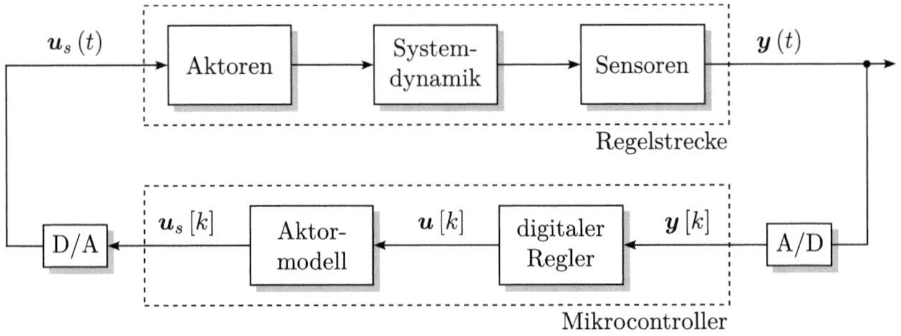

Abbildung 2.1 Digitaler autonomer Regelkreis

Da die Regelstrecke inklusive der Sensorik und Aktorik analog ist, ist eine Umwandlung der Signale von Nöten. Dazu werden Analog-Digital-Wandler (A/D) und Digital-Analog-Wandler (D/A) eingesetzt. Mithilfe eines Abtast-Haltegliedes und des A/D-Wandlers werden dem Mikrocontroller die abgetasteten Ausgänge $\boldsymbol{y}[k]$ zum Abtastzeitpunkt k zur Verfügung gestellt und der D/A-Wandler gibt die berechneten diskreten Stellgrößen $\boldsymbol{u}_s[k]$ mithilfe eines Haltegliedes an die kontinuierliche Regelstrecke weiter. In der Abbildung 2.1 wird angenommen, dass die Halte- und Abtast-Halteglieder in den Wandlern integriert sind. Die Signale werden dabei auch in ihrer Amplitude quantisiert, um sie in einem digitalen Zahlenformat darstellen zu können. In dieser Arbeit wird jedoch davon ausgegangen, dass moderne Mikrocontroller Zahlenformate mit ausreichender Genauigkeit verarbeiten können, sodass die Quantisierungsfehler vernachlässigbar sind [93]. Der entgegengesetzte Fall wird beispielsweise in [44] diskutiert.

Zudem kann auf dem Mikrocontroller ein Modell der Aktorik integriert werden. Dieses Modell stellt sicher, dass die Stellgrößen- und Stellratenbeschränkungen, die im realen Aktor auftreten, bereits vor der D/A-Wandlung eingehalten werden. In Abschnitt 2.6 wird dieses Modell genauer erläutert. In dieser Arbeit wird davon ausgegangen, dass die Sensoren ideales lineares Verhalten aufweisen und dass kein Mess- oder Prozessrauschen erzeugt wird.

Im Gegensatz zur analogen Regelung benötigt der Mikrocontroller eine bestimmte Rechenzeit, um die neue Stellgröße $\boldsymbol{u}_s\,[k]$ zu berechnen. Um die Echtzeitfähigkeit zu gewährleisten, ist es entscheidend, dass dieser Vorgang vor dem neuen Zeitschritt k abgeschlossen ist. Daher muss die Abtastzeit ausreichend groß eingestellt werden, wodurch auch die Rechenzeit vollständig vernachlässigt werden kann [41]. Dem gegenüber steht die Anforderung, das Nyquist-Shannon-Abtasttheorem einzuhalten, das besagt, dass die Abtastfrequenz mindestens doppelt so groß, wie die größte im abgetasteten Signal enthaltende Sinus-Frequenz gewählt werden muss [60]. Wird das Abtasttheorem verletzt, können die hohen Frequenzen des ursprünglichen Signals nicht erkannt werden, sodass das Signal nicht korrekt interpretiert wird. Dies ist auch als Alias-Effekt bekannt. Durch eine zu große Abtastzeit entstehen zudem Totzeiten im Regelkreis, die zu Instabilität führen können [100]. Zur Auswahl einer geeigneten Abtastzeit können unter anderem die Regeln aus [100] angewendet werden, die auf mehreren Kenngrößen der Regelstrecke basieren. Meist ist die Abtastzeit jedoch aufgrund der technischen Gegebenheiten vorgegeben und nur bedingt einstellbar.

2.2 Zeitdiskretisierung linearer zeitinvarianter Systeme

Die Systemdynamik der Regelstrecke aus der Abbildung 2.1 wird in dieser Arbeit als linear zeitinvariantes (LTI) dynamisches Mehrgrößensystem modelliert. Dieses ist zeitkontinuierlich und lässt sich durch die Zustandsraumdarstellung (ZRD)

$$\begin{aligned} \dot{\boldsymbol{x}}_s\,(t) &= \boldsymbol{A}_s \boldsymbol{x}_s\,(t) + \boldsymbol{B}_s \boldsymbol{u}_s\,(t)\,, \;\; \boldsymbol{x}_s(0) = \boldsymbol{x}_0 \\ \boldsymbol{y}\,(t) &= \boldsymbol{C}_s \boldsymbol{x}_s\,(t) \end{aligned} \tag{2.1}$$

beschreiben. Dabei ist $\boldsymbol{x}_s\,(t) \in \mathbb{R}^n$ der Zustandsvektor; $\boldsymbol{u}_s\,(t) \in \mathbb{R}^m$ der Vektor der Stellgrößen (Eingangsvektor); $\boldsymbol{y}\,(t) \in \mathbb{R}^p$ der Vektor der messbaren Größen (Ausgangsvektor); $\boldsymbol{A}_s \in \mathbb{R}^{n \times n}$ die Systemmatrix; $\boldsymbol{B}_s \in \mathbb{R}^{n \times m}$ die Eingangsmatrix; und $\boldsymbol{C}_s \in \mathbb{R}^{p \times n}$ die Ausgangsmatrix. Zum Zeitpunkt $t = 0$ sei der Zustand des Systems mit $\boldsymbol{x}_s(0) = \boldsymbol{x}_0$ gegeben. In einer allgemeineren Darstellung mit der Ausgangsgleichung $\boldsymbol{y}(t) = \boldsymbol{C}_s\boldsymbol{x}(t) + \boldsymbol{D}_s\boldsymbol{u}_s(t)$ sind sprungförmige Systemantworten möglich, da ein direkter Durchgriff der Eingänge auf die Ausgänge besteht. Da viele Systeme dieses Verhalten jedoch nicht aufweisen, wird im Rahmen dieser Arbeit $\boldsymbol{D}_s = \boldsymbol{0}$ angenommen.

Zur modellbasierten Auslegung eines diskreten Reglers ist ein zeitdiskretes Modell der Regelstrecke erforderlich. Dieses kann mithilfe einer diskreten Zeitvariablen $k = tT_\text{A}^{-1}$ mit der Abtastzeit T_A durch die Differenzengleichung

$$\boldsymbol{x}_s[k+1] = e^{\boldsymbol{A}_s T_\text{A}}\boldsymbol{x}_s[k] + \int_0^{T_\text{A}} e^{\boldsymbol{A}_s\tau}\,d\tau\,\boldsymbol{B}_s\boldsymbol{u}_s[k] \tag{2.2}$$

beschrieben werden (siehe beispielsweise [1, 23, 27, 60]). Dabei stimmt die Diskretisierung an den Zeitpunkten $t = kT_\text{A}$ exakt mit dem kontinuierlichen System überein [60]. Der Ausdruck

$$e^{\boldsymbol{A}_s T_\text{A}} = \sum_{i=0}^{\infty}\frac{(\boldsymbol{A}_s T_\text{A})^i}{i!} = \boldsymbol{I} + \boldsymbol{A}_s T_\text{A} + \frac{(\boldsymbol{A}_s T_\text{A})^2}{2} + \ldots \tag{2.3}$$

steht für die Matrixexponentialfunktion. Da die Ausgangsgleichung keine Dynamik aufweist, bleibt diese durch die Diskretisierung unverändert. Damit lässt sich die zeitdiskrete ZRD unter der Voraussetzung, dass $\boldsymbol{A}_s$ regulär ist, in der Form

$$\begin{aligned}\boldsymbol{x}_s[k+1] &= \boldsymbol{A}_d\boldsymbol{x}_s[k] + \boldsymbol{B}_d\boldsymbol{u}_s[k],\ \boldsymbol{x}_s[0] = \boldsymbol{x}_0\\ \boldsymbol{y}[k] &= \boldsymbol{C}_s\boldsymbol{x}_s[k]\end{aligned} \tag{2.4}$$

mit den Matrizen

$$\boldsymbol{A}_d = e^{\boldsymbol{A}_s T_\text{A}},\ \boldsymbol{B}_d = \boldsymbol{A}_s^{-1}\left(e^{\boldsymbol{A}_s T_\text{A}} - \boldsymbol{I}\right)\boldsymbol{B}_s \tag{2.5}$$

darstellen [60]. Die Eigenwerte der diskreten Systemmatrix $\boldsymbol{A}_d$ werden demnach durch $\lambda_i(\boldsymbol{A}_d) = e^{\lambda_i(\boldsymbol{A}_s)T_\text{A}}$ aus den Eigenwerten der kontinuierlichen Systemmatrix $\boldsymbol{A}_s$ berechnet.

Eine Diskretisierung kann außerdem über verschiedene Näherungsverfahren erfolgen. Dies spielt vor allem bei nichtlinearen Systemen eine Rolle, da hierbei die Diskretisierung durch die Differenzengleichung (2.2) nicht möglich ist. Ein übliches Einschrittverfahren ist das explizite Eulerverfahren, das durch die Approximation

$$\dot{\boldsymbol{x}}_s(k) \approx T_{\mathrm{A}}^{-1}\left(\boldsymbol{x}_s[k+1]-\boldsymbol{x}_s[k]\right) \tag{2.6}$$

gegeben ist [68]. Für lineare Systeme führt dies in der Systemdarstellung (2.4) zu den Systemmatrizen

$$\boldsymbol{A}_d = \boldsymbol{I} + \boldsymbol{A}_s T_{\mathrm{A}}, \quad \boldsymbol{B}_d = \boldsymbol{B}_s T_{\mathrm{A}}. \tag{2.7}$$

Anhand der Reihendarstellung (2.3) der Matrixexponentialfunktion ist ersichtlich, dass das explizite Eulerverfahren die lineare Approximation der Methode (2.2) ist. Somit entstehen Diskretisierungsfehler der Ordnung $O\left(T_{\mathrm{A}}^2\right)$, weswegen die Methode über die Matrixexponentialfunktion bei linearen Systemen bevorzugt werden sollte. Für weitere Diskretisierungsverfahren (beispielsweise das implizite Eulerverfahren, das Heun-Verfahren oder verschiedene Runge-Kutta-Verfahren) und deren Fehlerordnungen sei beispielsweise auf [12, 76] verwiesen.

Wird in der Abbildung 2.1 die kontinuierliche Systemdynamik (2.1) durch das diskretisierte Modell (2.4) ersetzt, sind sowohl A/D- als auch D/A-Wandler obsolet. Dadurch folgt auf das Aktormodell direkt der Aktor, sodass mit der Annahme einer exakten Modellierung eines der beiden entfallen kann. Das somit vereinfachte diskretisierte Regelkreismodell ist in Abbildung 2.2 dargestellt. Idealerweise entspricht das Verhalten dieses vollständig diskreten Regelkreises dann dem Verhalten des realen Aufbaus aus der Abbildung 2.1, sodass für den modellbasierten Reglerentwurf das diskretisierte Regelkreismodell verwendet werden kann [93]. Mit dieser Annahme werden in dieser Arbeit diskrete Regler anhand des durch die Matrixexponentialfunktion diskretisierten Modells der Systemdynamik (2.4) entworfen. Die folgenden Abschnitte und Kapitel behandeln daher grundsätzlich diskrete Systeme.

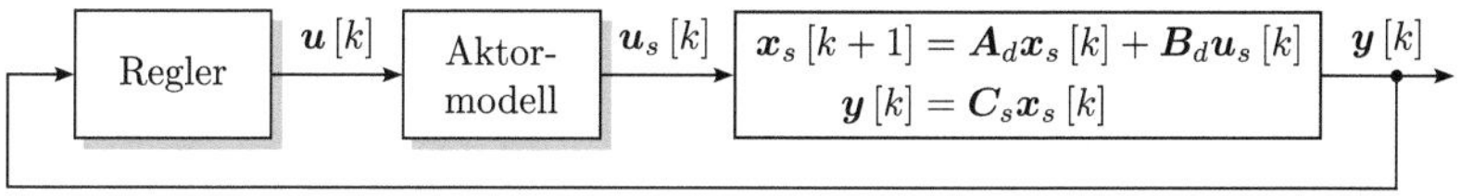

Abbildung 2.2 Diskretisiertes Regelkreismodell

2.3 Stabilität

Stabilität ist die Grundvoraussetzung für das sichere Betreiben eines dynamischen Systems. Bei instabilen Systemen können die Zustandsgrößen unaufhaltsam ansteigen. Ein Stabilitätsverlust kann sich jedoch auch bereits dadurch bemerkbar machen, dass das System den gewünschten Arbeitsbereich verlässt und in einem anderen Arbeitspunkt zur Ruhe kommt. Auch dies ist kein wünschenswertes Verhalten und muss vermieden werden. Stabilitätsbegriffe beziehen sich daher im Allgemeinen nicht auf das gesamte System, sondern auf den gewünschten Arbeitspunkt, der in einem Sonderfall auch als Ruhelage bezeichnet wird. Die beiden Begriffe werden im Folgenden für ein allgemeines nichtlineares diskretes System mit der Differenzengleichung $\boldsymbol{x}[k+1] = f(\boldsymbol{x}[k], \boldsymbol{u}[k])$ mit dem Zustandsvektor $\boldsymbol{x}[k] \in \mathbb{R}^n$ und dem Eingangsvektor $\boldsymbol{u}[k]$ definiert.

Definition 2.1 (Arbeitspunkt). *Der Zustand* $\boldsymbol{x}_\mathrm{R}$ *eines diskreten Systems* $\boldsymbol{x}[k+1] = f(\boldsymbol{x}[k], \boldsymbol{u}[k])$ *heißt Arbeitspunkt, wenn* $\boldsymbol{x}[k+1] = \boldsymbol{x}[k] = \boldsymbol{x}_\mathrm{R}$ *und* $\boldsymbol{u}[k] = \boldsymbol{u}_\mathrm{R}$ *für alle* $k > 0$ *gilt.*

Definition 2.2 (Ruhelage). *Ein Arbeitspunkt heißt Ruhelage, wenn* $\boldsymbol{u}_\mathrm{R} = \boldsymbol{0}$ *ist.*

In der vorliegenden Arbeit soll die Stabilität des geschlossenen autonomen Regelkreises aus Abbildung 2.2 untersucht werden. Unabhängig von der Beschaffenheit des Regelgesetzes und des Aktormodells kann der geschlossene Regelkreis stets so transformiert werden, dass die betrachtete Ruhelage in $\boldsymbol{x}_\mathrm{R} = \boldsymbol{0}$ liegt. Die nachfolgenden Definitionen beziehen sich daher, ohne die Allgemeingültigkeit zu beeinträchtigen, auf ein autonomes System mit der Ruhelage $\boldsymbol{x}_\mathrm{R} = \boldsymbol{0}$. Nun kann der Begriff der Stabilität wie folgt definiert werden.

Definition 2.3 (Stabilität [58]). *Die Ruhelage* $\boldsymbol{x}_\mathrm{R} = \boldsymbol{0}$ *eines autonomen diskreten Systems* $\boldsymbol{x}[k+1] = f(\boldsymbol{x}[k])$ *heißt stabil im Sinne von Ljapunow, wenn für jedes* $\epsilon > 0$ *ein* $\delta > 0$ *existiert, sodass für alle Anfangszustände* $\boldsymbol{x}[0] = \boldsymbol{x}_0$*, die die Bedingung* $\|\boldsymbol{x}_0\| < \delta$ *erfüllen, ein Trajektorienverlauf* $\boldsymbol{x}[k]$ *folgt, der für alle* $k > 0$ *stets* $\|\boldsymbol{x}[k]\| < \epsilon$ *erfüllt.*

Laut dieser Definition gilt eine Ruhelage also als stabil (im Sinne von Ljapunow[1]), wenn die Trajektorien des Systems in einem Bereich um diese Ruhelage herum verweilen. Dies stellt jedoch nicht sicher, dass die Trajektorien für $k \to \infty$ die Ruhelage erreichen. Diese zusätzliche Forderung wird asymptotische Stabilität genannt und wird wie folgt definiert.

[1] im englischsprachigen Raum Lyapunov

Definition 2.4 (Asymptotische Stabilität [58]**).** *Die Ruhelage* $\boldsymbol{x}_{\mathrm{R}} = \boldsymbol{0}$ *heißt asymptotisch stabil, wenn sie stabil ist und* $\lim_{k \to \infty} \|\boldsymbol{x}[k]\| = 0$ *gilt.*

Wenn die Konvergenz in die Ruhelage mit exponentieller Geschwindigkeit erfolgt, wird dies als exponentielle Stabilität bezeichnet. Der Begriff kann durch die Erweiterung der Definition 2.4 wie folgt beschrieben werden.

Definition 2.5 (Exponentielle Stabilität [2, 79]**).** *Die Ruhelage* $\boldsymbol{x}_{\mathrm{R}} = \boldsymbol{0}$ *heißt exponentiell stabil, wenn sie asymptotisch stabil ist und Konstanten* $\mu > 0$, $\sigma > 1$ *und* $\delta > 0$ *existieren, welche die Ungleichung*

$$\|\boldsymbol{x}[k]\| \leq \mu \sigma^{-k} \|\boldsymbol{x}[0]\| \tag{2.8}$$

für alle $\|\boldsymbol{x}[0]\| < \delta$ *und alle* $k > 0$ *erfüllen.*

Dabei wird der größtmögliche Wert von σ, der die Ungleichung (2.8) erfüllt, als Abklingrate des Systems bezeichnet.

Im Sonderfall eines linearen Systems ist jede asymptotisch stabile Ruhelage auch exponentiell stabil [2]. Die asymptotische oder exponentielle Stabilität eines diskreten linearen Systems der Form (2.4) wird durch die Eigenwerte $\lambda_i(\boldsymbol{A}_d)$, $i = 1, \ldots, n$ der Systemmatrix $\boldsymbol{A}_d$ bestimmt. Diese müssen in der komplexen Ebene innerhalb des Einheitskreises liegen, das heißt, ihr Betrag muss kleiner als 1 sein. Diese Bedingung kann auch über den Spektralradius $\rho(\boldsymbol{A}_d) = \max|\lambda_i(\boldsymbol{A}_d)|, i = 1, \ldots, n$ definiert werden, der durch den betragsmäßig größten Eigenwert von $\boldsymbol{A}_d$ gegeben ist. Die Bedingung für asymptotische Stabilität lautet demnach $\rho(\boldsymbol{A}_d) < 1$.

Der Spektralradius bestimmt auch die Abklingrate des Systems, wie sich wie folgt veranschaulichen lässt. Für ein lineares autonomes System $\boldsymbol{x}_s[k+1] = \boldsymbol{A}_d \boldsymbol{x}_s[k]$ ist die Lösung der Differenzengleichung durch $\boldsymbol{x}_s[k] = \boldsymbol{A}_d^k \boldsymbol{x}_s[0]$ gegeben. Durch Einsetzen in die Ungleichung (2.8) wird ersichtlich, dass die Abklingraten der Zustände mit den Eigenwerten $\lambda_i(\boldsymbol{A}_d)$ zusammenhängen. Zur Erfüllung der Ungleichung (2.8) ist dabei der langsamste Eigenwert maßgeblich, der durch $\rho(\boldsymbol{A}_d)$ gegeben ist (vgl. [63]). Ein kleiner Spektralradius bedeutet demnach, dass die Abklingrate hoch ist, also dass die Trajektorien des Systems schneller abklingen.

Für lineare Systeme der Form (2.4) ist der Stabilitätsbegriff im gesamten Zustandsraum $\mathbb{R}^n$ (global) gültig [2], da sie genau eine Ruhelage $\boldsymbol{x}_{\mathrm{R}} = \boldsymbol{0}$ besitzen. Daher kann bei linearen Systemen von der Stabilität des Systems anstelle von der Stabilität der Ruhelage gesprochen werden. Bei nichtlinearen Systemen können mehrere Ruhelagen auftreten, die auch lediglich lokal stabil sein können. Da in dieser Arbeit Systeme unter Stellgrößen- und Stellratenbeschränkungen betrachtet werden, ist die globale Stabilität des geschlossenen Regelkreises ein Sonderfall, der nur auftreten kann, wenn die unbeschränkte Regelstrecke selbst global stabil ist [54, 84]. Die Arbeit beschränkt sich daher auf den allgemeinen Fall der lokalen Stabilitätsprüfung. Der Bereich des Zustandsraumes, in dem die betrachtete Ruhelage lokal asymptotisch stabil ist, ist eine kontraktiv invariante Menge und wird als Einzugsgebiet bezeichnet.

Definition 2.6 (Kontraktive Invarianz und Einzugsgebiet). *Eine Menge heißt kontraktiv invariant bezüglich der asymptotisch stabilen Ruhelage* $\boldsymbol{x}_{\mathrm{R}} = \boldsymbol{0}$*, wenn alle in ihr startenden Trajektorien* $\boldsymbol{x}[k]$ *in ihr verbleiben und im weiteren Verlauf in die Ruhelage streben* [42]. *Die größte Menge, die diese Eigenschaft erfüllt, wird als Einzugsgebiet*

$$\Omega = \left\{ \boldsymbol{x}_0 \in \mathbb{R}^n \ : \ \boldsymbol{x}[k] \in \Omega \ f\ddot{u}r \ \boldsymbol{x}_0 \in \Omega, \ \lim_{k \to \infty} \| \boldsymbol{x}[k] \| = 0 \right\} \tag{2.9}$$

der Ruhelage $\boldsymbol{x}_{\mathrm{R}} = \boldsymbol{0}$ *bezeichnet* [54].

Es sei an dieser Stelle angemerkt, dass die Forderung $\boldsymbol{x}_{\mathrm{R}} = \boldsymbol{0}$ weder für die Definition einer kontraktiv invarianten Menge noch der des Einzugsgebietes notwendig ist, hier aber aus Gründen der Einheitlichkeit zu den anderen Definitionen angenommen wird.

Im Falle globaler asymptotischer Stabilität gilt demnach $\Omega = \mathbb{R}^n$. Das Einzugsgebiet beschränkter Systeme ist hingegen durch das nullregelbare Gebiet begrenzt [42, 54], das wie folgt definiert wird.

Definition 2.7 (Nullregelbares Gebiet [54]**).** *Ein Anfangswert* $\boldsymbol{x}_0$ *eines beschränkten Systems heißt nullregelbar in der Zeit* $T > 0$*, wenn ein Stellgrößenverlauf* $\boldsymbol{u}[k]$ *existiert, der die Beschränkungen einhält und der die Zustandstrajektorie von* $\boldsymbol{x}[0] = \boldsymbol{x}_0$ *in* $\boldsymbol{x}[T] = \boldsymbol{0}$ *überführt. Die Menge aller nullregelbaren Anfangszustände heißt nullregelbares Gebiet* $\mathcal{C}$.

Demnach gilt, dass das Einzugsgebiet stets eine Teilmenge des nullregelbaren Gebietes, also $\Omega \subseteq \mathcal{C}$ ist. Um den Bereich zu bestimmen, in dem das System sicher betrieben werden kann, soll das Einzugsgebiet Ω berechnet werden. Dies kann jedoch eine durchaus komplexe Aufgabe sein [54]. Daher wird üblicherweise lediglich eine kontraktiv invariante Menge als Teilmenge des Einzugsgebietes bestimmt.

Überprüfung der Stabilität von nichtlinearen Systemen

Bei nichtlinearen Systemen kann die Methode der ersten Näherung (oder auch: indirekte Methode von Ljapunow, siehe beispielsweise [2]) nur bedingt bei der Stabilitätsanalyse helfen. Dabei wird das nichtlineare System um die entsprechende Ruhelage linear approximiert und im Anschluss werden die Eigenwerte λ der linearisierten Systemmatrix und damit der Spektralradius ρ berechnet. Dieses Verfahren kann jedoch nur in der Ruhelage Aufschluss über die Stabilität des nichtlinearen Systems geben. Es kann dabei keine Aussage über das Einzugsgebiet Ω getroffen werden, sodass auch bei kleinen Abweichungen von der Ruhelage bereits instabile Zustände erreicht werden können.

Zur Überprüfung der Stabilität nichtlinearer Systeme hat sich daher die direkte Methode von Ljapunow etabliert, die auch Rückschlüsse auf eine garantierte Teilmenge des Einzugsgebietes ermöglicht.

Lemma 2.1 (Direkte Methode von Ljapunow). *Für das System* $\boldsymbol{x}[k+1] = f(\boldsymbol{x}[k])$ *mit der Ruhelage* $\boldsymbol{x}_{\mathrm{R}} = \boldsymbol{0}$ *heißt* $V(\boldsymbol{x}[k])$ *Ljapunow-Funktion, wenn*

$$1.\ V(\boldsymbol{x}[k]) \text{ und } \Delta V(\boldsymbol{x}[k]) \text{ stetig sind,} \tag{2.10}$$

$$2.\ V(\boldsymbol{x}[k]) \succ 0 \text{ gilt,} \tag{2.11}$$

$$3.\ \Delta V(\boldsymbol{x}[k]) \prec 0 \text{ gilt.} \tag{2.12}$$

Dabei ist $\Delta V(\boldsymbol{x}[k]) = V(\boldsymbol{x}[k+1]) - V(\boldsymbol{x}[k])$ [93]. *Wenn eine Funktion mit diesen Eigenschaften in einer Umgebung*

$$\Omega_g = \left\{\boldsymbol{x} \in \mathbb{R}^n : V(\boldsymbol{x}) \leq c\right\} \tag{2.13}$$

der Ruhelage existiert, so ist die Ruhelage $\boldsymbol{x}_{\mathrm{R}} = \boldsymbol{0}$ *in dieser Umgebung asymptotisch stabil und* Ω_g *ist ein gesichertes Einzugsgebiet* [90].

Die Umgebung Ω_g ist im Allgemeinen eine Teilmenge des Einzugsgebietes Ω. Daher wird zwischen dem echten Einzugsgebiet Ω und einem gesicherten Einzugsgebiet Ω_g unterschieden. Die maximale Größe von Ω_g wird durch den größten Wert c bestimmt, für den alle Bedingungen aus Lemma 2.1 erfüllt sind. Das gesicherte Einzugsgebiet ist demnach abhängig von der verwendeten Ljapunow-Funktion. Somit kann es gültige Ljapunow-Funktionen geben, mit denen die Stabilität für kleine gesicherte Einzugsgebiete Ω_g bewiesen werden kann, wohingegen andere Ljapunow-Funktionen für das gleiche System zu deutlich größeren gesicherten Einzugsgebieten führen können.

Es bleibt zu klären, wie ein Kandidat für eine Ljapunow-Funktion gefunden werden kann. Dabei können zunächst alle Funktionen ausgeschlossen werden, die nicht stetig sind und die die Bedingung (2.11) nicht erfüllen, da diese systemunabhängig ist. Nur die dritte Bedingung (2.12) ist durch die Betrachtung von $\Delta V\left(\boldsymbol{x}\left[k\right]\right)$ abhängig vom System $\boldsymbol{x}\left[k+1\right]=f\left(\boldsymbol{x}\left[k\right]\right)$. Eine Klasse von Funktionen, die alle vom System unabhängigen Bedingungen in $\mathbb{R}^n$ erfüllt, ist die Klasse der quadratischen Ljapunow-Funktionen (QLFs)

$$V\left(\boldsymbol{x}\left[k\right]\right)=\boldsymbol{x}^{\mathrm{T}}\left[k\right]\boldsymbol{P}\boldsymbol{x}\left[k\right] \tag{2.14}$$

mit der Ljapunow-Matrix $\boldsymbol{P}=\boldsymbol{P}^{\mathrm{T}}\succ 0\in\mathbb{R}^{n\times n}$. Für QLFs muss daher lediglich die dritte Bedingung (2.12) durch

$$\boldsymbol{x}^{\mathrm{T}}\left[k+1\right]\boldsymbol{P}\boldsymbol{x}\left[k+1\right]-\boldsymbol{x}^{\mathrm{T}}\left[k\right]\boldsymbol{P}\boldsymbol{x}\left[k\right]<0 \tag{2.15}$$

überprüft werden. Die Höhenlinien einer QLF sind Ellipsoide. Somit kann das maximale gesicherte Einzugsgebiet für eine QLF als das Ellipsoid

$$\mathcal{E}\left(\boldsymbol{P}\right)=\left\{\boldsymbol{x}\in\mathbb{R}^n:\boldsymbol{x}^{\mathrm{T}}\boldsymbol{P}\boldsymbol{x}\leq 1\right\} \tag{2.16}$$

definiert werden, wobei durch die freie Skalierbarkeit der Ljapunow-Matrix $\boldsymbol{P}$ der Wert der maximalen Höhenlinie $c=1$ angenommen wird. Dieses Gebiet ist kontraktiv invariant und damit ein gesichertes Einzugsgebiet, wenn dort die Bedingung (2.15) gilt [42].

Um sicherzustellen, dass alle erlaubten Anfangszustände $\boldsymbol{x}_0$ im gesicherten Einzugsgebiet $\mathcal{E}\left(\boldsymbol{P}\right)$ liegen, wird die Menge der Anfangszustände

$$\mathcal{X}_0=\mathrm{conv}\left\{\boldsymbol{x}_{0,1},\boldsymbol{x}_{0,2},\ldots,\boldsymbol{x}_{0,N_{x_0}}\right\} \tag{2.17}$$

definiert, wobei $\mathrm{conv}\left\{\cdot\right\}$ eine konvexe Hülle und N_{x_0} die Anzahl der Anfangszustände $\boldsymbol{x}_{0,i}$, $i=1,\ldots,N_{x_0}$ beschreibt. Es wird dann $\mathcal{X}_0\subseteq\mathcal{E}\left(\boldsymbol{P}\right)$ gefordert. Dies ist in Abbildung 2.3 für $n=2$ und $N_{x_0}=5$ beispielhaft dargestellt, was verdeutlicht, dass alle Punkte $\boldsymbol{x}_{0,i}$ innerhalb oder auf dem Rand der Ellipse $\mathcal{E}\left(\boldsymbol{P}\right)$ liegen können. Durch die Konvexität ist dann sichergestellt, dass auch die gesamte Menge $\mathcal{X}_0$ in $\mathcal{E}\left(\boldsymbol{P}\right)$ liegt.

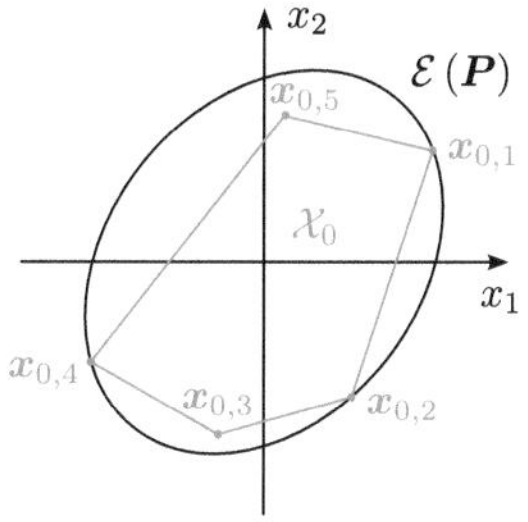

Abbildung 2.3 Beispielhafte Darstellung des Ellipsoiden $\mathcal{E}(\boldsymbol{P})$ und der Menge der Anfangszustände $\mathcal{X}_0$

Für lineare diskrete autonome Systeme der Form $\boldsymbol{x}_s[k+1] = \boldsymbol{A}_d\boldsymbol{x}_s[k]$ kann die Bedingung (2.15) durch Einsetzen der Zustandsgleichung weiter vereinfacht werden, wie das folgende Lemma zeigt.

Lemma 2.2 ([39]). *Das System $\boldsymbol{x}_s[k+1] = \boldsymbol{A}_d\boldsymbol{x}_s[k]$ ist asymptotisch stabil, wenn eine Matrix $\boldsymbol{P} = \boldsymbol{P}^{\mathrm{T}} \succ 0$ existiert, sodass*

$$\boldsymbol{A}_d^{\mathrm{T}}\boldsymbol{P}\boldsymbol{A}_d - \boldsymbol{P} \prec 0 \tag{2.18}$$

gilt.

Hierbei wird die quadratische Form $\boldsymbol{x}_s^{\mathrm{T}}\left(\boldsymbol{A}_d^{\mathrm{T}}\boldsymbol{P}\boldsymbol{A}_d - \boldsymbol{P}\right)\boldsymbol{x}_s < 0 \Rightarrow \boldsymbol{A}_d^{\mathrm{T}}\boldsymbol{P}\boldsymbol{A}_d - \boldsymbol{P} \prec 0$ ausgenutzt. Die Ungleichung (2.18) wird im Folgenden auch als (diskrete) Ljapunow-Ungleichung bezeichnet. Zur Stabilitätsprüfung eines bekannten linearen diskreten Systems mit der Systemmatrix $\boldsymbol{A}_d$ ist diese Bedingung eine lineare Matrixungleichung in der Entscheidungsvariablen $\boldsymbol{P}$. Diese Klasse von Ungleichungen wird im folgenden Abschnitt näher betrachtet.

2.4 Lineare und bilineare Matrixungleichungen

Lineare Matrixungleichungen (LMIs) sind Ungleichungen in der Form

$$\boldsymbol{F}(\boldsymbol{\xi}) = \boldsymbol{F}_0 + \sum_{i=1}^{n_\xi} \xi_i \boldsymbol{F}_i \succ 0, \tag{2.19}$$

wobei $\boldsymbol{F}_i = \boldsymbol{F}_i^{\mathrm{T}} \in \mathbb{R}^{n_F \times n_F}$, $i = 0, \ldots, n_\xi$ bekannte symmetrische Matrizen sind [9]. Die unbekannten Variablen ξ_i, $i = 1, \ldots, n_\xi$ werden als Entscheidungsvariablen bezeichnet und in dem Vektor $\boldsymbol{\xi} \in \mathbb{R}^{n_\xi}$ zusammengefasst. Durch die Ungleichung (2.19) wird gefordert, dass $\boldsymbol{F}(\boldsymbol{\xi})$ positiv definit ist. Es kann jedoch genauso durch $\prec$ sowie $\succeq$, $\preceq$ negative Definitheit oder positive bzw. negative Semidefinitheit gefordert werden. Aufgrund der affinen Abhängigkeit der Ungleichung von den Entscheidungsvariablen ξ_i können LMIs numerisch effizient gelöst werden [9].

Bilineare Matrixungleichungen (BMIs) haben die Form

$$\boldsymbol{F}(\boldsymbol{\xi}, \boldsymbol{\zeta}) = \boldsymbol{F}_0 + \sum_{i=1}^{n_\xi} \xi_i \boldsymbol{F}_i + \sum_{j=1}^{n_\zeta} \zeta_j \boldsymbol{G}_j + \sum_{i=1}^{n_\xi} \sum_{j=1}^{n_\zeta} \xi_i \zeta_j \boldsymbol{H}_{ij} \succ 0, \tag{2.20}$$

wobei $\boldsymbol{F}_i = \boldsymbol{F}_i^{\mathrm{T}} \in \mathbb{R}^{n_F \times n_F}$, $\boldsymbol{G}_j = \boldsymbol{G}_j^{\mathrm{T}} \in \mathbb{R}^{n_F \times n_F}$ und $\boldsymbol{H}_{ij} = \boldsymbol{H}_{ij}^{\mathrm{T}} \in \mathbb{R}^{n_F \times n_F}$ mit $i = 0, \ldots, n_\xi$, $j = 1, \ldots, n_\zeta$ bekannte symmetrische Matrizen von gleicher Dimension und ξ_i, $i = 1, \ldots, n_\xi$ und ζ_j, $j = 1, \ldots, n_\zeta$ Entscheidungsvariablen sind, die zusammengefasst in $\boldsymbol{\xi} \in \mathbb{R}^{n_\xi}$ und $\boldsymbol{\zeta} \in \mathbb{R}^{n_\zeta}$ dargestellt werden [94]. Die Lösung von BMIs gestaltet sich durch die bilineare Abhängigkeit der Entscheidungsvariablen schwieriger. Mögliche Lösungsverfahren von LMI- sowie BMI-Problemen werden in Abschnitt 2.5 behandelt. Matrixungleichungen, die nicht in die Klassen der LMIs oder BMIs eingeordnet werden können, werden im Folgenden als nichtlineare Matrixungleichungen (NLMIs) bezeichnet und können im Allgemeinen nicht durch ein strukturiertes Lösungsverfahren gelöst werden. Dennoch gibt es auch hierzu Ansätze wie beispielsweise die Software PENNON [47], die auf modifizierten Barriere-Funktionen beruht [73].

Eine effizientere Lösung von BMIs und NLMIs ist dann möglich, wenn sie mithilfe von Umformungen in LMIs umgewandelt werden können. Dabei werden bestimmte Eigenschaften von LMIs ausgenutzt, die im Folgenden erläutert werden.

Eigenschaften und Rechenoperationen

Eine LMI ist eine konvexe Bedingung, wodurch auch die Lösungsmenge $\{\boldsymbol{\xi} | \boldsymbol{F}(\boldsymbol{\xi}) \succ 0\}$ konvex ist [9]. BMIs hingegen sind nur in einer der beiden Variablenvektoren konvex (denn dann sind sie LMIs), jedoch in beiden Variablenvektoren $\boldsymbol{\xi}$ und $\boldsymbol{\zeta}$ zusammen nicht konvex [94]. Zudem können mehrere LMIs $\boldsymbol{F}_1(\boldsymbol{\xi}) \succ 0, \ldots, \boldsymbol{F}_q(\boldsymbol{\xi}) \succ 0$ in einer LMI $\operatorname{diag}\left(\boldsymbol{F}_1(\boldsymbol{\xi}), \ldots, \boldsymbol{F}_q(\boldsymbol{\xi})\right) \succ 0$ zusammengefasst werden [9]. Dies ist genauso bei BMIs, NLMIs oder einer Kombination möglich. Eine weitere wichtige Eingenschaft ist, dass

$$\boldsymbol{F}(\boldsymbol{\xi}) \succ 0 \Leftrightarrow -\boldsymbol{I}\boldsymbol{F}(\boldsymbol{\xi}) \prec 0 \tag{2.21}$$

gilt, wobei $\boldsymbol{I}$ die Einheitsmatrix in der entsprechenden Dimension n_F ist.

Die *Kongruenztransformation*

$$\boldsymbol{M}^{\mathrm{T}}\boldsymbol{F}(\boldsymbol{\xi})\boldsymbol{M} \succ 0 \Leftrightarrow \boldsymbol{F}(\boldsymbol{\xi}) \succ 0 \tag{2.22}$$

ist für beliebige reguläre Transformationsmatrizen $\boldsymbol{M} \in \mathbb{R}^{n_F \times n_F}$ gültig, da die Definitheit dabei nicht verändert wird [9]. Dies bedeutet auch, dass LMIs nicht eindeutig sind.

Mit dem *Schur-Komplement* kann eine NLMI der Form

$$\boldsymbol{R} - \boldsymbol{S}^{\mathrm{T}}\boldsymbol{Q}^{-1}\boldsymbol{S} \succ 0 \tag{2.23}$$

mit den Entscheidungsvariablen $\boldsymbol{Q} = \boldsymbol{Q}^{\mathrm{T}} \succ 0$, $\boldsymbol{R} = \boldsymbol{R}^{\mathrm{T}}$ und $\boldsymbol{S}$ in die LMI

$$\begin{pmatrix} \boldsymbol{Q} & \boldsymbol{S} \\ \boldsymbol{S}^{\mathrm{T}} & \boldsymbol{R} \end{pmatrix} \succ 0 \tag{2.24}$$

umgewandelt werden. Ein Beweis ist beispielsweise in [81] oder [94] zu finden. Mit der Eigenschaft (2.21) und einer Kongruenztransformation mit $\boldsymbol{M} = \begin{pmatrix} \boldsymbol{0} & \boldsymbol{I} \\ \boldsymbol{I} & \boldsymbol{0} \end{pmatrix}$ kann zudem gezeigt werden, dass die LMIs

$$\begin{pmatrix} \boldsymbol{Q} & \boldsymbol{S} \\ \boldsymbol{S}^{\mathrm{T}} & \boldsymbol{R} \end{pmatrix} \succ 0 \Leftrightarrow \begin{pmatrix} -\boldsymbol{Q} & \boldsymbol{S} \\ \boldsymbol{S}^{\mathrm{T}} & -\boldsymbol{R} \end{pmatrix} \prec 0 \Leftrightarrow \begin{pmatrix} -\boldsymbol{R} & \boldsymbol{S}^{\mathrm{T}} \\ \boldsymbol{S} & -\boldsymbol{Q} \end{pmatrix} \prec 0 \Leftrightarrow \begin{pmatrix} \boldsymbol{R} & \boldsymbol{S}^{\mathrm{T}} \\ \boldsymbol{S} & \boldsymbol{Q} \end{pmatrix} \succ 0 \tag{2.25}$$

äquivalent zueinander sind. Durch Anwendung des Schur-Komplementes sind außerdem alle LMIs (2.25) ebenfalls zu

$$
\begin{aligned}
& \boldsymbol{R} - \boldsymbol{S}^{\mathrm{T}} \boldsymbol{Q}^{-1} \boldsymbol{S} \succ 0 \text{ und } \boldsymbol{Q} \succ 0 && (2.26)\\
\Leftrightarrow\ & -\boldsymbol{R} + \boldsymbol{S}^{\mathrm{T}} \boldsymbol{Q}^{-1} \boldsymbol{S} \prec 0 \text{ und } \boldsymbol{Q} \succ 0 && (2.27)\\
\Leftrightarrow\ & -\boldsymbol{Q} + \boldsymbol{S} \boldsymbol{R}^{-1} \boldsymbol{S}^{\mathrm{T}} \prec 0 \text{ und } \boldsymbol{R} \succ 0 && (2.28)\\
\Leftrightarrow\ & \quad \boldsymbol{Q} - \boldsymbol{S} \boldsymbol{R}^{-1} \boldsymbol{S}^{\mathrm{T}} \succ 0 \text{ und } \boldsymbol{R} \succ 0 && (2.29)
\end{aligned}
$$

äquivalent.

Bei einem *Tausch der Variablen* werden nichtlineare Terme in einer neuen Entscheidungsvariablen ausgedrückt. So kann beispielsweise in der NLMI

$$\boldsymbol{Q} + \boldsymbol{R}^{-1} \succ 0 \tag{2.30}$$

mit den Entscheidungsvariablen $\boldsymbol{Q}$ und $\boldsymbol{R}$ der nichtlineare Term $\boldsymbol{R}^{-1}$ durch eine neue Variable $\boldsymbol{S}$ ersetzt werden. Dann kann die daraus folgende LMI effizient gelöst werden und das Ergebnis von $\boldsymbol{S}$ kann verwendet werden, um eine eindeutige Lösung von $\boldsymbol{R} = \boldsymbol{S}^{-1}$ zu erhalten [39]. Der Tausch der Variablen ist hier möglich, weil $\boldsymbol{R}$ einzig als Inverse in der Ungleichung auftaucht. Im Beispiel $\boldsymbol{Q} + \boldsymbol{R}^{-1} + \boldsymbol{R} \succ 0$ ist das Ersetzen von $\boldsymbol{R}^{-1}$ durch eine neue Variable $\boldsymbol{S}$ nicht gültig, da eine Abhängigkeit zwischen $\boldsymbol{R}$ und $\boldsymbol{S}$ besteht.

Des Weiteren können auch bilineare Terme durch eine neue Variable ausgedrückt werden. So kann beispielsweise in der BMI

$$\boldsymbol{Q} + \boldsymbol{R}\boldsymbol{S} \succ 0 \tag{2.31}$$

mit den Entscheidungsvariablen $\boldsymbol{Q}$, $\boldsymbol{R}$ und $\boldsymbol{S}$ der Term $\boldsymbol{R}\boldsymbol{S}$ durch eine neue Variable $\boldsymbol{T}$ ersetzt werden, wobei zu beachten ist, dass dabei keine eindeutige Rückrechnung von $\boldsymbol{R}$ und $\boldsymbol{S}$ möglich ist. Hierzu kann die Singulärwertzerlegung (SVD) eingesetzt werden [45].

Der Tausch der Variablen ist jedoch nicht sinnvoll, wenn bekannte Parameter in dem zu ersetzenden Term vorkommen, wie beispielsweise in

$$\boldsymbol{Q} + \boldsymbol{R}\boldsymbol{G}_1\boldsymbol{S} \succ 0, \tag{2.32}$$

wobei $\boldsymbol{G}_1$ eine bekannte Matrix sei, während $\boldsymbol{Q}$, $\boldsymbol{R}$ und $\boldsymbol{S}$ weiterhin Entscheidungsvariablen sind. Das Ersetzen von $\boldsymbol{R}\boldsymbol{G}_1\boldsymbol{S}$ zu einer neuen Variablen $\boldsymbol{T}$ würde dann dazu führen, dass $\boldsymbol{T}$ nicht frei wählbar ist.

In der Regelungstechnik sind LMIs von besonderer Bedeutung, da die Ljapunow-Ungleichung (2.18) eine LMI in der Entscheidungsvariablen $\boldsymbol{P}$ ist. Durch eine beliebige Lösung der Ungleichung wird die Stabilität der betrachteten Ruhelage sichergestellt, jedoch soll der geschlossene Regelkreis außerdem bestimmte Gütekriterien erfüllen. Daher werden Optimierungsprobleme formuliert, welche die LMIs als konvexe Nebenbedingungen verwenden.

2.5 Konvexe Optimierung

Soll lediglich die Lösbarkeit der LMI-Bedingung (2.19) untersucht werden, so kann ein *Validierungsproblem*

$$\begin{aligned} &\text{finde} \quad \boldsymbol{\xi} \\ &\text{sodass} \ \boldsymbol{F}(\boldsymbol{\xi}) \succ 0 \end{aligned} \tag{2.33}$$

formuliert werden. Wenn gleichzeitig ein Gütekriterium optimiert werden soll, wird ein *Optimierungsproblem*

$$\begin{aligned} &\text{minimiere} \ J(\boldsymbol{\xi}) \\ &\text{sodass} \qquad \boldsymbol{F}(\boldsymbol{\xi}) \succ 0 \end{aligned} \tag{2.34}$$

mit der Zielfunktion $J(\boldsymbol{\xi})$ formuliert. Die LMI $\boldsymbol{F}(\boldsymbol{\xi}) \succ 0$ wird hierbei als Nebenbedingung bezeichnet. Da LMIs konvex sind, ist das Validierungsproblem (2.33) ebenfalls konvex. Das Optimierungsproblem (2.34) ist genau dann konvex, wenn auch die Zielfunktion $J(\boldsymbol{\xi})$ konvex ist. Der Vorteil von konvexer Optimierung ist, dass konvexe Funktionen ein einziges lokales Minimum besitzen. Damit können lokale Optimierungsverfahren mit der Gewissheit verwendet werden, dass das gefundene Optimum ein globales Optimum ist [81]. Daher werden in dieser Arbeit stets konvexe Zielfunktionen verwendet.

Konvexe Optimierungsprobleme sind P-schwer, können also in polynomieller Zeit deterministisch gelöst werden [94]. Dazu können beispielsweise die Ellipsoidmethode [8] oder das Innere-Punkte-Verfahren [66] verwendet werden. Die Ellipsoidmethode ist dabei im Allgemeinen langsamer als das Innere-Punkte-Verfahren [95].

Da BMIs nicht konvex sind, können diese mehrere lokale Minima aufweisen und sind NP-schwer. Dies bedeutet, dass sie lediglich nichtdeterministisch in einer polynomiellen Zeit gelöst werden können. Zur Lösung können globale Optimierungsmethoden wie beispielsweise Branch-and-Bound-Algorithmen [28] eingesetzt werden. Es gibt jedoch auch die Möglichkeit, BMIs iterativ mithilfe von LMI-Lösern zu lösen. Dies wird in der Regelungstechnik als PK-Iteration bezeichnet (siehe [23, 49]), da die Bilinearitäten im Allgemeinen zwischen der Ljapunow-Matrix $\boldsymbol{P}$ und

Algorithm 2.1 PK-Iteration zur Lösung einer BMI in $\boldsymbol{P}$ und $\boldsymbol{K}$

Initialisierung: $\boldsymbol{K} = \boldsymbol{K}_1, l = 1$
1: **solange** Abbruchkriterium noch nicht erfüllt **wiederhole**
2: **wenn** l ungerade **dann**
3: Setze $\boldsymbol{K} = \boldsymbol{K}_l$ in die BMI ein und löse nach $\boldsymbol{P}$
4: Speichere $\boldsymbol{P}_l = \boldsymbol{P}$
5: **sonst**
6: Setze $\boldsymbol{P} = \boldsymbol{P}_l$ in die BMI ein und löse nach $\boldsymbol{K}$
7: Speichere $\boldsymbol{K}_l = \boldsymbol{K}$
8: **ende wenn**
9: Aktualisiere $l = l + 1$
10: **ende solange**
Ausgabe: $\boldsymbol{K}_l$, $\boldsymbol{P}_l$

der Reglerverstärkung $\boldsymbol{K}$ auftreten. Das Verfahren wird in Algorithmus 2.1 dargestellt. Dabei wird zunächst eine erste Schätzung von $\boldsymbol{K}$ bestimmt und in die BMI als Konstante eingesetzt. Mit dieser Konstanten wird die nun in $\boldsymbol{P}$ lineare LMI gelöst. Im Folgenden wird die erhaltene Lösung von $\boldsymbol{P}$ als Konstante in die BMI eingesetzt und nach $\boldsymbol{K}$ gelöst. Dieses Verfahren wird wiederholt bis $\boldsymbol{P}$ und $\boldsymbol{K}$ konvergieren.

In dieser Arbeit und in damit zusammenhängenden Veröffentlichungen [20, 51] werden BMI-Probleme, die nicht durch die erläuterten Methoden in LMI-Probleme umgewandelt werden können, mithilfe einer PK-Iteration gelöst, sodass ein LMI-Löser eingesetzt werden kann. Dazu wird MATLAB in Verbindung mit der Toolbox YALMIP [60] und dem Löser MOSEK [64] verwendet.

2.6 Modellbildung beschränkter Aktoren

Ein realer Aktor ist sowohl in der Stellgröße als auch der Stellrate beschränkt, kann also keine unendlich großen Stellgrößen erreichen und auch nicht unendlich schnell zwischen zwei Stellgrößen wechseln. Systeme mit diesem Verhalten werden als MRS-Systeme bezeichnet. Die Beschränkung der Rate äußert sich teils als PT_1-Verzögerungsglied, kann jedoch auch durch eine maximale Rate pro Zeitschritt beschränkt sein. Die Beschränkung mit einer maximalen Rate wird in dieser Arbeit als *strikte Ratenbeschränkung* bezeichnet.

Die Aktoren sind grundsätzlich kontinuierliche Systeme. Es kann jedoch davon ausgegangen werden, dass bereits auf dem Mikrocontroller sichergestellt werden soll, dass die Beschränkungen nicht verletzt werden (siehe Abbildung 2.1). Die Aktoren werden dazu diskret modelliert. Das Modell kann dann ebenfalls im diskretisierten Regelkreismodell in Abbildung 2.2 verwendet werden. Dabei ist $\boldsymbol{u}[k]$ der Eingangsvektor des Aktors, also der durch den Regler vorgegebene unbeschränkte Stellgrößenvektor, und $\boldsymbol{u}_s[k]$ ist der Ausgangsvektor des Aktors, also der an die lineare Systemdynamik weitergegebene beschränkte Stellgrößenvektor. Der unbeschränkte Stellratenvektor wird durch $\boldsymbol{v}[k] = \boldsymbol{u}[k] - \boldsymbol{u}_s[k-1]$ und der beschränkte durch $\boldsymbol{v}_s[k] = \boldsymbol{u}_s[k] - \boldsymbol{u}_s[k-1]$ definiert. Dabei ist zu beachten, dass sich auch der unbeschränkte Stellratenvektor auf den vorherigen Wert der beschränkten Stellgrößen bezieht.

Die Vektoren

$$\boldsymbol{u}_{\max} = \begin{pmatrix} u_{\max,1} \\ u_{\max,2} \\ \vdots \\ u_{\max,m} \end{pmatrix}, \ \boldsymbol{u}_{\min} = \begin{pmatrix} u_{\min,1} \\ u_{\min,2} \\ \vdots \\ u_{\min,m} \end{pmatrix}, \ \boldsymbol{v}_{\max} = \begin{pmatrix} v_{\max,1} \\ v_{\max,2} \\ \vdots \\ v_{\max,m} \end{pmatrix}, \ \boldsymbol{v}_{\min} = \begin{pmatrix} v_{\min,1} \\ v_{\min,2} \\ \vdots \\ v_{\min,m} \end{pmatrix} \tag{2.35}$$

beschreiben die Minimal- und Maximalwerte der Stellgrößen und strikten Stellraten. Es wird angenommen, dass die Beschränkungen symmetrisch sind, also $\boldsymbol{u}_{\max} = -\boldsymbol{u}_{\min}$ und $\boldsymbol{v}_{\max} = -\boldsymbol{v}_{\min}$ gilt, sodass die Beschränkungen im Folgenden mit $\boldsymbol{u}_{\max}$ und $\boldsymbol{v}_{\max}$ bezeichnet werden. Die Sättigung der Stellgrößen und Stellraten wird dann mithilfe der mehrdimensionalen Funktionen

$$\mathbf{sat}_U(\boldsymbol{u}[\boldsymbol{k}]) = \begin{pmatrix} \operatorname{sat}_{u_{\max,1}}(u_1[k]) \\ \operatorname{sat}_{u_{\max,2}}(u_2[k]) \\ \vdots \\ \operatorname{sat}_{u_{\max,m}}(u_m[k]) \end{pmatrix}, \ \mathbf{sat}_V(\boldsymbol{v}[\boldsymbol{k}]) = \begin{pmatrix} \operatorname{sat}_{v_{\max,1}}(v_1[k]) \\ \operatorname{sat}_{v_{\max,2}}(v_2[k]) \\ \vdots \\ \operatorname{sat}_{v_{\max,m}}(v_m[k]) \end{pmatrix} \tag{2.36}$$

dargestellt, wobei eine eindimensionale Sättigungsfunktion durch

$$\operatorname{sat}_{u_{\max,i}}(u_i[k]) = \min\left(|u_i[k]|, u_{\max,i}\right) \operatorname{sgn}(u_i[k]) \tag{2.37}$$

definiert ist. Alleinige Stellgrößenbeschränkungen können damit durch

$$\boldsymbol{u}_s[k] = \mathbf{sat}_U(\boldsymbol{u}[k]) \tag{2.38}$$

beschrieben werden. Wenn Stellratenbeschränkungen auftreten, kommt eine zusätzliche Dynamik hinzu.

Modellierung der Stellrate als PT_1-Verzögerung

Ein Beispiel für einen Aktor, der mit einer PT_1-Verzögerung reagiert, ist die Trägheit eines Asynchronmotors. Dies kann zusammen mit der Stellgrößenbeschränkung durch

$$\boldsymbol{u}_s[k+1] - \boldsymbol{u}_s[k] = \boldsymbol{T}_r\left(\mathbf{sat}_U(\boldsymbol{u}[k]) - \boldsymbol{u}_s[k]\right) \tag{2.39}$$

mit der Diagonalmatrix $\boldsymbol{T}_r$ der PT_1-Zeitkonstanten modelliert werden. Das Modell kann aus dem kontinuierlichen Modell aus [40] mithilfe des expliziten Eulerverfahrens hergeleitet werden und ist beispielsweise auch in [46] zu finden.

Um die Regelstrecke in einem Gesamtmodell darstellen zu können, wird das Aktormodell mit dem linearen Modell der Systemdynamik kombiniert. Dazu wird der erweiterte Zustandsvektor

$$\boldsymbol{x}[k] = \begin{pmatrix} \boldsymbol{x}_s[k] \\ \boldsymbol{u}_s[k] \end{pmatrix} \in \mathbb{R}^{n+m} \tag{2.40}$$

definiert. Die Kombination aus dem Modell (2.4) der linearen Systemdynamik und dem PT_1-Aktormodell (2.39) kann in der Form

$$\begin{aligned} \boldsymbol{x}[k+1] &= \boldsymbol{A}\boldsymbol{x}[k] + \boldsymbol{B}\mathbf{sat}_U(\boldsymbol{u}[k]), \ \boldsymbol{x}[0] = \boldsymbol{x}_0 \\ \boldsymbol{y}[k] &= \boldsymbol{C}\boldsymbol{x}[k] \end{aligned} \tag{2.41}$$

mit den Matrizen

$$\boldsymbol{A} = \begin{pmatrix} \boldsymbol{A}_d & \boldsymbol{B}_d \\ \mathbf{0} & \boldsymbol{I} - \boldsymbol{T}_r \end{pmatrix}, \ \boldsymbol{B} = \begin{pmatrix} \mathbf{0} \\ \boldsymbol{T}_r \end{pmatrix}, \ \boldsymbol{C} = \begin{pmatrix} \boldsymbol{C}_s & \mathbf{0} \end{pmatrix} \tag{2.42}$$

dargestellt werden. Dabei wird durch die Struktur der Matrix $\boldsymbol{C}$ angenommen, dass die Aktorzustände $\boldsymbol{u}_s[k]$ nicht gemessen werden.

Es sei zu beachten, dass ein Anfangszustand in dieser Arbeit durchweg mit $\boldsymbol{x}_0$ bezeichnet wird, wobei die Dimension abhängig von den betrachteten Zuständen ist. Bei der Betrachtung der linearen Systemdynamik, also dem Zustand $\boldsymbol{x}_s$, ist $\boldsymbol{x}_0 \in \mathbb{R}^n$. Hier ist hingegen $\boldsymbol{x}_0 \in \mathbb{R}^{n+m}$, wobei die Initialzustände $\boldsymbol{u}_s[0]$ des Aktors stets zu $\mathbf{0}$ angenommen werden können. Die Menge aller Anfangszustände wird dann ebenfalls nach der Definition (2.17) durchweg als $\mathcal{X}_0$ bezeichnet.

Strikte Stellratenbeschränkungen

Ein Beispiel für einen Aktor, der strikten Stellgrößen- und Stellratenbeschränkungen unterliegt, ist ein durch einen Schrittmotor gesteuertes Ventil. Dabei ist die Stellgrößenbeschränkung der Durchmesser bei vollständig geöffnetem oder geschlossenen Ventil. Um die aktuelle Position des Ventils zu erfassen, muss sichergestellt werden, dass der Rotor des Schrittmotors dem Drehfeld stets folgt, sodass keine Schritte übersprungen werden. Dazu wird die Anzahl der Schritte pro Sekunde beschränkt [87], was einer strikten Ratenbeschränkung entspricht. Weitere typische Beispiele für strikte Ratenbeschränkungen sind in der Luft- und Raumfahrt zu finden [90].

Eine strikte Stellratenbeschränkung kann analog zu der Stellgrößenbeschränkung (2.38) durch

$$\begin{aligned} \boldsymbol{v}_s\left[k\right] &= \mathbf{sat}_V\left(\boldsymbol{v}\left[k\right]\right) \\ \Leftrightarrow \boldsymbol{u}_s\left[k+1\right] - \boldsymbol{u}_s\left[k\right] &= \mathbf{sat}_V\left(\boldsymbol{u}\left[k+1\right] - \boldsymbol{u}_s\left[k\right]\right) \end{aligned} \tag{2.43}$$

beschrieben werden. Bei diesem Modell muss zur Berechnung des neuen beschränkten Stellgrößenvektors $\boldsymbol{u}_s\left[k+1\right]$ bereits der neue unbeschränkte Stellgrößenvektor $\boldsymbol{u}\left[k+1\right]$ bekannt sein. Eine Beschreibung im Zustandsraum ist mithilfe der Substitution von $\boldsymbol{u}\left[k+1\right]$ durch $\boldsymbol{u}\left[k\right]$ im Modell (2.43) möglich. Der beschränkte Stellgrößenverlauf wird dabei jedoch um einen Zeitschritt verzögert. Soll nun gleichzeitig auch die Stellgröße beschränkt werden, kann dies durch

$$\boldsymbol{u}_s\left[k+1\right] - \boldsymbol{u}_s\left[k\right] = \mathbf{sat}_V\left(\mathbf{sat}_U\left(\boldsymbol{u}\left[k\right]\right) - \boldsymbol{u}_s\left[k\right]\right) \tag{2.44}$$

beschrieben werden. Dieses Modell ist ebenfalls in [4, 69] zu finden. Das zeitkontinuierliche Äquivalent liefert Stoorvogel in [86] durch

$$\dot{\boldsymbol{u}}_s\left(t\right) = \mathbf{sat}_V\left(\tau\mathbf{sat}_U\left(\boldsymbol{u}\left(t\right)\right) - \boldsymbol{u}_s\left(t\right)\right). \tag{2.45}$$

Dieses Modell ist weit verbreitet und wird beispielsweise in [32, 46, 67, 86, 90] verwendet. Das diskrete Modell (2.44) kann aus der Differentialgleichung (2.45) mithilfe des expliziten Eulerverfahrens hergeleitet werden. Hierbei wird die Abtastzeit T_{A} in den maximalen Stellraten $\boldsymbol{v}_{\max}$ berücksichtigt, indem $\boldsymbol{v}_{\max}$ pro Zeitschritt und nicht pro Sekunde angegeben wird.

In dem kontinuierlichen Modell sollte $\tau \to \infty$ gewählt werden, um den Verzögerungseffekt vollständig zu vermeiden, sodass das Modell die volle Kapazität des Aktors ausnutzt. Eine zu große Wahl von τ kann jedoch zu einer hohen Konditionszahl und daher zu numerischen Problemen führen. Eine geeignete Wahl von τ

wird beispielsweise in der Dissertation [46] diskutiert. Dies erübrigt sich in einem diskreten System, da hier die Differenz zwischen zwei Zeitschritten beschränkt wird. Bei der Diskretisierung wird daher $\tau = 1$ gewählt, um das Verhalten optimal abzubilden.

Die erweitere Systemdarstellung aus dem linearen Modell der Systemdynamik (2.4) und dem strikt beschränkten Aktormodell (2.44) ergibt

$$\begin{aligned} \boldsymbol{x}[k+1] &= \boldsymbol{A}\boldsymbol{x}[k] + \boldsymbol{B}\,\mathbf{sat}_V\left(\mathbf{sat}_U\left(\boldsymbol{u}[k]\right) + \boldsymbol{F}\boldsymbol{x}[k]\right), \quad \boldsymbol{x}[0] = \boldsymbol{x}_0 \\ \boldsymbol{y}[k] &= \boldsymbol{C}\boldsymbol{x}[k] \end{aligned} \tag{2.46}$$

mit den Matrizen

$$\boldsymbol{A} = \begin{pmatrix} \boldsymbol{A}_d & \boldsymbol{B}_d \\ \boldsymbol{0} & \boldsymbol{I} \end{pmatrix}, \quad \boldsymbol{B} = \begin{pmatrix} \boldsymbol{0} \\ \boldsymbol{I} \end{pmatrix}, \quad \boldsymbol{F} = \begin{pmatrix} \boldsymbol{0} & -\boldsymbol{I} \end{pmatrix}, \quad \boldsymbol{C} = \begin{pmatrix} \boldsymbol{C}_s & \boldsymbol{0} \end{pmatrix} \tag{2.47}$$

für den Zustandsvektor (2.40).

2.7 Zustandsregelung unter beschränkten Aktoren

Die Systeme (2.41) bzw. (2.46) sollen nun durch einen klassischen Zustandsregler mit dem Regelgesetz

$$\boldsymbol{u}[k] = \boldsymbol{K}\boldsymbol{x}[k] \tag{2.48}$$

stabilisiert werden. Trotz dieses linearen Regelgesetzes ist die Rückführung durch die beschränkten Aktoren jedoch bei Erreichen der Sättigung nichtlinear. Für einen Stabilitätsbeweis mit der direkten Methode von Ljapunow muss dann die nichtlineare Bedingung (2.15) mit $\boldsymbol{x}[k+1] = \boldsymbol{A}\boldsymbol{x}[k] + \boldsymbol{B}\,\mathbf{sat}_U\left(\boldsymbol{K}\boldsymbol{x}[k]\right)$ bzw. mit $\boldsymbol{x}[k+1] = \boldsymbol{A}\boldsymbol{x}[k] + \boldsymbol{B}\,\mathbf{sat}_V\left(\mathbf{sat}_U\left(\boldsymbol{K}\boldsymbol{x}[k]\right) + \boldsymbol{F}\boldsymbol{x}[k]\right)$ (je nach Aktormodell) gelöst werden. Diese Bedingungen können nicht ohne Weiteres in die Form (2.18) überführt werden, da $\boldsymbol{x}[k]$ implizit in den Sättigungsfunktionen auftaucht. Es kann aber gefordert werden, dass die Sättigungen nicht wirksam werden. Dann ist der geschlossene Regelkreis linear, denn es gilt

$$\mathbf{sat}_U\left(\boldsymbol{K}\boldsymbol{x}[k]\right) = \boldsymbol{K}\boldsymbol{x}[k], \tag{2.49}$$

$$\mathbf{sat}_V\left(\mathbf{sat}_U\left(\boldsymbol{K}\boldsymbol{x}[k]\right) + \boldsymbol{F}\boldsymbol{x}[k]\right) = \left(\boldsymbol{K} + \boldsymbol{F}\right)\boldsymbol{x}[k], \tag{2.50}$$

wodurch die Zustandsgleichung

$$\boldsymbol{x}[k+1] = (\boldsymbol{A} + \boldsymbol{B}\boldsymbol{K})\,\boldsymbol{x}[k] = \boldsymbol{\mathcal{A}}(\boldsymbol{K})\,\boldsymbol{x}[k] \tag{2.51}$$

bei Modellierung des Aktors als PT_1-Verzögerung und

$$\boldsymbol{x}[k+1] = (\boldsymbol{A} + \boldsymbol{B}(\boldsymbol{K} + \boldsymbol{F}))\,\boldsymbol{x}[k] = \boldsymbol{\mathcal{A}}(\boldsymbol{K})\,\boldsymbol{x}[k] \tag{2.52}$$

bei der Modellierung als strikte Beschränkung folgt. Dabei wird der Ausdruck $\boldsymbol{\mathcal{A}}(\boldsymbol{K})$ verwendet, um die Systemmatrix eines geschlossenen Regelkreises zu beschreiben, wobei $\boldsymbol{K}$ die einzige Unbekannte ist. Durch die linearen Darstellungen (2.51) und (2.52) kann die Stabilität des geschlossenen Regelkreises dann mithilfe der diskreten Ljapunow-Ungleichung $\boldsymbol{\mathcal{A}}^{\mathrm{T}}(\boldsymbol{K})\,\boldsymbol{P}\boldsymbol{\mathcal{A}}(\boldsymbol{K}) - \boldsymbol{P} \prec 0$ überprüft werden. Um sicherzustellen, dass die Sättigungen nicht wirksam werden, müssen die Zustände dabei in den linearen Gebieten

$$\mathcal{L}_U(\boldsymbol{K}) = \left\{\boldsymbol{x} \in \mathbb{R}^{n+m} : |\boldsymbol{k}_{\{i\}}^{\mathrm{T}}\boldsymbol{x}| \leq u_{\max,i},\ i = 1, \ldots, m\right\}, \tag{2.53}$$

$$\mathcal{L}_V(\boldsymbol{K} + \boldsymbol{F}) = \left\{\boldsymbol{x} \in \mathbb{R}^{n+m} : |\boldsymbol{k}_{\{i\}}^{\mathrm{T}}\boldsymbol{x} + \boldsymbol{f}_{\{i\}}^{\mathrm{T}}\boldsymbol{x}| \leq v_{\max,i},\ i = 1, \ldots, m\right\} \tag{2.54}$$

verbleiben [4, 42, 46], wobei $\boldsymbol{k}_{\{i\}}^{\mathrm{T}}$ und $\boldsymbol{f}_{\{i\}}^{\mathrm{T}}$ die i-ten Zeilen von $\boldsymbol{K}$ und $\boldsymbol{F}$ sind. Es wird also gefordert, dass das gesicherte Einzugsgebiet innerhalb der linearen Gebiete liegt. Daraus ergeben sich für eine QLF (2.14) die Bedingungen $\mathcal{E}(\boldsymbol{P}) \subseteq \mathcal{L}_U(\boldsymbol{K})$ bei einer PT_1-Modellierung (2.41) des Aktors und $\mathcal{E}(\boldsymbol{P}) \subseteq \mathcal{L}_U(\boldsymbol{K}) \cap \mathcal{L}_V(\boldsymbol{K} + \boldsymbol{F})$ für die strikte Beschränkung (2.46). Durch die Forderung, dass alle Anfangszustände im gesicherten Einzugsgebiet liegen, also $\mathcal{X}_0 \subseteq \mathcal{E}(\boldsymbol{P})$ gilt (vgl. Abschnitt 2.3), ist damit sichergestellt, dass die Zustände in den linearen Gebieten starten und für alle Zeiten $k \geq 0$ dort verbleiben, sodass der geschlossene Regelkreis stabil ist.

Diese Bedingungen sind in Abbildung 2.4 beispielhaft für eine strikte Ratenbeschränkung mit $n = m = 1$, also mit einem Zustand x_s der Systemdynamik und einem Zustand u_s des Aktors, dargestellt. In der Abbildung liegt eine konvexe beispielhafte Menge der Anfangszustände $\mathcal{X}_0$ innerhalb der Ellipse $\mathcal{E}(\boldsymbol{P})$ und diese wird von den Begrenzungslinien

$$\boldsymbol{k}^{\mathrm{T}}\boldsymbol{x} = u_{\max},\ \boldsymbol{k}^{\mathrm{T}}\boldsymbol{x} = -u_{\max}, \tag{2.55}$$

$$\boldsymbol{k}^{\mathrm{T}}\boldsymbol{x} + \boldsymbol{f}^{\mathrm{T}}\boldsymbol{x} = v_{\max},\ \boldsymbol{k}^{\mathrm{T}}\boldsymbol{x} + \boldsymbol{f}^{\mathrm{T}}\boldsymbol{x} = -v_{\max} \tag{2.56}$$

eingeschlossen, welche die linearen Gebiete $\mathcal{L}_U(\boldsymbol{K})$ und $\mathcal{L}_V(\boldsymbol{K} + \boldsymbol{F})$ aufspannen. Dabei ist anzumerken, dass die Begrenzungen der linearen Gebiete die Ellipse nicht zwingend tangieren müssen, sie dürfen die Ellipse nur nicht schneiden. Bei mehreren Stellgrößen ($m > 1$) kommen weitere Begrenzungslinien dazu und bei mehreren Zuständen ($n > 1$) ist $\mathcal{E}(\boldsymbol{P})$ ein $(n+m)$-dimensionales Ellipsoid und die Begrenzungen der linearen Gebiete sind $(n+m)$-dimensionale Hyperebenen.

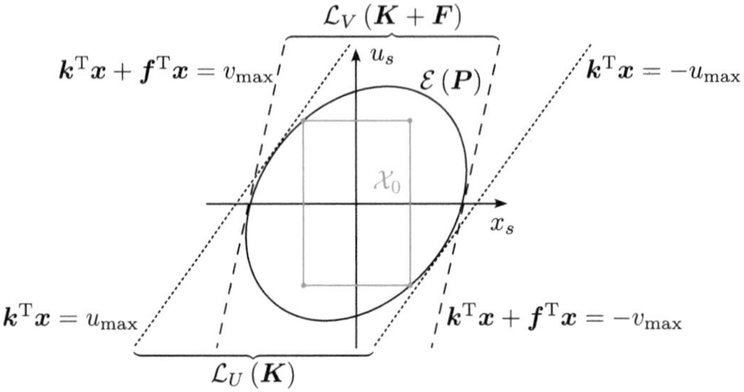

Abbildung 2.4 Beispielhafte Darstellung der linearen Gebiete $\mathcal{L}_U(\boldsymbol{K})$ und $\mathcal{L}_V(\boldsymbol{K}+\boldsymbol{F})$

Die Forderung des Betriebs des Regelkreises in den linearen Gebieten wird im Verlauf der Arbeit als *nichtsättigende Regelung* bezeichnet und kann in den folgenden Sätzen zusammengefasst werden.

Satz 2.1 (Nichtsättigende Zustandsregelung mit dem PT_1-Aktormodell). *Für alle Anfangszustände* $\boldsymbol{x}_0 \in \mathcal{X}_0$ *des Systems* (2.41) *mit dem Zustandsregler* $\boldsymbol{u}[k] = \boldsymbol{K}\boldsymbol{x}[k]$ *ist das Gebiet* $\mathcal{E}(\boldsymbol{P})$ *kontraktiv invariant und damit ein gesichertes Einzugsgebiet, wenn* $\boldsymbol{P} = \boldsymbol{P}^{\mathrm{T}} \succ 0 \in \mathbb{R}^{(n+m)\times(n+m)}$ *und* $\boldsymbol{K} \in \mathbb{R}^{m\times(n+m)}$ *existieren, sodass*

$$(\boldsymbol{A}+\boldsymbol{B}\boldsymbol{K})^{\mathrm{T}}\boldsymbol{P}(\boldsymbol{A}+\boldsymbol{B}\boldsymbol{K}) - \boldsymbol{P} \prec 0, \tag{2.57}$$

$$\mathcal{E}(\boldsymbol{P}) \subseteq \mathcal{L}_U(\boldsymbol{K}), \tag{2.58}$$

$$\mathcal{X}_0 \subseteq \mathcal{E}(\boldsymbol{P}) \tag{2.59}$$

gilt.

Satz 2.2 (Nichtsättigende Zustandsregelung mit strikter Ratenbeschränkung). *Für alle Anfangszustände* $\boldsymbol{x}_0 \in \mathcal{X}_0$ *des Systems* (2.46) *mit dem Zustandsregler* $\boldsymbol{u}[k] = \boldsymbol{K}\boldsymbol{x}[k]$ *ist das Gebiet* $\mathcal{E}(\boldsymbol{P})$ *kontraktiv invariant und damit ein gesichertes*

Einzugsgebiet, wenn $\boldsymbol{P} = \boldsymbol{P}^{\mathrm{T}} \succ 0 \in \mathbb{R}^{(n+m)\times(n+m)}$ *und* $\boldsymbol{K} \in \mathbb{R}^{m\times(n+m)}$ *existieren, sodass*

$$\left(\boldsymbol{A} + \boldsymbol{B}\left(\boldsymbol{K} + \boldsymbol{F}\right)\right)^{\mathrm{T}} \boldsymbol{P}\left(\boldsymbol{A} + \boldsymbol{B}\left(\boldsymbol{K} + \boldsymbol{F}\right)\right) - \boldsymbol{P} \prec 0, \tag{2.60}$$

$$\mathcal{E}\left(\boldsymbol{P}\right) \subseteq \mathcal{L}_U\left(\boldsymbol{K}\right) \cap \mathcal{L}_V\left(\boldsymbol{K} + \boldsymbol{F}\right), \tag{2.61}$$

$$\mathcal{X}_0 \subseteq \mathcal{E}\left(\boldsymbol{P}\right) \tag{2.62}$$

gilt.

Es kann jedoch von Vorteil sein, das Erreichen der Sättigung zu erlauben, da dadurch die Regelgüte erhöht werden kann [46]. Dies wird als *sättigende Regelung* bezeichnet. Hierbei reicht es nicht aus, die Stabilität des linearen nichtsättigenden Regelkreises zu überprüfen, da es gültige Zustände $\boldsymbol{x}[k]$ geben kann und soll, die nicht in den linearen Gebieten $\mathcal{L}_U(\boldsymbol{K})$ bzw. $\mathcal{L}_U(\boldsymbol{K}) \cap \mathcal{L}_V(\boldsymbol{K} + \boldsymbol{F})$ liegen und damit nichtlineares Verhalten aufweisen.

Durch die nichtlinearen Sättigungsfunktionen kann der geschlossene Regelkreis nicht in Form einer linearen Rückführungsmatrix $\boldsymbol{\mathcal{A}}(\boldsymbol{K})$ formuliert werden, um die diskrete Ljapunow-Ungleichung $\boldsymbol{\mathcal{A}}^{\mathrm{T}}(\boldsymbol{K})\,\boldsymbol{P}\boldsymbol{\mathcal{A}}(\boldsymbol{K}) - \boldsymbol{P} \prec 0$ aufzustellen. Abhilfe schafft die Einschließung der Sättigungsfunktionen in konvexe Hüllen oder die Forderung der Einhaltung von Sektorbedingungen, die im Folgenden erläutert werden.

2.8 Konvexe Einschließung der Sättigungsfunktionen

Die nichtlinearen Funktionen $\mathbf{sat}_U(\boldsymbol{K}\boldsymbol{x}[k])$ und $\mathbf{sat}_V(\mathbf{sat}_U(\boldsymbol{K}\boldsymbol{x}[k]) + \boldsymbol{F}\boldsymbol{x}[k])$ sollen nun in eine konvexe Hülle aus linearen Funktionen eingeschlossen werden. Zunächst wird dazu in Anlehnung an [54] die Menge

$$\mathcal{D} = \left\{\boldsymbol{D}_i \in \mathbb{R}^{m\times m} \;:\; \boldsymbol{D}_i = \operatorname{diag}\left(\boldsymbol{d}\right),\; \boldsymbol{d} \in \{0; 1\}^m,\; i = 1, \ldots, 2^m\right\} \tag{2.63}$$

aller $m \times m$ Diagonalmatrizen $\boldsymbol{D}_i$ mit den Einträgen 0 oder 1 definiert. Für $m = 1$ besteht die Menge lediglich aus zwei Skalaren, also $\mathcal{D} = \{1, 0\}$; für $m = 2$ entstehen vier Kombinationsmöglichkeiten von diagonalen 2×2-Matrizen, also

$$\mathcal{D} = \left\{\begin{pmatrix}1 & 0\\0 & 1\end{pmatrix}, \begin{pmatrix}1 & 0\\0 & 0\end{pmatrix}, \begin{pmatrix}0 & 0\\0 & 1\end{pmatrix}, \begin{pmatrix}0 & 0\\0 & 0\end{pmatrix}\right\}. \tag{2.64}$$

Einfache Sättigungsfunktion

Um die einfache Sättigung $\mathbf{sat}_U\,(\boldsymbol{K}\boldsymbol{x})$ mithilfe einer konvexen Hülle abzubilden, werden die Ergebnisse aus [17, 42, 50, 90] verwendet, wobei dies in [90] unter dem Begriff *polytopic model* zu finden ist. Dazu wird eine virtuelle Hilfsreglermatrix $\boldsymbol{\mathcal{H}}_1 \in \mathbb{R}^{m\times(n+m)}$ mit der gleichen Dimension wie $\boldsymbol{K}$ eingeführt, wobei angenommen wird, dass die virtuelle Rückführung zu keiner Sättigung führt, also stets $\mathbf{sat}_U\,(\boldsymbol{\mathcal{H}}_1\boldsymbol{x}\,[k]) = \boldsymbol{\mathcal{H}}_1\boldsymbol{x}\,[k]$ gilt. Diese Bedingung ist für alle Zustände $\boldsymbol{x}$ aus der Menge

$$\mathcal{L}_U\,(\boldsymbol{\mathcal{H}}_1) = \left\{\boldsymbol{x} \in \mathbb{R}^{n+m} : |\boldsymbol{h}_{1\{i\}}^{\mathrm{T}}\boldsymbol{x}| \leq u_{\max,i},\ i = 1, \ldots, m\right\} \tag{2.65}$$

erfüllt, wobei $\boldsymbol{h}_{1\{i\}}^{\mathrm{T}}$ die i-te Zeile von $\boldsymbol{\mathcal{H}}_1$ ist. Für die einfache Sättigungsfunktion werden aus der Menge $\mathcal{D}$ alle Elemente mit $\boldsymbol{D}_{i,1}^{\Theta}$, $i = 1, \ldots, 2^m$ bezeichnet, wobei festgelegt wird, dass $\boldsymbol{D}_{1,1}^{\Theta} = \boldsymbol{I}_{m\times m}$ und $\boldsymbol{D}_{2^m,1}^{\Theta} = \boldsymbol{0}_{m\times m}$ ist. Zudem werden 2^m Diagonalmatrizen $\boldsymbol{D}_{i,2}^{\Theta} = \boldsymbol{I}_{m\times m} - \boldsymbol{D}_{i,1}^{\Theta}$ definiert, die ebenfalls Elemente der Menge $\mathcal{D}$ sind. Nun kann der folgende Satz formuliert werden.

Satz 2.3 ([42, 54]). *Gegeben seien die Matrizen $\boldsymbol{K}$ und $\boldsymbol{\mathcal{H}}_1 \in \mathbb{R}^{m\times(n+m)}$. Dann gilt für alle $\boldsymbol{x} \in \mathcal{L}_U\,(\boldsymbol{\mathcal{H}}_1)$ der Zusammenhang*

$$\mathbf{sat}_U\,(\boldsymbol{K}\boldsymbol{x}) \in \operatorname{conv}\left\{\boldsymbol{D}_{i,1}^{\Theta}\boldsymbol{K}\boldsymbol{x} + \boldsymbol{D}_{i,2}^{\Theta}\boldsymbol{\mathcal{H}}_1\boldsymbol{x},\ i = 1, \ldots, 2^m\right\}. \tag{2.66}$$

Durch diese Formulierung kann die sättigende Rückführung in einer konvexen Hülle von linearen Rückführungen eingeschlossen werden. Die Eckmatrizen

$$\boldsymbol{\Theta}_i = \boldsymbol{D}_{i,1}^{\Theta}\boldsymbol{K} + \boldsymbol{D}_{i,2}^{\Theta}\boldsymbol{\mathcal{H}}_1 \tag{2.67}$$

der Hülle bestehen dabei aus allen Kombinationen der Zeilen von $\boldsymbol{K}$ und $\boldsymbol{\mathcal{H}}_1$. Für den beispielhaften Fall $m = 2$ sind die Eckmatrizen damit durch

$$\boldsymbol{\Theta}_1 = \begin{pmatrix}\boldsymbol{k}_{\{1\}}^{\mathrm{T}}\\ \boldsymbol{k}_{\{2\}}^{\mathrm{T}}\end{pmatrix} = \boldsymbol{K},\ \boldsymbol{\Theta}_2 = \begin{pmatrix}\boldsymbol{k}_{\{1\}}^{\mathrm{T}}\\ \boldsymbol{h}_{1\{2\}}^{\mathrm{T}}\end{pmatrix},\ \boldsymbol{\Theta}_3 = \begin{pmatrix}\boldsymbol{h}_{1\{1\}}^{\mathrm{T}}\\ \boldsymbol{k}_{\{2\}}^{\mathrm{T}}\end{pmatrix},\ \boldsymbol{\Theta}_4 = \begin{pmatrix}\boldsymbol{h}_{1\{1\}}^{\mathrm{T}}\\ \boldsymbol{h}_{1\{2\}}^{\mathrm{T}}\end{pmatrix} = \boldsymbol{\mathcal{H}}_1 \tag{2.68}$$

definiert. Eine anschauliche Darstellung der konvexen Hülle für $m = 1$ und $m = 2$ ist beispielsweise in [17] zu finden. Durch die Forderung $\boldsymbol{D}_{1,1}^{\Theta} = \boldsymbol{I}_{m\times m}$ ist nur in der Eckmatrix $\boldsymbol{\Theta}_1 = \boldsymbol{K}$ die vollständige Information über die reale Rückführungsmatrix

$\boldsymbol{K}$ enthalten. Die Hilfsreglermatrix $\mathcal{H}_1$ ist für den Stabilitätsbeweis notwendig, wird jedoch im realen System für eine sättigende Regelung nicht eingesetzt.

Mithilfe von Satz 2.3, also der Tatsache, dass die im realen System eingesetzte sättigende Rückführung für alle Zustände $\boldsymbol{x} \in \mathcal{L}_U(\mathcal{H}_1)$ innerhalb der konvexen Hülle liegt, ist es ausreichend, die Stabilität aller linearen Rückführungen einzeln zu prüfen, um Stabilität der sättigenden Rückführung sicherzustellen [42]. Daher kann der folgende Satz formuliert werden, um die Stabilität der Regelstrecke (2.41) mit einem sättigenden Zustandsregler zu garantieren.

Satz 2.4 (Sättigende Zustandsregelung mit dem PT$_1$-Aktormodell). *Für alle Anfangszustände* $\boldsymbol{x}_0 \in \mathcal{X}_0$ *des Systems* (2.41) *mit dem Zustandsregler* $\boldsymbol{u}[k] = \boldsymbol{K}\boldsymbol{x}[k]$ *ist das Gebiet* $\mathcal{E}(\boldsymbol{P})$ *kontraktiv invariant und damit ein gesichertes Einzugsgebiet, wenn* $\boldsymbol{P} = \boldsymbol{P}^{\mathrm{T}} \succ 0 \in \mathbb{R}^{(n+m)\times(n+m)}$, $\boldsymbol{K}$ *und* $\mathcal{H}_1 \in \mathbb{R}^{m\times(n+m)}$ *existieren, sodass*

$$(\boldsymbol{A} + \boldsymbol{B}\boldsymbol{\Theta}_i)^{\mathrm{T}} \boldsymbol{P} (\boldsymbol{A} + \boldsymbol{B}\boldsymbol{\Theta}_i) - \boldsymbol{P} \prec 0,\ i = 1, \ldots, 2^m, \tag{2.69}$$

$$\mathcal{E}(\boldsymbol{P}) \subseteq \mathcal{L}_U(\mathcal{H}_1), \tag{2.70}$$

$$\mathcal{X}_0 \subseteq \mathcal{E}(\boldsymbol{P}) \tag{2.71}$$

gilt.

Geschachtelte Sättigungsfunktion

Bei einer strikten Stellgrößen- und Stellratenbeschränkung soll die geschachtelte Sättigungsfunktion $\mathbf{sat}_V(\mathbf{sat}_U(\boldsymbol{K}\boldsymbol{x}[k]) + \boldsymbol{F}\boldsymbol{x}[k])$ in eine konvexe Hülle aus linearen Funktionen eingeschlossen werden, um die Stabilität einer sättigenden Regelung sicherstellen zu können. Es wird dabei für die innere Sättigungsfunktion $\mathbf{sat}_U(\cdot)$ die bereits eingeführte virtuelle Hilfsreglermatrix $\mathcal{H}_1$ verwendet. Für die äußere Sättigungsfunktion $\mathbf{sat}_V(\cdot)$ wird eine weitere virtuelle nichtsättigende Hilfsreglermatrix $\mathcal{H}_2 \in \mathbb{R}^{m\times(n+m)}$ definiert, sodass $\mathbf{sat}_U(\mathcal{H}_1\boldsymbol{x}[k]) = \mathcal{H}_1\boldsymbol{x}[k]$ und $\mathbf{sat}_V(\mathcal{H}_2\boldsymbol{x}[k]) = \mathcal{H}_2\boldsymbol{x}[k]$ gefordert wird. Dies ist für alle $\boldsymbol{x} \in \mathcal{L}_U(\mathcal{H}_1) \cap \mathcal{L}_V(\mathcal{H}_2)$ erfüllt, wobei

$$\mathcal{L}_V(\mathcal{H}_2) = \left\{\boldsymbol{x} \in \mathbb{R}^{n+m} : |\boldsymbol{h}_{2\{i\}}^{\mathrm{T}}\boldsymbol{x}| \leq v_{\max,i},\ i = 1, \ldots, m\right\} \tag{2.72}$$

ist. Die konvexe Hülle für eine mehrfach geschachtelte Sättigungsfunktion wird in [4, 54] hergeleitet. Ebenfalls kann als Nachschlagewerk [46] genannt werden. Bei einem MRS-System liegt eine einfache Verschachtelung vor, sodass die folgenden Erläuterungen Vereinfachungen der Ergebnisse aus [4, 54] sind. Zunächst wird dazu die Menge

$$\Phi = \left\{ \boldsymbol{\phi}_i \in \mathbb{N}^m \ : \ \phi_{i\{q\}} \in \{1; 2; 3\}, \ q = 1, \ldots, m, \ i = 1, \ldots, 3^m \right\} \tag{2.73}$$

von 3^m Vektoren $\boldsymbol{\phi}_i = \left(\phi_{i\{1\}}, \ldots, \phi_{i\{m\}}\right)^{\mathrm{T}}$ mit den Einträgen 1, 2 oder 3 definiert. Es wird dabei $\boldsymbol{\phi}_1 = \left(1, \ldots, 1\right)^{\mathrm{T}}$ festgelegt. Jedem Vektor $\boldsymbol{\phi}_i$ aus dieser Menge werden drei Diagonalmatrizen

$$\boldsymbol{D}_{i,j}^{\Xi} = \operatorname{diag}\left(\delta\left(\phi_{i\{1\}} - j\right), \delta\left(\phi_{i\{2\}} - j\right), \ldots, \delta\left(\phi_{i\{m\}} - j\right)\right) \tag{2.74}$$

mit $i = 1, \ldots, 3^m, \ j = 1, 2, 3$ aus der Menge $\mathcal{D}$ zugeordnet, wobei die Funktion $\delta(\cdot)$ durch

$$\delta(\xi) = \begin{cases} 1, & \text{wenn } \xi = 0 \\ 0, & \text{wenn } \xi \neq 0 \end{cases} \tag{2.75}$$

definiert ist. Damit können die 3^m Eckmatrizen

$$\Xi_i = \boldsymbol{D}_{i,1}^{\Xi}(\boldsymbol{K} + \boldsymbol{F}) + \boldsymbol{D}_{i,2}^{\Xi}(\boldsymbol{\mathcal{H}}_1 + \boldsymbol{F}) + \boldsymbol{D}_{i,3}^{\Xi}\boldsymbol{\mathcal{H}}_2 \tag{2.76}$$

aufgestellt werden. Auch hier bestehen $\Xi_i, \ i = 1, \ldots, 3^m$ aus allen Kombinationen der Zeilen von $\boldsymbol{K} + \boldsymbol{F}$, $\boldsymbol{\mathcal{H}}_1 + \boldsymbol{F}$ und $\boldsymbol{\mathcal{H}}_2$ und nur die Eckmatrix $\Xi_1 = \boldsymbol{K} + \boldsymbol{F}$ beschreibt den tatsächlich verwendeten Regler vollständig. Eine anschauliche Erklärung für die Aufstellung der Vektoren $\boldsymbol{\phi}_i$, der zugehörigen Diagonalmatrizen $\boldsymbol{D}_{i,j}^{\Xi}$ und der daraus folgenden Eckmatrizen Ξ_i ist für $m = 2$ in Anhang A.1 im elektronischen Zusatzmaterial zu finden.

Mithilfe der Eckmatrizen Ξ_i kann auch die geschachtelte Sättigung in einer konvexen Hülle von linearen Rückführungen eingeschlossen werden, wie der folgende Satz angibt.

Satz 2.5 ([4, 54]). *Gegeben seien die Matrizen* $\boldsymbol{K}$, $\boldsymbol{\mathcal{H}}_1$ *und* $\boldsymbol{\mathcal{H}}_2 \in \mathbb{R}^{m \times (n+m)}$. *Dann gilt für alle* $\boldsymbol{x} \in \mathcal{L}_U(\boldsymbol{\mathcal{H}}_1) \cap \mathcal{L}_V(\boldsymbol{\mathcal{H}}_2)$ *der Zusammenhang*

$$\begin{aligned} &\mathbf{sat}_V\left(\mathbf{sat}_U\left(\boldsymbol{K}\boldsymbol{x}[k]\right) + \boldsymbol{F}\boldsymbol{x}[k]\right) \\ &\in \operatorname{conv}\left\{\left(\boldsymbol{D}_{i,1}^{\Xi}(\boldsymbol{K} + \boldsymbol{F}) + \boldsymbol{D}_{i,2}^{\Xi}(\boldsymbol{\mathcal{H}}_1 + \boldsymbol{F}) + \boldsymbol{D}_{i,3}^{\Xi}\boldsymbol{\mathcal{H}}_2\right)\boldsymbol{x}[k], \ i = 1, \ldots, 3^m\right\}. \end{aligned} \tag{2.77}$$

Die Stabilität der Regelstrecke (2.46) mit einem sättigenden Zustandsregler kann dann mithilfe der Eckmatrizen $\boldsymbol{\Xi}_i$ mit dem folgenden Satz nachgewiesen werden.

Satz 2.6 (Sättigende Zustandsregelung mit strikter Ratenbeschränkung). *Für alle Anfangszustände* $\boldsymbol{x}_0 \in \mathcal{X}_0$ *des Systems* (2.46) *mit dem Zustandsregler* $\boldsymbol{u}[k] = \boldsymbol{K}\boldsymbol{x}[k]$ *ist das Gebiet* $\mathcal{E}(\boldsymbol{P})$ *kontraktiv invariant und damit ein gesichertes Einzugsgebiet, wenn* $\boldsymbol{P} = \boldsymbol{P}^{\mathrm{T}} \succ 0 \in \mathbb{R}^{(n+m)\times(n+m)}$, $\boldsymbol{K}$, $\boldsymbol{\mathcal{H}}_1$ *und* $\boldsymbol{\mathcal{H}}_2 \in \mathbb{R}^{m\times(n+m)}$ *existieren, sodass*

$$(\boldsymbol{A} + \boldsymbol{B}\boldsymbol{\Xi}_i)^{\mathrm{T}} \boldsymbol{P} (\boldsymbol{A} + \boldsymbol{B}\boldsymbol{\Xi}_i) - \boldsymbol{P} \prec 0, \; i = 1, \ldots, 3^m, \tag{2.78}$$

$$\mathcal{E}(\boldsymbol{P}) \subseteq \mathcal{L}_U(\boldsymbol{\mathcal{H}}_1) \cap \mathcal{L}_V(\boldsymbol{\mathcal{H}}_2), \tag{2.79}$$

$$\mathcal{X}_0 \subseteq \mathcal{E}(\boldsymbol{P}) \tag{2.80}$$

gilt.

2.9 Generalisierte Sektorbedingung

Um die Nichtlinearitäten in den Ljapunow-basierten Stabilitätsbeweis zu integrieren, können statt der Einschließung der Sättigungsfunktionen in konvexe Hüllen auch Sektorbedingungen formuliert werden. Hier soll lediglich die Idee der Methode vorgestellt werden. Für weiterführende und ausführliche Literatur sei auf [90] und die Quellen darin verwiesen. Um die Sättigungsfunktion in einen Sektor einzuschließen, wird diese zunächst als Totzone

$$\mathbf{dz}(\boldsymbol{u}) = \mathbf{sat}(\boldsymbol{u}) - \boldsymbol{u} \tag{2.81}$$

umformuliert, die in einem Bereich um den Ursprung zwischen den linearen Funktionen $f(\boldsymbol{u}) = 0$ und $f(\boldsymbol{u}) = -\mu\boldsymbol{u}$ liegt, wie in der Abbildung 2.5 eindimensional dargestellt wird. Dieser Bereich wird als Sektor $\mathcal{S}(\boldsymbol{u}, \boldsymbol{u}_\mu) = \{\boldsymbol{u} \in \mathbb{R}^m : -\boldsymbol{u}_\mu \le \boldsymbol{u} \le \boldsymbol{u}_\mu\}$ bezeichnet, wobei die Grenze $\boldsymbol{u}_\mu = \frac{u_{\max}}{1-\mu}$ abhängig von der Steigung μ ist. Da die Einschließung in diesen Sektor jedoch für jede Form der Nichtlinearität in $\mathcal{S}(\boldsymbol{u}, \boldsymbol{u}_\mu)$ gilt, ist eine daraus formulierte LMI-Bedingung im Allgemeinen konservativ [90]. Daher wird in [33] eine generalisierte Sektorbedingung aufgestellt, die explizit für die Totzone gültig ist. Diese ist durch den folgenden Satz gegeben.

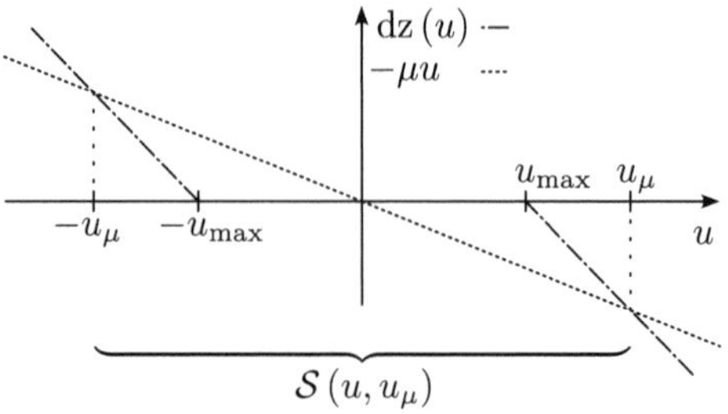

Abbildung 2.5 Eindimensionale Darstellung der Sektorbedingung einer Totzone

Satz 2.7 ([90]). *Für alle* $\boldsymbol{u}_1, \boldsymbol{u}_2 \in \mathcal{S}(\boldsymbol{u}_1 - \boldsymbol{u}_2, \boldsymbol{u}_{max})$ *gilt*

$$\mathbf{dz}(\boldsymbol{u}_1)^{\mathrm{T}} \boldsymbol{T} (\mathbf{dz}(\boldsymbol{u}_1) + \boldsymbol{u}_2) \leq 0 \tag{2.82}$$

für jede positiv definite Diagonalmatrix $\boldsymbol{T} \in \mathbb{R}^{m \times m}$.

Dabei ist $\mathcal{S}(\boldsymbol{u}_1 - \boldsymbol{u}_2, \boldsymbol{u}_{\max}) = \{\boldsymbol{u}_1 \in \mathbb{R}^m, \boldsymbol{u}_2 \in \mathbb{R}^m \ : \ -\boldsymbol{u}_{\max} \leq \boldsymbol{u}_1 - \boldsymbol{u}_2 \leq \boldsymbol{u}_{\max}\}$. Der Beweis des Satzes ist in Anhang A.2 im elektronischen Zusatzmaterial zu finden. Dadurch, dass die Ungleichung auch für $\boldsymbol{u}_1 \geq \boldsymbol{u}_{\max}$ oder $\boldsymbol{u}_1 \leq -\boldsymbol{u}_{\max}$ gilt, können sättigende Regler entworfen werden.

Dazu wird angenommen, dass ein beschränktes System mit der Differenzengleichung $\boldsymbol{x}[k+1] = \boldsymbol{A}\boldsymbol{x}[k] + \boldsymbol{B}\mathbf{sat}(\boldsymbol{u}[k])$ mit einer vollständigen Zustandsrückführung $\boldsymbol{u}[k] = \boldsymbol{K}\boldsymbol{x}[k]$ geregelt werden soll. Das System wird durch die Totzonenfunktion zu

$$\boldsymbol{x}[k+1] = (\boldsymbol{A} + \boldsymbol{B}\boldsymbol{K})\boldsymbol{x}[k] + \boldsymbol{B}\mathbf{dz}(\boldsymbol{K}\boldsymbol{x}[k]) \tag{2.83}$$

umformuliert und es wird eine Hilfsreglermatrix $\boldsymbol{H}$ einführt, sodass durch den Satz 2.7

$$\mathbf{dz}(\boldsymbol{K}\boldsymbol{x}[k])^{\mathrm{T}} \boldsymbol{T} (\mathbf{dz}(\boldsymbol{K}\boldsymbol{x}[k]) + \boldsymbol{H}\boldsymbol{x}[k]) \leq 0 \tag{2.84}$$

gilt, wenn $\boldsymbol{K}\boldsymbol{x}[k] - \boldsymbol{H}\boldsymbol{x}[k]$ im nichtsättigenden Bereich liegt. Aus der Stabilitätsbedingung mit einer quadratischen Ljapunow-Funktion $V(\boldsymbol{x}[k]) = \boldsymbol{x}^{\mathrm{T}}[k]\boldsymbol{P}\boldsymbol{x}[k]$ folgt dann zusammen mit der generalisierten Sektorbedingung

$$\Delta V(\boldsymbol{x}[k]) = V(\boldsymbol{x}[k+1]) - V(\boldsymbol{x}[k]) \tag{2.85}$$

$$\leq \Delta V(\boldsymbol{x}[k]) - 2\mathbf{dz}(\boldsymbol{K}\boldsymbol{x}[k])^{\mathrm{T}} \boldsymbol{T} (\mathbf{dz}(\boldsymbol{K}\boldsymbol{x}[k]) + \boldsymbol{H}\boldsymbol{x}[k]) \leq 0, \tag{2.86}$$

was durch die Einführung des Vektors $\left(\boldsymbol{x}^{\mathrm{T}}[k]\; \mathbf{dz}(\boldsymbol{K}\boldsymbol{x}[k])^{\mathrm{T}}\right)^{\mathrm{T}}$ zu

$$\begin{pmatrix} (\boldsymbol{A}+\boldsymbol{B}\boldsymbol{K})^{\mathrm{T}} \boldsymbol{P} (\boldsymbol{A}+\boldsymbol{B}\boldsymbol{K}) - \boldsymbol{P} & (\boldsymbol{A}+\boldsymbol{B}\boldsymbol{K})^{\mathrm{T}} \boldsymbol{P}\boldsymbol{B} - \boldsymbol{H}^{\mathrm{T}}\boldsymbol{T} \\ \star & -2\boldsymbol{T} + \boldsymbol{B}^{\mathrm{T}}\boldsymbol{P}\boldsymbol{B} \end{pmatrix} \preceq 0 \tag{2.87}$$

umformuliert werden kann. Da die Ungleichung (2.84) nur gilt, wenn $\boldsymbol{K}\boldsymbol{x}[k] - \boldsymbol{H}\boldsymbol{x}[k]$ nicht sättigt, muss gleichzeitig $\mathcal{E}(\boldsymbol{P}) \subseteq \mathcal{S}(\boldsymbol{K}\boldsymbol{x}[k] - \boldsymbol{H}\boldsymbol{x}[k], \boldsymbol{u}_{\max})$ erfüllt sein. Zudem kann auch hier $\mathcal{X}_0 \subseteq \mathcal{E}(\boldsymbol{P})$ gefordert werden, wenn eine Menge von Anfangszuständen festgelegt wird. Die Erweiterung für verschachtelte Sättigungen und das Aufstellen der LMI-Bedingungen wird beispielsweise in [88] beschrieben.

2.10 Windup-Effekt

Der klassische Windup-Effekt tritt bei beschränkten Systemen mit integrierendem Anteil im Regler auf und ist in Abbildung 2.6 anhand eines Beispiels mit einem Eingang $u[k]$ dargestellt. Der Eingang wird mit $u_{\max} = 1$ beschränkt und dann als $u_s[k]$ an die Systemdynamik weitergeleitet (vgl. Abbildung 2.2). Der Windup-Effekt ist hier das unerwünschte Phänomen, dass der Ausgang $y[k]$ der Regelstrecke zwischen 10 und 15 Sekunden nicht der Führungsgröße $w[k]$ folgt.

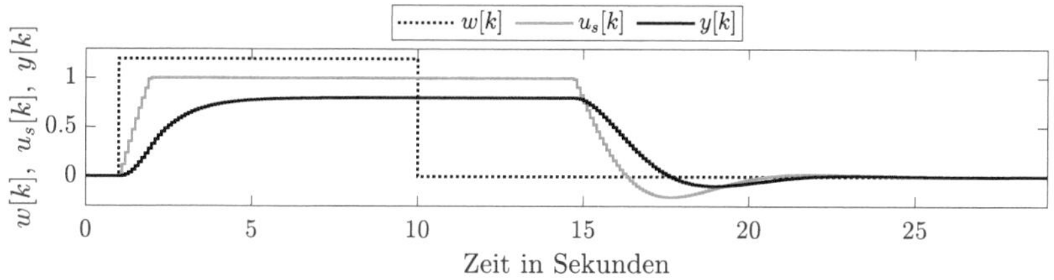

Abbildung 2.6 Dynamisches Verhalten eines Regelkreises mit Windup-Effekt

Durch die Stellgrößenbeschränkung ist die in diesem Beispiel geforderte Führungsgröße $w[k] = 1,2$ nicht zu erreichen. Stattdessen kann der Ausgang der Regelstrecke bei $u_s[k] = u_{\max}$ bis auf den Wert $y[k] = 0,8$ ansteigen. Dies sorgt für eine bleibende Regelabweichung $e[k] = w[k] - y[k] = 0,4$. Da für das Beispiel ein I-Regler mit der Dynamik

$$i[k+1] = i[k] + e[k], \tag{2.88}$$

$$u[k] = i[k] \tag{2.89}$$

eingesetzt wird, steigt der Zustand $i[k]$ zwischen 1 und 10 Sekunden durch den konstanten Wert von $e[k]$ stetig an. Der Regler stellt dadurch noch größere Stellgrößen $u[k]$ ein. Dies ist normalerweise ein wünschenswertes Verhalten, da so die Regelabweichung abgebaut wird, jedoch werden hier aufgrund der Sättigung stets die Werte $u_s[k] = 1$ an die Systemdynamik weitergegeben. Dadurch ist der Wert von $i[k]$ nach 10 Sekunden so groß, dass es bei dem Sprung der Führungsgröße zurück auf $w[k] = 0$ einige Zeitschritte dauert, bis $i[k] < u_{\max}$ ist und somit Stellgrößen $u[k] < 1$ eingestellt werden.

Die Performanz der Regelung wird dadurch deutlich verringert und der Effekt kann auch zu instabilem Verhalten führen [2], da der Regelkreis während eines Windups unterbrochen wird. Abhilfe schafft beispielsweise das Stoppen der Integration während der Beschränkung, was als *Conditional Integration* bezeichnet wird. Andere Methoden sind eine temporäre Sollwertreduktion, auch bekannt als *Filtered Setpoint* oder der Einsatz eines Kontrollbeobachters, wie er in [2] beschrieben wird. Auch ein modellprädiktiver Regler kann den Windup-Effekt verhindern.

Der moderne Windup-Begriff umfasst allgemeiner das durch Stellbeschränkungen ausgelöste Fehlverhalten [70]. Um nicht nur dem klassischen Windup-Effekt entgegenzuwirken, sondern die Performanz der gesamten Regelstrecke zu erhöhen, kann die Differenz vor und nach der Sättigung zum integrierenden Anteil des Reglers zurückgeführt werden. Dadurch erhält der Regler die Information über den aktuellen Zustand der Sättigung. Dies ist unter dem Begriff *Back-Calculation* bekannt [48]. Weitere Anti-Windup-Maßnahmen, unter anderem modellbasierte Verfahren, werden in [70, 90] und in den Quellen darin diskutiert.

Problemstellung und Stand der Forschung 3

In diesem Kapitel wird zunächst die Dringlichkeit der Betrachtung von Stellgrößen- und Stellratenbegrenzungen im Reglerentwurf gezeigt, um stabiles Verhalten zu gewährleisten. Dazu sollen LMI-Bedingungen gelöst werden. Da die ursprüngliche Stabilitätsbedingung jedoch eine NLMI ist, werden Methoden aus der Literatur und der Stand der Forschung gezeigt, um diese NLMI in LMIs umzuwandeln. Im besonderen Fokus steht dabei eine iterative Methode, die zu weniger konservativen Ergebnissen bei der Optimierung führt und daher Grundlage dieser Arbeit sein wird. Ebenfalls wird auf bisherige Ansätze zur Behandlung von Stellbegrenzungen im Reglerentwurf eingegangen. Um nicht nur Stabilität zu gewährleisten, sondern auch die Dynamik des geschlossenen Regelkreises geeignet zu modifizieren, werden mehrere Optimierungsprobleme für verschiedene Anwendungsgebiete formuliert, die im Rahmen dieser Arbeit gelöst werden sollen. Schließlich wird das Ziel der vorliegenden Arbeit konkretisiert.

3.1 Problemstellung

Häufig wird bei der Auslegung eines Reglers in der Praxis kein ausreichender Stabilitätsbeweis erbracht. Die Parameter werden empirisch eingestellt und die Stabilität des Regelkreises wird im Nachgang anhand des linearisierten Systems untersucht. Dabei wird vernachlässigt, dass alle realen Aktoren in ihrer Stellgröße- und Stellrate beschränkt sind, sodass der geführte Stabilitätsbeweis lediglich in einem beschränkten Gebiet um den Arbeitspunkt herum gültig ist. Die Größe des Einzugsgebietes wird jedoch selten betrachtet. Dabei kann es gerade bei der Anforderung einer schnellen Regelung passieren, dass das Einzugsgebiet sehr klein wird und das System durch eine Störung den stabilen Bereich verlässt. Dies kann bei sicherheitsrelevanten Anlagen schwerwiegende Folgen haben, sorgt jedoch auch bei unkritischen

S. Lerch, *Entwurf zeitdiskreter Ausgangsregler für Systeme unter Stellgrößen- und Stellratenbeschränkungen*, https://doi.org/10.1007/978-3-658-43061-0_3

Systemen für eine Verringerung der Performanz und damit zu häufigeren Fehlermeldungen, welche die Kundenzufriedenheit mindern und zu finanziellen Verlusten führen.

In der Vergangenheit gab es einige Systemausfälle, die durch das Vernachlässigen der Stellbeschränkungen ausgelöst wurden. Ein bekanntes und schwerwiegendes Beispiel ist die Nuklearkatastrophe von Tschernobyl [85, 90]. Es werden zudem zahlreiche Abstürze von Flugzeugen auf das Vernachlässigen der Stellgrößenbeschränkungen zurückgeführt, wie beispielsweise das Mehrzweckkampfflugzeug Saab JAS 39 Gripen [3] oder der Luftüberlegenheitsjäger Lockheed Martin F-22 Raptor[1] [22, 65]. Hierbei wurde die Instabilität unter anderem durch die Pilot Induced Oscillation (PIO) ausgelöst [92]. PIO entsteht durch eine zu starke Gegenbewegung bei dem Versuch, einer Auslenkung aus dem Arbeitspunkt entgegenzuwirken. Dies ist eine typische Folge des klassischen Windup-Effektes. Daher untersucht die DLR beispielsweise in [11] Anti-Windup-Methoden anhand des Versuchsflugzeuges ATTAS (Advanced Technologies Testing Aircraft System).

Um ein anschauliches Beispiel zu geben, wie Stellratenbeschränkungen zu Instabilität führen können, wird das Beispiel 6 aus [17] betrachtet. Hierbei handelt es sich um das unsichere Modell eines Rendezvous-Manövers zwischen einer Raumfähre und einer Raumstation, wobei an dieser Stelle das nominale System verwendet wird. Das Zustandsraummodell wird in Abschnitt 3.7 als Beispielsystem 16 beschrieben. Es wird zunächst davon ausgegangen, dass nur die Stellgrößen beschränkt sind.

In [17] wird durch das Theorem 4.12 eine Methode vorgestellt, um einen Regler zu entwerfen, der ein System mit Stellgrößenbeschränkungen stabil und so schnell wie möglich in die Ruhelage führt. Die Stabilität wird durch einen Ljapunow-Ansatz sichergestellt, wobei die Stellgrößenbeschränkungen in eine konvexe Hülle eingeschlossen werden, um eine sättigende Regelung zu ermöglichen. Mithilfe des Theorems 4.12 aus [17] kann für das Beispielsystem des Rendezvous-Manövers der Zustandsregler

$$\boldsymbol{K} = \begin{pmatrix} -98{,}9037 & -38{,}3306 & 26{,}4099 & -2{,}8954 \\ -15{,}7725 & -0{,}6349 & -37{,}9771 & -17{,}4835 \end{pmatrix} \tag{3.1}$$

entworfen werden. Die Ergebnisse der anderen Entscheidungsvariablen werden in Anhang A.6 im elektronischen Zusatzmaterial in Teilabschnitt Beispiel 1 gezeigt. Für einen beispielhaften Initialwert $\boldsymbol{x}_0 = \begin{pmatrix} 1 & 1 & 1 & 1 \end{pmatrix}^{\mathrm{T}}$, der auch in [17] angeben wird, sind in Abbildung 3.1 auf der linken Seite die Zustandstrajektorien $\boldsymbol{x}_s[k]$ (oben) und der Verlauf der Eingänge $\boldsymbol{u}_s[k]$ (unten) dargestellt, wobei zu sehen ist, dass

[1] im englischsprachigen Raum häufig als YF-22 bezeichnet

das System trotz des zeitweiligen Betriebes innerhalb der Stellgrößenbeschränkungen $\boldsymbol{u}_{\mathrm{max}} = \begin{pmatrix} 15 & 15 \end{pmatrix}^{\mathrm{T}}$ stabil zurück in die Ruhelage $\boldsymbol{x}_{\mathrm{R}} = \boldsymbol{0}$ geführt wird. In der Abbildung ist zu sehen, dass dafür jedoch hohe Stellraten benötigt werden. Liegt bei diesem System zusätzlich eine Stellratenbeschränkung vor, wie in Abschnitt 3.7 mit $\boldsymbol{v}_{\mathrm{max}} = \begin{pmatrix} 1 & 1 \end{pmatrix}^{\mathrm{T}}$ angegeben wird (bei der Abtastzeit $T_{\mathrm{A}} = 0,025$ s entspricht dies jeweils 40 pro Sekunde), dann kann der durch die Methode aus [17] berechnete Regler (3.1) das System nicht mehr stabilisieren, wie in der Abbildung 3.1 auf der rechten Seite gezeigt wird.

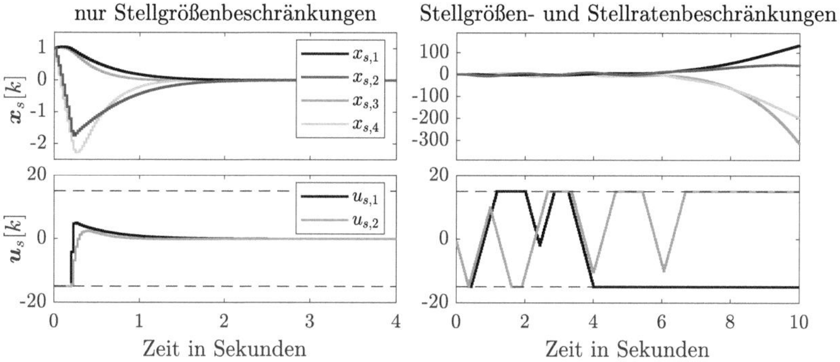

Abbildung 3.1 Trajektorien des Rendezvous-Manövers (Beispielsystem 16) mit dem Zustandsregler (3.1) mit Stellgrößenbeschränkungen (links) und mit Stellgrößen- sowie Stellratenbeschränkungen (rechts)

Daher müssen alle Beschränkungen im Stabilitätsbeweis berücksichtigt werden. Um für MRS-Systeme Stabilität des geschlossenen Regelkreises sicherzustellen, können die Sätze aus Kapitel 2 für die nichtsättigende oder die sättigende Regelung verwendet werden. In der Literatur wird dabei zwischen Stabilitätsprüfung und Stabilisierung unterschieden. Bei der Stabilitätsprüfung wird ein bereits bekannter Regler auf Stabilität geprüft. Dann ist die diskrete Ljapunow-Ungleichung $\boldsymbol{\mathcal{A}}^{\mathrm{T}}(\boldsymbol{K})\,\boldsymbol{P}\boldsymbol{\mathcal{A}}(\boldsymbol{K}) - \boldsymbol{P} \prec 0$ eine LMI, da $\boldsymbol{\mathcal{A}}(\boldsymbol{K})$ bekannt und somit nur $\boldsymbol{P}$ eine Entscheidungsvariable ist. Die vorliegende Arbeit soll sich jedoch mit dem Reglerentwurf, also mit der Stabilisierung beschäftigen. Dabei soll die Rückführungsmatrix $\boldsymbol{K}$ parametriert werden, sodass auch diese eine Entscheidungsvariable ist. Durch die multiplikativen Verknüpfungen zwischen $\boldsymbol{P}$ und $\boldsymbol{K}$ ist die Ljapunow-Ungleichung dann eine NLMI. Nach Anwendung des Schur-Komplementes (2.23) folgt die Ungleichung

$$\begin{pmatrix} \boldsymbol{P}^{-1} & \boldsymbol{\mathcal{A}}(\boldsymbol{K}) \\ \boldsymbol{\mathcal{A}}^{\mathrm{T}}(\boldsymbol{K}) & \boldsymbol{P} \end{pmatrix} \succ 0, \tag{3.2}$$

die nun keine Verknüpfungen der Entscheidungsvariablen $\boldsymbol{P}$ und $\boldsymbol{K}$ mehr aufweist. Jedoch ist die Ungleichung durch den Ausdruck $\boldsymbol{P}^{-1}$ weiterhin nichtlinear. Ein Tausch der Variable $\boldsymbol{P}^{-1}$ ist hier nicht möglich, weil ebenfalls $\boldsymbol{P}$ (ohne Invertierung) in der Ungleichung auftaucht. Zur Umformung dieser NLMI in eine LMI werden in der Literatur verschiedene Ansätze verwendet, die im folgenden Abschnitt erläutert werden. Die Wahl der Methode kann das Ergebnis beeinflussen, da durch einige Umformungen konservative Ergebnisse der Optimierung oder nicht-lösbare LMI-Formulierungen entstehen können.

In den Sätzen aus den Abschnitten 2.7 und 2.8 werden zudem ausschließlich Zustandsregler behandelt. In realen Systemen können jedoch selten alle Zustände gemessen werden, sodass entweder beobachterbasierte Ansätze oder Ausgangsregler eingesetzt werden müssen. Auf den aktuellen Stand der Forschung zu anderen Reglerstrukturen wird ebenfalls in den folgenden Abschnitten eingegangen.

3.2 Lösung der diskreten Ljapunow-Ungleichung für Zustandsrückführungen

Bei einer vollständigen Zustandsrückführung wird die Systemmatrix des geschlossenen Regelkreises durch $\boldsymbol{\mathcal{A}}(\boldsymbol{K}) = \boldsymbol{A} + \boldsymbol{B}\boldsymbol{K}$ beschrieben, sodass zum Entwurf eines stabilisierenden Reglers die NLMI

$$\begin{pmatrix} \boldsymbol{P}^{-1} & \boldsymbol{A} + \boldsymbol{B}\boldsymbol{K} \\ (\boldsymbol{A} + \boldsymbol{B}\boldsymbol{K})^{\mathrm{T}} & \boldsymbol{P} \end{pmatrix} \succ 0 \tag{3.3}$$

in den Entscheidungsvariablen $\boldsymbol{P}$ und $\boldsymbol{K}$ gelöst werden muss. Eine der gängigsten Methoden zur Umformung dieser NLMI in eine LMI, die unter anderem von Bateman und Lin in [4] verwendet wird, sieht eine Kongruenztransformation mit $\boldsymbol{M} = \mathrm{diag}\left(\boldsymbol{I}, \boldsymbol{P}^{-1}\right)$ vor. Daraus folgt die Ungleichung

$$\begin{pmatrix} \boldsymbol{P}^{-1} & (\boldsymbol{A} + \boldsymbol{B}\boldsymbol{K})\,\boldsymbol{P}^{-1} \\ \boldsymbol{P}^{-1}(\boldsymbol{A} + \boldsymbol{B}\boldsymbol{K})^{\mathrm{T}} & \boldsymbol{P}^{-1} \end{pmatrix} \succ 0, \tag{3.4}$$

die mit einem Tausch der Variable $\boldsymbol{Q} = \boldsymbol{P}^{-1}$ zu

$$\begin{pmatrix} \boldsymbol{Q} & (\boldsymbol{A}+\boldsymbol{B}\boldsymbol{K})\,\boldsymbol{Q} \\ \boldsymbol{Q}\,(\boldsymbol{A}+\boldsymbol{B}\boldsymbol{K})^{\mathrm{T}} & \boldsymbol{Q} \end{pmatrix} \succ 0 \tag{3.5}$$

umgeformt werden kann. Ein weiterer Tausch der Variablen $\boldsymbol{Y} = \boldsymbol{K}\,\boldsymbol{Q}$ ermöglicht die Formulierung der LMI

$$\begin{pmatrix} \boldsymbol{Q} & \boldsymbol{A}\boldsymbol{Q}+\boldsymbol{B}\boldsymbol{Y} \\ \star & \boldsymbol{Q} \end{pmatrix} \succ 0 \tag{3.6}$$

in den Entscheidungsvariablen $\boldsymbol{Q}$ und $\boldsymbol{Y}$. Die Ljapunow-Matrix $\boldsymbol{P}$ und die Rückführungsmatrix $\boldsymbol{K}$ können dann unter der Voraussetzung, dass die Lösung von $\boldsymbol{Q}$ invertierbar ist, durch die Rücktransformationen $\boldsymbol{P} = \boldsymbol{Q}^{-1}$ und $\boldsymbol{K} = \boldsymbol{Y}\,\boldsymbol{Q}^{-1}$ bestimmt werden. Für ein beispielhaftes System der Dimension $n = 2$ und $m = 1$ folgt für den Rückführungsvektor $\boldsymbol{k}^{\mathrm{T}}$ die eindeutige Rückrechnung

$$\begin{pmatrix} k_1 & k_2 \end{pmatrix} = \begin{pmatrix} y_1 & y_2 \end{pmatrix} \begin{pmatrix} p_1 & p_2 \\ p_2 & p_3 \end{pmatrix} = \begin{pmatrix} y_1 p_1 + y_2 p_2 & y_1 p_2 + y_2 p_3 \end{pmatrix}. \tag{3.7}$$

Oliveira et al. stellen in [16] ein anderes Verfahren zur Umformung der Stabilitätsbedingung (3.3) vor, das die Konservativität der Ergebnisse verringern soll. Dabei wird die NLMI (3.3) zunächst mit einer Kongruenztransformation mit $\boldsymbol{M} = \operatorname{diag}(\boldsymbol{I},\, \boldsymbol{Q})$ zu

$$\begin{pmatrix} \boldsymbol{P}^{-1} & (\boldsymbol{A}+\boldsymbol{B}\boldsymbol{K})\,\boldsymbol{Q} \\ \boldsymbol{Q}^{\mathrm{T}}\,(\boldsymbol{A}+\boldsymbol{B}\boldsymbol{K})^{\mathrm{T}} & \boldsymbol{Q}^{\mathrm{T}}\boldsymbol{P}\,\boldsymbol{Q} \end{pmatrix} \succ 0 \tag{3.8}$$

umgeformt. Hierbei hängt die Variable $\boldsymbol{Q}$ im Gegensatz zu der Standardmethode nicht mit $\boldsymbol{P}$ zusammen. Stattdessen wird eine neue Variable $\boldsymbol{S} = \boldsymbol{S}^{\mathrm{T}} \succ 0$ durch den Tausch der Variablen $\boldsymbol{S} = \boldsymbol{P}^{-1}$ eingeführt. Dadurch werden an $\boldsymbol{Q}$ keine Bedingungen geknüpft, sodass $\boldsymbol{Q}$ weder positiv definit noch symmetrisch sein muss. Danach wird der Term $\boldsymbol{Q}^{\mathrm{T}}\boldsymbol{S}^{-1}\boldsymbol{Q}$ durch die lineare Approximation $\boldsymbol{Q}^{\mathrm{T}} + \boldsymbol{Q} - \boldsymbol{S}$ ersetzt, womit die Ungleichung

$$\begin{pmatrix} \boldsymbol{S} & (\boldsymbol{A}+\boldsymbol{B}\boldsymbol{K})\,\boldsymbol{Q} \\ \boldsymbol{Q}^{\mathrm{T}}\,(\boldsymbol{A}+\boldsymbol{B}\boldsymbol{K})^{\mathrm{T}} & \boldsymbol{Q}^{\mathrm{T}} + \boldsymbol{Q} - \boldsymbol{S} \end{pmatrix} \succ 0 \tag{3.9}$$

entsteht. Dass die Überprüfung dieser Bedingung ausreicht, um die ursprüngliche NLMI (3.8) zu erfüllen, kann anhand der Ungleichung

$$(\boldsymbol{S}-\boldsymbol{Q})^{\mathrm{T}}\,\boldsymbol{S}^{-1}\,(\boldsymbol{S}-\boldsymbol{Q}) \succeq 0 \tag{3.10}$$

nachvollzogen werden. Aufgrund ihrer quadratischen Form ist diese Ungleichung erfüllt, wenn $\boldsymbol{S} = \boldsymbol{S}^{\mathrm{T}} \succ 0$ gilt, da für $\boldsymbol{S} \succ 0$ ebenfalls $\boldsymbol{S}^{-1} \succ 0$ gilt. Nach dem Auflösen der Klammern folgt

$$\boldsymbol{S}\boldsymbol{S}^{-1}\boldsymbol{S} - \boldsymbol{S}\boldsymbol{S}^{-1}\boldsymbol{Q} - \boldsymbol{Q}^{\mathrm{T}}\boldsymbol{S}^{-1}\boldsymbol{S} + \boldsymbol{Q}^{\mathrm{T}}\boldsymbol{S}^{-1}\boldsymbol{Q} \succeq 0 \tag{3.11}$$

$$\Rightarrow \boldsymbol{S} - \boldsymbol{Q} - \boldsymbol{Q}^{\mathrm{T}} + \boldsymbol{Q}^{\mathrm{T}}\boldsymbol{S}^{-1}\boldsymbol{Q} \succeq 0. \tag{3.12}$$

Damit ergibt sich die Ungleichung $\boldsymbol{Q}^{\mathrm{T}}\boldsymbol{S}^{-1}\boldsymbol{Q} \succeq \boldsymbol{Q}^{\mathrm{T}} + \boldsymbol{Q} - \boldsymbol{S}$, sodass bei Erfüllung der LMI (3.9) stets auch die NLMI (3.8) mit $\boldsymbol{P} = \boldsymbol{S}^{-1}$ gilt. Es ist außerdem anzumerken, dass $\boldsymbol{Q}^{\mathrm{T}}\boldsymbol{S}^{-1}\boldsymbol{Q} = \boldsymbol{Q}^{\mathrm{T}} + \boldsymbol{Q} - \boldsymbol{S}$ gilt, wenn $\boldsymbol{S} = \boldsymbol{Q}$ ist. Durch den Tausch der Variablen $\boldsymbol{Y} = \boldsymbol{K}\,\boldsymbol{Q}$ folgt die LMI

$$\begin{pmatrix} \boldsymbol{S} & \boldsymbol{A}\boldsymbol{Q} + \boldsymbol{B}\boldsymbol{Y} \\ \star & \boldsymbol{Q}^{\mathrm{T}} + \boldsymbol{Q} - \boldsymbol{S} \end{pmatrix} \succ 0 \tag{3.13}$$

in den Entscheidungsvariablen $\boldsymbol{S}$, $\boldsymbol{Q}$ und $\boldsymbol{Y}$ mit den Rücktransformationen $\boldsymbol{P} = \boldsymbol{S}^{-1}$ und $\boldsymbol{K} = \boldsymbol{Y}\,\boldsymbol{Q}^{-1}$.

3.3 Lösung der diskreten Ljapunow-Ungleichung für Ausgangsrückführungen

Die Methoden aus Abschnitt 3.2 eignen sich ausschließlich für den Entwurf vollständiger Zustandsrückführungen. Eine statische Ausgangsrückführung $\boldsymbol{u}\,[k] = \boldsymbol{K}\boldsymbol{C}\boldsymbol{x}\,[k]$ führt zu der Systemmatrix $\boldsymbol{\mathcal{A}}\,(\boldsymbol{K}) = \boldsymbol{A} + \boldsymbol{B}\boldsymbol{K}\boldsymbol{C}$, sodass der Term $\boldsymbol{K}\boldsymbol{C}\,\boldsymbol{Q}$ in den Ungleichungen (3.5) bzw. (3.9) durch die Konstante $\boldsymbol{C}$ nicht durch einen Tausch der Variablen zu einer LMI umgeformt werden kann (vgl. Ungleichung (2.32)).

Die Struktur von $\boldsymbol{C}$ kann jedoch in $\boldsymbol{K}$ als strukturierte Zustandsrückführung integriert werden, um die ursprüngliche Form $\boldsymbol{\mathcal{A}}\,(\boldsymbol{K}) = \boldsymbol{A} + \boldsymbol{B}\boldsymbol{K}$ zu erhalten. Beispielsweise mit $\boldsymbol{c}^{\mathrm{T}} = \begin{pmatrix} 1 & 0 \end{pmatrix}$ und $m = 1$ folgt die strukturierte Rückführung $\boldsymbol{k}^{\mathrm{T}} = \begin{pmatrix} k_1 & 0 \end{pmatrix}$. Dies bedeutet jedoch auch, dass eine Strukturierung in $\boldsymbol{Q} = \boldsymbol{Q}^{\mathrm{T}}$ nötig ist, damit die Rücktransformation $\boldsymbol{k}^{\mathrm{T}} = \boldsymbol{y}^{\mathrm{T}}\,\boldsymbol{Q}^{-1}$ gelingt. Im vorliegenden Beispiel gilt

$$\begin{pmatrix} k_1 & 0 \end{pmatrix} = \begin{pmatrix} y_1 & y_2 \end{pmatrix} \begin{pmatrix} q_1 & q_2 \\ q_2 & q_3 \end{pmatrix}^{-1} = \frac{1}{q_1 q_3 - q_2^2} \begin{pmatrix} y_1 & y_2 \end{pmatrix} \begin{pmatrix} q_3 & -q_2 \\ -q_2 & q_1 \end{pmatrix} \tag{3.14}$$

$$= \frac{1}{q_1 q_3 - q_2^2} \begin{pmatrix} y_1 q_3 - y_2 q_2 & -y_1 q_2 + y_2 q_1 \end{pmatrix}. \tag{3.15}$$

Die daraus folgende Bedingung $-y_1 q_2 + y_2 q_1 = 0$ ist bilinear in den Entscheidungsvariablen, sodass sie nicht einfach dem linearen Optimierungsproblem als Nebenbedingung übergeben werden kann. Auch wenn eine Strukturierung $\boldsymbol{y}^{\mathrm{T}} = \begin{pmatrix} y_1 & 0 \end{pmatrix}$ veranlasst wird, muss $q_2 = 0$ sein, also $\boldsymbol{Q} = \boldsymbol{Q}^{\mathrm{T}}$ als Diagonalmatrix definiert werden, was einen Großteil der Lösungen für $\boldsymbol{Q}$ ausschließt und daher zu einer konservativen LMI-Bedingung führt.

Dieses Problem wird durch Crusius und Trofino in [14] durch das sogenannte W-Problem umgangen, indem

$$\boldsymbol{K C Q} = \boldsymbol{Y C} \tag{3.16}$$

gefordert wird. Diese Bedingung ist erfüllt, wenn mit einer neuen Variablen $\boldsymbol{N}$ die Gleichung $\boldsymbol{C Q} = \boldsymbol{N C}$ gilt. Durch Einsetzen ergibt sich demnach $\boldsymbol{K N C} = \boldsymbol{Y C}$, sodass $\boldsymbol{Y} = \boldsymbol{K N}$ nicht mehr von der bekannten Matrix $\boldsymbol{C}$ abhängt. Somit folgen für die Standardmethode aus [4] die linearen Bedingungen

$$\begin{pmatrix} \boldsymbol{Q} & \boldsymbol{A Q} + \boldsymbol{B Y C} \\ \star & \boldsymbol{Q} \end{pmatrix} \succ 0, \tag{3.17}$$

$$\boldsymbol{N C} - \boldsymbol{C Q} = 0 \tag{3.18}$$

in den Entscheidungsvariablen $\boldsymbol{Q}$, $\boldsymbol{Y}$ und $\boldsymbol{N}$ mit den Rücktransformationen $\boldsymbol{P} = \boldsymbol{Q}^{-1}$ und $\boldsymbol{K} = \boldsymbol{Y N}^{-1}$. Damit ist es möglich, statische Ausgangsrückführungen der Form $\boldsymbol{u}[k] = \boldsymbol{K C x}[k]$ zu berechnen, ohne dass Einschränkungen in $\boldsymbol{Q}$ entstehen.

Um auch mithilfe der Methode von Oliveira et al. statische Ausgangsrückführungen zu ermöglichen, verbinden Benzaouia et al. in [6] in Theorem 4.3 die Methoden von Oliveira et al. [16] und Crusius und Trofino [14]. Dadurch folgen die linearen Bedingungen

$$\begin{pmatrix} \boldsymbol{S} & \boldsymbol{A Q} + \boldsymbol{B Y C} \\ \star & \boldsymbol{Q}^{\mathrm{T}} + \boldsymbol{Q} - \boldsymbol{S} \end{pmatrix} \succ 0, \tag{3.19}$$

$$\boldsymbol{N C} - \boldsymbol{C Q} = 0 \tag{3.20}$$

in den Entscheidungsvariablen $\boldsymbol{S}$, $\boldsymbol{Q}$, $\boldsymbol{Y}$ und $\boldsymbol{N}$ mit den Rücktransformationen $\boldsymbol{P} = \boldsymbol{S}^{-1}$ und $\boldsymbol{K} = \boldsymbol{Y}\boldsymbol{N}^{-1}$.

Lim und Lee erweitern die Methodik von Oliveira et al. und Crusius und Trofino durch das Hinzufügen eines weiteren Freiheitsgrades. Dazu werden, anstatt der Matrix $\boldsymbol{S} = \boldsymbol{P}^{-1}$ in der Methode von Oliveria et al., zwei Matrizen $\boldsymbol{S}_0$ und $\boldsymbol{S}_1$ eingeführt, wobei gelten soll, dass $\boldsymbol{S}_0 - \boldsymbol{S}_1 \succeq 0$ ist. Für $\boldsymbol{S}_1$ gilt der Tausch der Variablen $\boldsymbol{S}_1 = \boldsymbol{P}^{-1}$, sodass mit der Kongruenztransformation aus der Methode von Oliveira et al. die LMI

$$\begin{pmatrix} \boldsymbol{S}_1 & (\boldsymbol{A} + \boldsymbol{B}\boldsymbol{K}\boldsymbol{C})\,\boldsymbol{Q} \\ \boldsymbol{Q}^{\mathrm{T}}\,(\boldsymbol{A} + \boldsymbol{B}\boldsymbol{K}\boldsymbol{C})^{\mathrm{T}} & \boldsymbol{Q}^{\mathrm{T}}\boldsymbol{S}_1^{-1}\boldsymbol{Q} \end{pmatrix} \succ 0 \tag{3.21}$$

folgt. Unter der Voraussetzung, dass $\boldsymbol{S}_0 - \boldsymbol{S}_1 \succeq 0$ ist, wird damit zudem $\boldsymbol{Q}^{\mathrm{T}}\boldsymbol{S}_1^{-1}\boldsymbol{Q} \succeq \boldsymbol{Q}^{\mathrm{T}} + \boldsymbol{Q} - \boldsymbol{S}_1 \succeq \boldsymbol{Q}^{\mathrm{T}} + \boldsymbol{Q} - \boldsymbol{S}_0$ erfüllt. Damit kann für die Approximation von $\boldsymbol{Q}^{\mathrm{T}}\boldsymbol{S}_1^{-1}\boldsymbol{Q}$ der Term $\boldsymbol{Q}^{\mathrm{T}} + \boldsymbol{Q} - \boldsymbol{S}_0$ verwendet werden, sofern $\boldsymbol{S}_0 - \boldsymbol{S}_1 \succeq 0$ ist. In [55] wird die zusätzliche Matrix $\boldsymbol{S}_0$ dazu verwendet, um die Konvergenzrate zu maximieren, jedoch ist die Methode auch für andere Optimierungsprobleme vielversprechend, da der zusätzliche Freiheitsgrad weniger konservative Ergebnisse ermöglichen kann. Daraus folgen die linearen Bedingungen

$$\begin{pmatrix} \boldsymbol{S}_1 & \boldsymbol{A}\boldsymbol{Q} + \boldsymbol{B}\boldsymbol{Y}\boldsymbol{C} \\ \star & \boldsymbol{Q}^{\mathrm{T}} + \boldsymbol{Q} - \boldsymbol{S}_0 \end{pmatrix} \succ 0, \tag{3.22}$$

$$\boldsymbol{S}_0 - \boldsymbol{S}_1 \succeq 0, \tag{3.23}$$

$$\boldsymbol{N}\boldsymbol{C} - \boldsymbol{C}\boldsymbol{Q} = 0 \tag{3.24}$$

in den Entscheidungsvariablen $\boldsymbol{S}_0$, $\boldsymbol{S}_1$, $\boldsymbol{Q}$, $\boldsymbol{Y}$ und $\boldsymbol{N}$ mit den Rücktransformationen $\boldsymbol{P} = \boldsymbol{S}_1^{-1}$ und $\boldsymbol{K} = \boldsymbol{Y}\boldsymbol{N}^{-1}$. Hierbei werden direkt statische Ausgangsrückführungen betrachtet, wobei mit $\boldsymbol{C} = \boldsymbol{I}$ auch vollständige Zustandsrückführungen entworfen werden können. Dabei muss jedoch keine Matrix $\boldsymbol{N}$ eingeführt und die Bedingung (3.24) nicht gelöst werden.

3.4 Iterative Lösung der diskreten Ljapunow-Ungleichung für verschiedene Reglerstrukturen

Alle bisherigen Methoden bergen den Nachteil, dass die Änderung der Reglerstruktur eine Änderung der Methodik nach sich zieht. Zudem können nicht alle Reglerstrukturen entworfen werden, oder es werden Umformungen benötigt, die zu konservativeren Ergebnissen oder zu nicht-lösbaren LMI-Bedingungen führen können. Daher wird in den Veröffentlichungen [17, 21, 62] von Dehnert et al. eine Methode vorgestellt, welche die ursprüngliche Matrixungleichung (3.2) durch Iteration löst. Im Gegensatz zu den bisherigen Methoden, die im Folgenden als *Einschritt-Methoden* bezeichnet werden, ist bei der iterativen Vorgehensweise kein Tausch der Variablen notwendig. Dadurch können alle Reglerstrukturen mit der gleichen Methode entworfen werden, sofern der geschlossene Regelkreis in der Form $\boldsymbol{x}[k+1] = \boldsymbol{\mathcal{A}}(\boldsymbol{K})\,\boldsymbol{x}[k]$ darstellbar ist und $\boldsymbol{\mathcal{A}}(\boldsymbol{K})$ linear in $\boldsymbol{K}$ ist. Der Nachteil des iterativen Verfahrens ist, dass mehr Rechenzeit benötigt wird, da ein Satz von LMIs nicht einmalig sondern zu jedem Iterationsschritt erneut gelöst werden muss. Die Rechenzeit ist jedoch kein limitierender Faktor, da der Reglerentwurf vor dem Einsatz des Reglers stattfindet. Eine Ausnahme stellen beispielsweise modellprädiktive Regler dar, welche die Stellgröße in Echtzeit berechnen. Diese sind jedoch nicht Gegenstand dieser Arbeit.

Die iterative Methode nach Dehnert et al. beruht auf einer Linearisierung der inversen Ljapunow-Matrix $\boldsymbol{P}^{-1}$ aus [37, 38]. Dabei ist maßgeblich, dass für eine konstante Stützstellen-Matrix $\hat{\boldsymbol{P}} = \hat{\boldsymbol{P}}^{\mathrm{T}}$ der Zusammenhang

$$\boldsymbol{P}^{-1} \succeq \hat{\boldsymbol{P}}^{-1}\left(2\boldsymbol{I} - \boldsymbol{P}\hat{\boldsymbol{P}}^{-1}\right) \tag{3.25}$$

gilt. Dies kann mithilfe der Ungleichung $\boldsymbol{Q}^{\mathrm{T}}\boldsymbol{S}^{-1}\boldsymbol{Q} \succeq \boldsymbol{Q}^{\mathrm{T}} + \boldsymbol{Q} - \boldsymbol{S}$ nach Oliveira et al. bewiesen werden. Dazu wird $\boldsymbol{Q} = \boldsymbol{Q}^{\mathrm{T}}$ angenommen und eine Kongruenztransformation mit $\boldsymbol{M} = \boldsymbol{Q}^{-1}$ angewendet. Es folgt

$$\boldsymbol{Q}^{-1}\boldsymbol{Q}\boldsymbol{S}^{-1}\boldsymbol{Q}\boldsymbol{Q}^{-1} \succeq \boldsymbol{Q}^{-1}\left(2\boldsymbol{Q} - \boldsymbol{S}\right)\boldsymbol{Q}^{-1} \tag{3.26}$$

$$\Leftrightarrow \qquad \boldsymbol{S}^{-1} \succeq \boldsymbol{Q}^{-1}\left(2\boldsymbol{I} - \boldsymbol{S}\boldsymbol{Q}^{-1}\right), \tag{3.27}$$

was mit $\boldsymbol{S} = \boldsymbol{P}$ und $\boldsymbol{Q} = \hat{\boldsymbol{P}}$ der Ungleichung (3.25) entspricht. Die Korrelation zwischen der Linearisierung und der Ungleichung von Oliveira et al. wird bereits in [17, 19] aufgegriffen. In [17] wird die Ungleichung (3.25) zudem ausführlich über die Neumannsche Reihe hergeleitet.

Mit dem Zusammenhang (3.25) ist bei Erfüllung von

$$\begin{pmatrix} \hat{\boldsymbol{P}}^{-1}\left(2\boldsymbol{I} - \boldsymbol{P}\hat{\boldsymbol{P}}^{-1}\right) & \boldsymbol{\mathcal{A}}(\boldsymbol{K}) \\ \boldsymbol{\mathcal{A}}^{\mathrm{T}}(\boldsymbol{K}) & \boldsymbol{P} \end{pmatrix} \succ 0 \tag{3.28}$$

stets sichergestellt, dass die ursprüngliche NLMI (3.2) ebenfalls erfüllt ist. Die Ungleichung (3.28) ist eine LMI in den Entscheidungsvariablen $\boldsymbol{P}$ und $\boldsymbol{K}$ (mit der Annahme, dass $\boldsymbol{\mathcal{A}}(\boldsymbol{K})$ linear von $\boldsymbol{K}$ abhängt) mit der konstanten Matrix $\hat{\boldsymbol{P}} = \hat{\boldsymbol{P}}^{\mathrm{T}} \succeq 0$, die vorab festgelegt werden muss. Somit ist kein Tausch der Variable $\boldsymbol{K}$ nötig, wodurch die Menge an möglichen Reglerstrukturen wächst. Dabei muss die Methode nicht verändert werden, um einen anderen Regler zu entwerfen, lediglich muss $\boldsymbol{\mathcal{A}}(\boldsymbol{K})$ abhängig von der Reglerstruktur bestimmt und in die LMI eingesetzt werden.

Wichtig dabei ist die Tatsache, dass die LMI (3.28) exakt der ursprünglichen Matrixungleichung (3.2) entspricht, wenn $\hat{\boldsymbol{P}} = \boldsymbol{P}$ ist, sodass $\hat{\boldsymbol{P}}$ als Approximation von $\boldsymbol{P}$ interpretiert werden kann. Da $\hat{\boldsymbol{P}}$ jedoch vor der Lösung von $\boldsymbol{P}$ festgelegt werden muss, entsteht die Frage, wie $\hat{\boldsymbol{P}}$ gewählt werden sollte. Mit einem beliebigen Wert $\hat{\boldsymbol{P}}$ ist zwar die NLMI (3.2) sichergestellt, jedoch kann die LMI-Bedingung (3.28) konservativ sein. Daher wird ein iterativer Algorithmus eingesetzt, der mehrfach ein Validierungsproblem mit der Nebenbedingung (3.28) löst und dabei sukzessive die Differenz $\hat{\boldsymbol{P}} - \boldsymbol{P}$ verringert. Dazu wird die Aktualisierungsvorschrift

$$\hat{\boldsymbol{P}}_{l+1} = \boldsymbol{P}_l \tag{3.29}$$

gewählt, um für den jeweils nächsten Iterationsschritt $l + 1$ eine geeignete Stützstellenmatrix $\hat{\boldsymbol{P}}$ zu finden.

Nun muss lediglich ein Startwert $\hat{\boldsymbol{P}}_0$ festgelegt werden. Dazu wird die lineare Approximation $(\boldsymbol{I} - \boldsymbol{T})^{-1} \approx \boldsymbol{I} + \boldsymbol{T}$ der Neumannschen Reihe [98] mit $\boldsymbol{T} = \boldsymbol{I} - \boldsymbol{P}$ betrachtet, also $\boldsymbol{P}^{-1} \approx 2\boldsymbol{I} - \boldsymbol{P}$. Die in der LMI (3.28) verwendete Approximation $\boldsymbol{P}^{-1} \approx \hat{\boldsymbol{P}}^{-1}\left(2\boldsymbol{I} - \boldsymbol{P}\hat{\boldsymbol{P}}^{-1}\right)$ entspricht dieser linearen Approximation, wenn $\hat{\boldsymbol{P}} = \boldsymbol{I}$ ist, sodass die Einheitsmatrix einen geeigneten Startwert für den Algorithmus darstellt. Dieser wird auch in [62] sowie den darauffolgenden Veröffentlichungen, wie [17, 20, 34, 51, 52] verwendet.

Es kann allerdings nicht sichergestellt werden, dass die Differenz zwischen $\hat{\boldsymbol{P}} = \boldsymbol{I}$ und $\boldsymbol{P}$ klein genug ist, um die Lösbarkeit der LMI (3.28) zu garantieren. Wenn der erste Schritt der iterativen Methode nicht lösbar ist, kann die Aktualisierungsvorschrift (3.29) nicht angewendet werden, um einen neuen Wert für $\hat{\boldsymbol{P}}$ zu bestimmen, sodass keine Lösung gefunden wird. Um dieses Problem zu lösen, bestehen mehrere Möglichkeiten. In [17] wird das Verfahren aus [62] (in [17] als *Variante 1* bezeichnet) mit einem weiteren Verfahren gegenübergestellt, wobei festgestellt wird, dass beide Varianten konvergieren. Im Rahmen dieser Arbeit wird die in [17] mit *Variante 2* bezeichnete Methode verwendet, da daraus Vorteile für die Optimierung der Abklingrate entstehen.

Für dieses Iterationsverfahren wird zunächst rekapituliert, dass die Eigenwerte von $\boldsymbol{\mathcal{A}}(\boldsymbol{K})$ im Einheitskreis liegen müssen, damit das System stabil ist und die Ljapunow-Ungleichung eine Lösung hat. Wenn nun stattdessen die Systemmatrix $\frac{\boldsymbol{\mathcal{A}}(\boldsymbol{K})}{r}$ auf Stabilität untersucht wird, wird dadurch gefordert, dass die Eigenwerte von $\boldsymbol{\mathcal{A}}(\boldsymbol{K})$ in einem konzentrischen Kreis mit dem Radius r um den Ursprung herum liegen. Durch Einsetzen in die Ljapunow-Ungleichung folgt

$$\left(r^{-1}\boldsymbol{\mathcal{A}}^{\mathrm{T}}(\boldsymbol{K})\right)\boldsymbol{P}\left(r^{-1}\boldsymbol{\mathcal{A}}(\boldsymbol{K})\right)-\boldsymbol{P}\prec 0 \tag{3.30}$$

$$\Leftrightarrow \boldsymbol{\mathcal{A}}^{\mathrm{T}}(\boldsymbol{K})\,\boldsymbol{P}\boldsymbol{\mathcal{A}}(\boldsymbol{K})-r^2\boldsymbol{P}\prec 0, \tag{3.31}$$

was mit dem Schur-Komplement und der linearen Approximation von $\boldsymbol{P}^{-1}$ zu der in $\boldsymbol{P}$ und $\boldsymbol{K}$ linearen Matrixungleichung

$$\begin{pmatrix} \hat{\boldsymbol{P}}^{-1}\left(2\boldsymbol{I}-\boldsymbol{P}\hat{\boldsymbol{P}}^{-1}\right) & \boldsymbol{\mathcal{A}}(\boldsymbol{K}) \\ \boldsymbol{\mathcal{A}}^{\mathrm{T}}(\boldsymbol{K}) & r^2\boldsymbol{P} \end{pmatrix}\succ 0 \tag{3.32}$$

umformuliert werden kann.

Nun können durch $r > 1$ auch instabile Lösungen zugelassen werden, was mehr Freiheitsgrade erzeugt, sodass die LMI (3.32) auch bei großen Differenzen $\hat{\boldsymbol{P}}-\boldsymbol{P}$ lösbar ist. Dadurch wird mit dem Anfangswert $\hat{\boldsymbol{P}}_0=\boldsymbol{I}$ und $r > 1$ eine Lösung für $\boldsymbol{P}$ gefunden, die durch die Aktualisierungsvorschrift (3.29) im nächsten Iterationsschritt $l+1$ als genauere Approximation verwendet werden kann. Im nächsten Schritt kann dann ein kleinerer Wert für r gewählt werden.

Dieses Verfahren ist in Algorithmus 3.1 veranschaulicht. Hierbei wird anfangs ein Wert für r_Δ festgelegt, der die Schrittweite in r angibt. Diese Schrittweite wird verkleinert, sobald das Validierungsproblem zu keiner Lösung geführt hat, um im nächsten Schritt wieder eine gültige Lösung zu erzeugen. Dieses Vorgehen wird wiederholt, bis $r=1$ gilt. Dann ist die Approximation $\hat{\boldsymbol{P}}$ genau genug, um stabile Lösungen zu generieren. Die LMI (3.32) entspricht dann der LMI (3.28). Diese wird weiterhin iterativ gelöst, bis die Frobeniusnorm $\|\hat{\boldsymbol{P}}-\boldsymbol{P}\|_F$ kleiner als ein festgelegtes ε_F ist, sodass eine nahezu exakte Lösung der ursprünglichen NLMI (3.2) gefunden ist. Falls das System $\boldsymbol{\mathcal{A}}(\boldsymbol{K})$ nicht stabilisierbar ist, wird die erste Schleife durch das Abbruchkriterium $r_\Delta > \varepsilon_r$ beendet und die zweite Schleife wird nicht mehr ausgeführt. Daher wird zusätzlich zu $\boldsymbol{K}$ und $\boldsymbol{P}$ auch r ausgegeben, um eine Aussage zu erhalten, ob die Lösung gültig (also $r < 1$) ist.

Die iterative Methode entspricht dabei jeweils einem Schritt der Newton-Schulz-Iteration [82] (siehe auch Hotelling-Bodewig-Algorithmus [35, 36]). Dieses Verfahren konvergiert quadratisch, wenn der Anfangswert nah genug an der Lösung liegt.

Algorithmus 3.1 Iterativer Algorithmus nach Dehnert

Initialisierung: : $\hat{\boldsymbol{P}} = \boldsymbol{I}, r > 1, r_\Delta, \varepsilon_r, \varepsilon_F$

Deklariere die Entscheidungsvariablen $\boldsymbol{P}$, $\boldsymbol{K}$
solange $r \geq 1$ und $r_\Delta > \varepsilon_r$ **wiederhole**
  Finde ein $\boldsymbol{P}$ sodass (3.32) für die aktuellen Werte von r und $\hat{\boldsymbol{P}}$ gilt
  wenn das Validierungsproblem lösbar ist **dann**
    Aktualisiere $\hat{\boldsymbol{P}} = \boldsymbol{P}, r = r - r_\Delta$
  sonst
    Aktualisiere $r_\Delta = 0,5 r_\Delta$
  ende wenn
ende solange
solange $\|\hat{\boldsymbol{P}} - \boldsymbol{P}\|_F > \varepsilon_F$ und $r_\Delta > \varepsilon_r$ **wiederhole**
  Finde ein $\boldsymbol{P}$ sodass (3.28) für den aktuellen Wert von $\hat{\boldsymbol{P}}$ gilt
  Aktualisiere $\hat{\boldsymbol{P}} = \boldsymbol{P}$
ende solange

Ausgabe: : $\boldsymbol{K}, \boldsymbol{P}, r$

Für den Beweis und genauere Ausführungen sei auf [17, 18] verwiesen. Mit dem Algorithmus 3.1 wird jedoch in jedem Iterationsschritt eine neue unbekannte Matrix $\boldsymbol{P}$ berechnet, sodass die quadratische Konvergenz für jeden einzelnen Schritt, aber nicht für das gesamte Verfahren gilt. In der Nähe der Lösung ändert sich $\boldsymbol{P}$ jedoch nicht mehr stark, sodass davon ausgegangen werden kann, dass sich die Konvergenzeigenschaften der Newton-Schulz-Iteration in der Nähe der Lösung auf den Algorithmus 3.1 übertragen.

Das Konvergenzverhalten wird anhand des numerischen Beispiels

$$\boldsymbol{A} = \begin{pmatrix} 10 & 5 \\ 8 & 10 \end{pmatrix}, \quad \boldsymbol{B} = \begin{pmatrix} 0{,}5 \\ 1 \end{pmatrix} \tag{3.33}$$

für den Entwurf eines Zustandsreglers, also $\boldsymbol{\mathcal{A}}(\boldsymbol{K}) = \boldsymbol{A} + \boldsymbol{B}\boldsymbol{K}$, veranschaulicht. Es werden die Initialwerte $r = 5$, $r_\Delta = 0,5$ und die Abbruchbedingungen $\varepsilon_r = \varepsilon_F = 10^{-9}$ verwendet. Im oberen Teil der Abbildung 3.2 wird der Verlauf des Radius r über den Iterationsschritten l aufgetragen. Hierbei ist zu sehen, dass im vorliegenden Beispiel r_Δ nicht verkleinert werden muss, um $r = 1$ zu erreichen. Dies geschieht nach neun Iterationsschritten. Zudem ist der Verlauf des Spektralradius ρ, also des betragsmäßig größten Eigenwertes von $\boldsymbol{\mathcal{A}}(\boldsymbol{K})$ gezeigt, um zu verdeutlichen, dass r eine obere Schranke für den Radius der Eigenwerte ist. Somit kann r auch als $\overline{\rho}$ bezeichnet werden. Im unteren Teil der Abbildung 3.2 wird die Frobeniusnorm logarithmisch aufgetragen. Die Norm steigt für das Erreichen von $r = 1$ zunächst an. Durch die zweite Schleife des Algorithmus wird die Frobeniusnorm verringert und erreicht nach 52 Iterationsschritten den Wert $\|\hat{\boldsymbol{P}} - \boldsymbol{P}\|_F = 5,6660 \cdot 10^{-10}$.

Es sollte jedoch erwähnt werden, dass nach der ersten Schleife bereits eine gültige Lösung gefunden ist. Der geringe Wert der Frobeniusnorm im Endergebnis zeigt, dass mit dem Algorithmus im Gegensatz zu den Einschritt-Methoden die ursprüngliche Ljapunow-Ungleichung (3.2) gelöst wird, was den Schluss zulässt, dass die Methode eine geringe Konservativität aufweist. Die Ergebnisse der Entscheidungsvariablen werden in Anhang A.6 im elektronischen Zusatzmaterial in Teilabschnitt Beispiel 2 gezeigt.

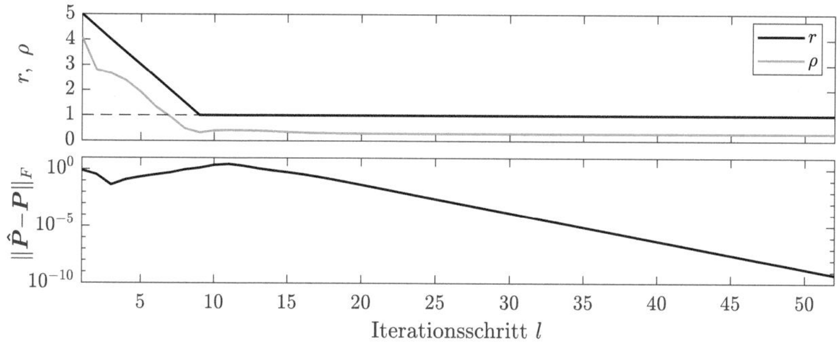

Abbildung 3.2 Konvergenzverhalten des Algorithmus nach Dehnert

Die iterative Methode nach Dehnert et al. ist mittlerweile mit zahlreichen Erweiterungen in den Veröffentlichungen [18, 19, 21, 34, 51–53, 77] zu finden. Auf die jeweiligen Erweiterungen wird im Verlauf der vorliegenden Arbeit genauer eingegangen.

3.5 Berücksichtigung von Stellgrößen- und Stellratenbeschränkungen

In der Literatur existiert eine große Anzahl an Methoden für den Reglerentwurf für Systeme unter Stellgrößenbeschränkungen. Einen Überblick über frühe Literatur in den Jahren 1957 bis 1995 zu dem Thema gibt [7].

Ein grundsteinlegender LMI-Ansatz wird in den frühen 2000er Jahren von Gomes da Silva et al. in [31, 32] veröffentlicht, wobei die Stellbeschränkungen in eine konvexe Hülle eingeschlossen werden und die Standardmethode zur Umformung der Stabilitätsbedingung verwendet wird, um vollständige Zustandsrückführungen zu entwerfen. Daraus entsteht ein BMI-Problem, das zu einem mehrschrittigen LMI-Problem umgeformt wird, dadurch jedoch konservativ wird. In [31] werden dabei diskrete stellgrößenbeschränkte Systeme und in [32] kontinuierliche MRS-Systeme behandelt.

Mit diskreten MRS-Systemen beschäftigen sich Bateman und Lin in [4], wobei auch hier die Standardmethode für den Entwurf von vollständigen Zustandsregelungen verwendet wird. Dabei wird ein System mit p-fach verschachtelter Sättigung betrachtet, sodass ein MRS-System ein Sonderfall der Methode ist. Dieser Fall wird anhand eines Beispiels auch in [4] behandelt, wobei das in Kapitel 2 hergeleitete strikte Aktormodell (2.44) verwendet wird. Der besondere Vorteil der Methode ist, dass durch eine andere konvexe Hülle mit der Einführung von Hilfsreglern (vgl. Abschnitt 2.8) ein LMI-Problem entsteht, das direkt mit Hilfe von LMI-Lösern gelöst werden kann.

Anstelle von konvexen Hüllen können auch lokale Sektorbedingungen für einen Stabilitätsbeweis eingesetzt werden. Da diese jedoch im Allgemeinen konservativ sein können, wird in [33] eine generalisierte Sektorbedingung für stellgrößenbeschränkte diskrete Systeme formuliert (vgl. Abschnitt 2.9). Diese kann direkt zu LMIs umgeformt werden und ist laut [33, 88, 90] weniger konservativ, da die Bedingung explizit auf die Nichtlinearität angepasst wird. Die Erweiterung auf p-fach verschachtelte Sättigungen erfolgt in [88] für kontinuierliche Systeme. Darin wird zudem die numerische Effizienz mit der Methode aus [4] verglichen, wobei festgestellt wird, dass die LMIs der generalisierten Sektorbedingung bei großen Systemen numerisch effizienter gelöst werden können, als die LMIs der konvexen Hüllen.

Da die Rechenzeit kein entscheidender Faktor ist, wird in der Abschlussarbeit [104] stattdessen die Konservativität der beiden Varianten für MRS-Systeme anhand von 26 Beispielsystemen für sowohl kontinuierliche als auch diskrete Systeme gegenübergestellt. Dazu wird die Standardmethode für den Entwurf von sättigenden vollständigen Zustandsreglern verwendet und dabei das Einzugsgebiet maximiert. Es wird festgestellt, dass die Variante der konvexen Hüllen bis auf einzelne Ausnahmen zu weniger konservativen Ergebnissen führt. In den Ausnahmen sind die Unterschiede marginal und auf die Numerik zurückzuführen. Die Aussage, dass konvexe Hüllen weniger konservative Ergebnisse erzeugen, wird auch in [42, 103] getroffen. Daher kann festgehalten werden, dass konvexen Hüllen als Methode zur Berücksichtigung der Nichtlinearitäten im Reglerentwurf grundsätzlich bevorzugt werden können und aus diesem Grund auch im Rahmen der vorliegenden Arbeit ausschließlich verwendet werden.

Ein weiteres Forschungsgebiet zu Stellbeschränkungen sind Anti-Windup-Methoden (vgl. Abschnitt 2.10). Für die Klasse der kontinuierlichen MRS-Systeme mit dynamischen Ausgangsreglern werden in [91, 97, 99] verschiedene Anti-

Windup-Methoden vorgestellt, wobei davon ausgegangen wird, dass der Regler bereits gegeben ist. In [5] wird dann eine Methode entwickelt, um Regler- sowie Anti-Windup-Verstärkungen gleichzeitig zu bestimmen, und damit die Performanz zu erhöhen. Das diskrete Pendant dazu ist in [29, 30] veröffentlicht. Das dort verwendete Aktormodell beschreibt die Begrenzungen jedoch ungenau, weswegen fraglich ist, ob die Stabilität des geschlossenen Regelkreises bei realen Beschränkungen mit der Methode garantiert werden kann. Auf das Aktormodell aus dieser Methode wird in Abschnitt 4.2 im Rahmen eines Vergleiches der verschiedenen Aktormodelle eingegangen.

Weitere ausführlichere Werke zu Stellbeschränkungen in Regelkreisen sind [45, 89] in der Form von Kollektionen von Kapiteln verschiedener Autoren und [42, 54, 90], wobei hauptsächlich nur Stellgrößenbeschränkungen betrachtet werden. Zudem sind die Dissertationen [17, 46, 50, 70] zu nennen. In [50] wird eine Reglerentwurfsmethode für kontinuierliche Systeme mit Stellgrößenbeschränkungen vorgestellt und in [46] auf MRS-Systeme erweitert. Dabei werden sättigende Zustands- sowie Ausgangsregler entworfen, indem die Beschränkungen in eine konvexe Hülle eingeschlossen werden. In [70] liegt der Fokus auf Anti-Windup-Maßnahmen für Systeme mit Stellgrößenbeschränkungen. In [17] wird die iterative Methode von Dehnert et al. für diskrete Systeme mit stellgrößenbeschränkten Aktoren mithilfe von konvexen Hüllen weiterentwickelt. Dabei wird in [20] erstmals der gleichzeitige Entwurf von PID-Reglern und Anti-Windup-Verstärkungen mithilfe einer PK-Iteration behandelt. Ebenfalls können zahlreiche andere diskrete Reglerstrukturen mit der iterativen Methode entworfen werden, jedoch bisher nicht unter Berücksichtigung von Stellratenbeschränkungen.

3.6 Optimierungsaufgaben

In den meisten der in den vorherigen Abschnitten genannten Quellen wird zur Optimierung der Regelung das Einzugsgebiet maximiert. Dies kann bei instabilen Systemen sinnvoll sein, um auch weit ausgelenkte Zustände durch den entworfenen Regler stabil zurück in die Ruhelage führen zu können. Ein Beispiel dafür ist ein Rendezvous-Manöver in der Raumfahrt. Die Maximierung des Einzugsgebietes sorgt jedoch für ein langsameres Regelverhalten. In bereits stabilen Systemen, ist häufig eine schnelle Dynamik erwünscht, wie beispielsweise bei einem Rührkessel der Chemieindustrie. Wenn ein sicherheitskritisches System (zum Beispiel ein Kampfflugzeug) vorliegt, bei dem ein großes Einzugsgebiet nötig ist, dennoch aber eine schnelle Ausregelung erwünscht ist, kann ein Kompromiss gefordert werden. Durch eine schnelle Regelung können zudem Schwingungen auftreten. Dies mindert beispielsweise bei der Temperaturregelung in der Warmwasserbereitung für Haushalte den Kundenkomfort. Starke Schwingungen können ebenfalls die Aktoren und die Regelstrecke beschädigen oder zu unerwünschten Geräuschemissionen führen. Die Definition einer optimalen Regelung hängt daher vom Anwendungsgebiet ab. Im Folgenden werden mehrere Optimierungsaufgaben formuliert, die bei verschiedenen Anwendungen eine Rolle spielen können. Die Optimierungsaufgaben beziehen sich dabei beispielhaft auf den Entwurf von sättigenden Regelungen mit dem strikten Aktormodell. Die Bedingungen für nichtsättigende Regelungen oder der Modellierung des Aktors als PT_1-Verzögerung können anhand der Sätze 2.1, 2.2 und 2.4 abgeleitet werden.

Maximierung des Einzugsgebietes

Die Größe des gesicherten Einzugsgebietes ist umgekehrt proportional zu der Determinante der Ljapunow-Matrix $\boldsymbol{P}$, jedoch ist die Berechnung der Determinante nicht konvex. Stattdessen wird üblicherweise die Spur der Matrix minimiert, woraus das Optimierungsproblem

$$\begin{aligned} &\text{minimiere} && \operatorname{Spur}(\boldsymbol{P}) \\ &\text{sodass} && \boldsymbol{P} \succ 0,\ \boldsymbol{\mathcal{A}}^{\mathrm{T}}(\boldsymbol{K})\,\boldsymbol{P}\boldsymbol{\mathcal{A}}(\boldsymbol{K}) - \boldsymbol{P} \prec 0, \\ &&& \mathcal{E}(\boldsymbol{P}) \subseteq \mathcal{L}_U(\boldsymbol{\mathcal{H}}_1) \cap \mathcal{L}_V(\boldsymbol{\mathcal{H}}_2) \end{aligned} \tag{3.34}$$

folgt. Durch die Minimierung der Spur wird jedoch nicht die Form des gesicherten Einzugsgebietes festgelegt. Daher ist es möglich, dass durch das Optimierungsproblem (3.34) eine in eine Richtung stark gestreckte Ellipse berechnet wird, die für einige Zustände große Abweichungen zulässt, für andere jedoch nicht. Aus praktischer Sicht ist die Berechnung eines solch geformten Einzugsgebietes nicht zielführend. Mögliche Abhilfe schafft das Hinzufügen der Nebenbedingung $\mathcal{X}_0 \subseteq \mathcal{E}(\boldsymbol{P})$ mit festgelegten Anfangswerten $\boldsymbol{x}_0$. Dadurch ist zwar sichergestellt, dass die festgelegten Anfangswerte im gesicherten Einzugsgebiet liegen, jedoch kann damit nicht die Form der Ellipse beeinflusst werden.

Aus praktischer Sicht ist es sinnvoller, die Ellipse beginnend mit den geforderten Anfangswerten in allen Richtungen gleichmäßig zu vergrößern. Dazu wird $\beta\mathcal{X}_0 \subseteq \mathcal{E}(\boldsymbol{P})$ gefordert. Durch $\beta > 1$ wird dann der ursprüngliche Bereich $\mathcal{X}_0$ gleichmäßig vergrößert und damit auch die Ellipse $\mathcal{E}(\boldsymbol{P})$. Durch die Minimierung von $\gamma = \beta^{-2}$ kann dann das Einzugsgebiet maximiert werden. Daraus folgt das Optimierungsproblem

$$\begin{aligned}\text{minimiere } & \gamma \\ \text{sodass } & \boldsymbol{P} \succ 0,\ \boldsymbol{\mathcal{A}}^{\mathrm{T}}(\boldsymbol{K})\,\boldsymbol{P}\boldsymbol{\mathcal{A}}(\boldsymbol{K}) - \boldsymbol{P} \prec 0, \\ & \mathcal{E}(\boldsymbol{P}) \subseteq \mathcal{L}_U(\boldsymbol{\mathcal{H}}_1) \cap \mathcal{L}_V(\boldsymbol{\mathcal{H}}_2),\ \beta\mathcal{X}_0 \subseteq \mathcal{E}(\boldsymbol{P}).\end{aligned} \tag{3.35}$$

Maximierung der Abklingrate

Um eine schnelle Regelung zu ermöglichen, kann die exponentielle Abklingrate σ des geschlossenen Regelkreises vergrößert werden. Diese hängt mit dem Spektralradius $\rho(\boldsymbol{\mathcal{A}}(\boldsymbol{K}))$ zusammen. wobei ein kleiner Spektralradius zu einer großen Abklingrate führt (vgl. Abschnitt 2.3). Die Abklingrate kann demnach durch den minimalen Radius eines konzentrischen Kreises, der alle Eigenwerte des Systems einschließt, abgeschätzt werden.

In Abschnitt 3.4 wird bei der Erklärung der iterativen Methode von Dehnert et al. für den Algorithmus 3.1 bereits die Polplatzierung der Eigenwerte in einem konzentrischen Kreis mit dem Radius r als Bedingung $\boldsymbol{\mathcal{A}}^{\mathrm{T}}(\boldsymbol{K})\,\boldsymbol{P}\boldsymbol{\mathcal{A}}(\boldsymbol{K}) - r^2\boldsymbol{P} \prec 0$ formuliert. Daraus kann das Optimierungsproblem

$$\begin{aligned}\text{minimiere } & r \\ \text{sodass } & \boldsymbol{P} \succ 0,\ \boldsymbol{\mathcal{A}}^{\mathrm{T}}(\boldsymbol{K})\,\boldsymbol{P}\boldsymbol{\mathcal{A}}(\boldsymbol{K}) - r^2\boldsymbol{P} \prec 0, \\ & \mathcal{E}(\boldsymbol{P}) \subseteq \mathcal{L}_U(\boldsymbol{\mathcal{H}}_1) \cap \mathcal{L}_V(\boldsymbol{\mathcal{H}}_2),\ \mathcal{X}_0 \subseteq \mathcal{E}(\boldsymbol{P})\end{aligned} \tag{3.36}$$

formuliert werden. Die Forderung des Einschlusses von festgelegten Anfangszuständen $\boldsymbol{x}_0$ durch die Nebenbedingung $\mathcal{X}_0 \subseteq \mathcal{E}(\boldsymbol{P})$ ist hierbei erforderlich, weil die Optimierungsaufgabe ansonsten gegen $r \to 0$ mit einem marginalen Einzugsgebiet konvergieren kann. Dies ist nicht sinnvoll, da in diesem Fall bereits bei kleinen Auslenkungen aus der Ruhelage der Stabilitätsbeweis nicht mehr gültig ist.

Ein Kompromiss aus einer hohen Abklingrate und einem großen Einzugsgebiet kann erreicht werden, indem das Einzugsgebiet für eine vorgegebene Mindestabklingrate maximiert wird. Diese Anforderung kann durch das Optimierungsproblem

$$\begin{aligned}\text{minimiere } & \gamma \\ \text{sodass } & \boldsymbol{P} \succ 0,\ \boldsymbol{\mathcal{A}}^{\mathrm{T}}(\boldsymbol{K})\,\boldsymbol{P}\boldsymbol{\mathcal{A}}(\boldsymbol{K}) - r_e^2\boldsymbol{P} \prec 0, \\ & \mathcal{E}(\boldsymbol{P}) \subseteq \mathcal{L}_U(\boldsymbol{\mathcal{H}}_1) \cap \mathcal{L}_V(\boldsymbol{\mathcal{H}}_2),\ \beta\mathcal{X}_0 \subseteq \mathcal{E}(\boldsymbol{P}),\ r_e \leq 1\end{aligned} \tag{3.37}$$

dargestellt werden, wobei über r_e die Mindestabklingrate festgelegt wird. Die Lösung dieser Optimierungsaufgabe ist jedoch immer ein Kompromiss, da eine schnelle Abklingrate und ein großes Einzugsgebiet konträre Anforderungen sind.

Maximierung der Dämpfung

Zur Reduktion der Schwingungen in den Ein- oder Ausgängen kann die Dämpfung eines Systems erhöht werden. In einem zeitkontinuierlichen System entsprechen die Linien konstanter Dämpfung in der komplexen Ebene einem Kegel [59] (siehe Abbildung 3.3 links) mit dem Winkel ϑ zur reellen Achse. Eine maximale Dämpfung wird erreicht, wenn sich alle Eigenwerte auf der reellen Achse befinden, also wenn der Dämpfungswinkel $\vartheta = 0°$ ist; ein ungedämpftes System liegt vor, wenn mindestens ein komplex konjugiertes Eigenwertpaar auf der imaginären Achse auftritt, also $\vartheta = 90°$. Der Dämpfungswinkel ϑ kann daher über

$$\vartheta = \max\left(\left|\arctan\left(\frac{\mathrm{Im}\left(\lambda_c\right)}{\mathrm{Re}\left(\lambda_c\right)}\right)\right|\right) \tag{3.38}$$

berechnet werden, wobei λ_c die Eigenwerte des kontinuierlichen (engl.: continuous) Systems sind. Die entsprechenden diskreten Eigenwerte λ_d können durch die z-Transformation $\lambda_d = e^{\lambda_c T_\mathrm{A}}$ berechnet werden (vgl. Abschnitt 2.2). Dadurch entsteht aus den Geraden konstanter Dämpfung in einem diskreten System eine Kardioide, die in der Abbildung 3.3 rechts dargestellt wird. In den Abbildungen sind zudem einige zueinander korrespondierenden Eigenwerte markiert, um die Transformation zu veranschaulichen. Die Kontur der Kardioiden-Form ist jedoch im Allgemeinen nicht konvex und eignet sich daher nicht als Gebiet für eine Polplatzierung mittels LMIs.

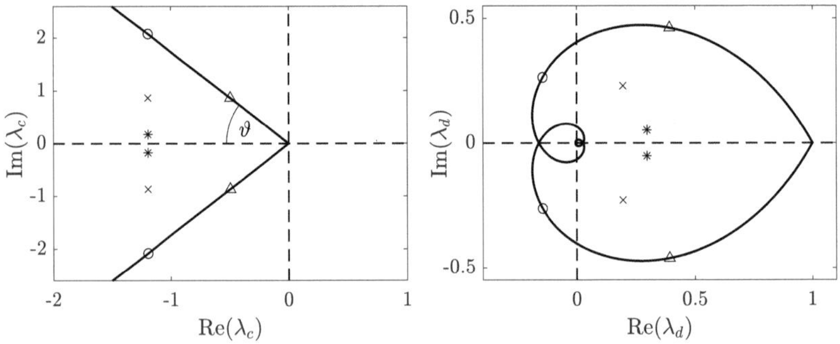

Abbildung 3.3 Linien konstanter Dämpfung in der komplexen Ebene für einen beispielhaften Dämpfungswinkel von $\vartheta = 60°$ bei einem kontinuierlichen (links) und einem diskreten System (rechts)

In [78] werden verschiedene konvexe Approximationsmethoden für eine Kardioide betrachtet, wobei festgestellt wird, dass die Kardioide von den untersuchten Methoden am genauesten durch die Kombination einer Ellipse mit zwei Geraden approximiert werden kann. Diese Form wird daher auch in [43] für die Schwingungsdämpfung eines Laboraufbaus zur Simulation einer Magnetschwebebahn verwendet und dort als angle-ellipse (AE) bezeichnet. Die AE ist durch die obere Schranke $\overline{\vartheta}$ des Dämpfungswinkels und durch den reellen Wert λ^r_{AE} des Schnittpunktes der Ellipse mit der Geraden eindeutig bestimmt. In der Abbildung 3.4 werden zwei Beispiele für $\overline{\vartheta} = 85°$ und $\lambda^r_{\mathrm{AE}} = 0,9$, sowie $\overline{\vartheta} = 70°$ und $\lambda^r_{\mathrm{AE}} = 0,7$ gezeigt, wobei die äußeren Hüllen der Kardioide als gestrichelte und die AEs als durchgezogene Linien dargestellt sind. Alle Eigenwerte, die innerhalb der AE liegen, weisen demnach höchstens den Dämpfungswinkel $\overline{\vartheta}$ auf.

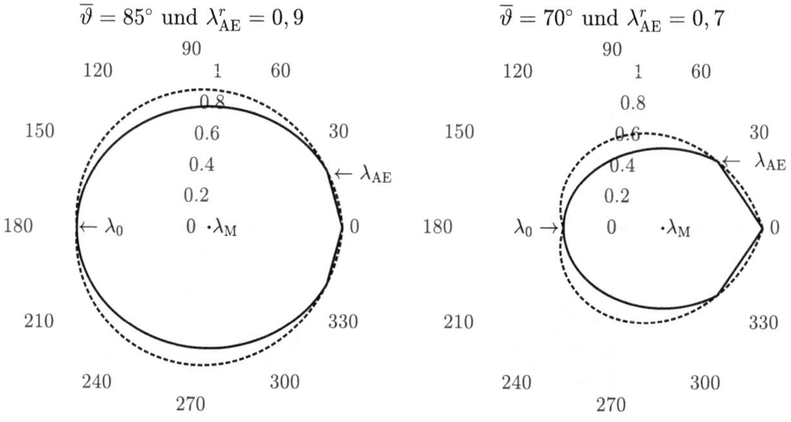

Abbildung 3.4 Beispielhafte Darstellungen der Kardioiden- und AE-Konturen

Mit den beiden gegebenen Werten $\overline{\vartheta}$ und λ^r_{AE} wird die AE wie folgt konstruiert. Zunächst wird im Mittelpunkt $\lambda_{\mathrm{M}} = \frac{1+\lambda_0}{2}$ der Kardioide eine Ellipse platziert, die den Punkt λ_0 berührt (siehe Abbildung 3.4). Zur Berechnung des Punktes λ_0 kann der Zusammenhang genutzt werden, dass der Imaginärteil der Kardioide (also von λ_d) verschwindet, wenn $\mathrm{Im}\,(\lambda_c T_{\mathrm{A}}) = \pi$ ist, da dann $\lambda_d = e^{\mathrm{Re}(\lambda_c T_{\mathrm{A}})} e^{j\pi}$ folgt, wobei $e^{j\pi} = -1$ ist. Durch die Umformulierung des Realteiles anhand von $\tan\overline{\vartheta} = \frac{\mathrm{Im}(\lambda_c)}{\mathrm{Re}(\lambda_c)}$, wobei nun $\mathrm{Im}\,(\lambda_c)\, T_{\mathrm{A}} = \pi$ gelten soll, folgt $\lambda_0 = -e^{-\frac{\pi}{\tan\overline{\vartheta}}}$.

Damit ist die Halbachse $a = \frac{(1-\lambda_0)}{2}$ der Ellipse in Richtung der reellen Achse festgelegt. Die Halbachse b in Richtung der imaginären Achse wird dadurch bestimmt, dass die Ellipse die Kardioide an der Stelle λ_{AE} schneiden soll, wobei der Realteil λ^r_{AE} des Schnittpunktes einstellbar ist. Der Imaginärteil λ^i_{AE} kann bestimmt werden, indem

$$\lambda^r_{\text{AE}} + j\lambda^i_{\text{AE}} \overset{!}{=} e^{h\left(\cos\overline{\vartheta} + j\sin\overline{\vartheta}\right)T_{\text{A}}} \tag{3.39}$$

gleichgesetzt und zunächst der Wert der Hypotenuse h bestimmt wird, bei dem der Realteil λ^r_{AE} entspricht. Danach kann h eingesetzt und dadurch λ^i_{AE} bestimmt werden. Mit der allgemeinen Form einer Ellipsengleichung

$$\frac{x^2}{a^2} + \frac{y^2}{b^2} = 1 \tag{3.40}$$

mit den Halbachsen a und b in x- bzw. y-Richtung kann durch Einsetzen des Punktes $\left(\lambda^r_{\text{AE}} - \lambda_{\text{M}}, \lambda^i_{\text{AE}}\right)$ bezogen auf den Mittelpunkt der Ellipse die Halbachse

$$b = \frac{\lambda^i_{\text{AE}} a}{\sqrt{a^2 - \left(\lambda^r_{\text{AE}} - \lambda_{\text{M}}\right)^2}} \tag{3.41}$$

berechnet werden, womit die Ellipse vollständig definiert ist. Die Punkte $\left(\lambda^r_{\text{AE}}, \lambda^i_{\text{AE}}\right)$ und $\left(\lambda^r_{\text{AE}}, -\lambda^i_{\text{AE}}\right)$ werden schließlich mit dem Punkt $(1, 0)$ über Geraden verbunden, um die AE zu vervollständigen.

Um die Polplatzierung in einer AE zu ermöglichen, wird der Bereich im Inneren der AE als D_R-Region dargestellt, die im Allgemeinen durch

$$D_R = \left\{z \in \mathbb{C} : \boldsymbol{R}_{11} + \boldsymbol{R}_{12}z + \boldsymbol{R}^{\text{T}}_{12}z^* + \boldsymbol{R}_{22}zz^* \prec 0\right\} \tag{3.42}$$

mit $\boldsymbol{R}_{11} = \boldsymbol{R}^{\text{T}}_{11}$ und $\boldsymbol{R}_{22} = \boldsymbol{R}^{\text{T}}_{22}$ definiert ist [72]. Dabei ist z^* die komplex Konjugierte von $z = \text{Re}\,(\lambda_d) + j\text{Im}\,(\lambda_d)$. Die Parameter $\boldsymbol{R}_{11}$, $\boldsymbol{R}_{12}$ und $\boldsymbol{R}_{22}$ sind abhängig von der Form der D_R-Region und können reelle Matrizen oder Skalare sein. Die D_R-Region ist stets symmetrisch zur reellen Achse und sie ist konvex, sofern $\boldsymbol{R}_{22} \succeq 0$ ist [72].

Wenn alle Eigenwerte der Systemmatrix $\boldsymbol{\mathcal{A}}\,(\boldsymbol{K})$ in einer D_R-Region liegen, wird das System D_R-stabil genannt. Diese Forderung kann mit einer QLF zu der Bedingung

$$\boldsymbol{R}_{11} \otimes \boldsymbol{P} + \text{He}\big(\boldsymbol{R}_{12} \otimes (\boldsymbol{P}\boldsymbol{\mathcal{A}}(\boldsymbol{K}))\big) + \boldsymbol{R}_{22} \otimes \left(\boldsymbol{\mathcal{A}}^{\text{T}}\,(\boldsymbol{K})\,\boldsymbol{P}\boldsymbol{\mathcal{A}}(\boldsymbol{K})\right) \prec 0 \tag{3.43}$$

umformuliert werden [72]. Dabei steht $\otimes$ für das Kronecker-Produkt und die Abkürzung $\mathrm{He}\big(\boldsymbol{R}_{12} \otimes (\boldsymbol{P}\boldsymbol{\mathcal{A}}(\boldsymbol{K}))\big)$ steht für $\boldsymbol{R}_{12} \otimes (\boldsymbol{P}\boldsymbol{\mathcal{A}}(\boldsymbol{K})) + \boldsymbol{R}_{12}^{\mathrm{T}} \otimes \big(\boldsymbol{P}\boldsymbol{\mathcal{A}}^{\mathrm{T}}(\boldsymbol{K})\big)$.

Für $\boldsymbol{R}_{11} = -1$, $\boldsymbol{R}_{12} = 0$, $\boldsymbol{R}_{22} = 1$ entspricht die Bedingung (3.43) der diskreten Ljapunow-Ungleichung $\boldsymbol{\mathcal{A}}^{\mathrm{T}}(\boldsymbol{K})\,\boldsymbol{P}\boldsymbol{\mathcal{A}}(\boldsymbol{K}) - \boldsymbol{P} \prec 0$, also einer Polplatzierung im konzentrischen Einheitskreis. Für einen kleineren Radius kann mit der Kreisungleichung $z = \mathrm{Re}(\lambda_d) + j\mathrm{Im}(\lambda_d)$ eine D_R-Region (3.42) mit $\boldsymbol{R}_{11} = -r^2$, $\boldsymbol{R}_{12} = 0$, $\boldsymbol{R}_{22} = 1$ definiert werden. Dann folgt aus der NLMI (3.43) die Bedingung $\boldsymbol{\mathcal{A}}^{\mathrm{T}}(\boldsymbol{K})\,\boldsymbol{P}\boldsymbol{\mathcal{A}}(\boldsymbol{K}) - r^2\boldsymbol{P} \prec 0$ aus Abschnitt 3.4. Die AE kann durch

$$\boldsymbol{R}_{11} = \begin{pmatrix} -1 & -\frac{\lambda_{\mathrm{M}}}{a} & 0 & 0 \\ -\frac{\lambda_{\mathrm{M}}}{a} & -1 & 0 & 0 \\ 0 & 0 & -2\sin\overline{\vartheta} & 0 \\ 0 & 0 & 0 & -2\sin\overline{\vartheta} \end{pmatrix}, \tag{3.44}$$

$$\boldsymbol{R}_{12} = \begin{pmatrix} 0 & \frac{1}{2}\left(\frac{1}{a} - \frac{1}{b}\right) & 0 & 0 \\ \frac{1}{2}\left(\frac{1}{a} + \frac{1}{b}\right) & 0 & 0 & 0 \\ 0 & 0 & \sin\overline{\vartheta} & \cos\overline{\vartheta} \\ 0 & 0 & -\cos\overline{\vartheta} & \sin\overline{\vartheta} \end{pmatrix}, \tag{3.45}$$

$$\boldsymbol{R}_{22} = \boldsymbol{0}_{4\times 4} \tag{3.46}$$

als D_R-Region definiert werden [43, 78].

In diesen Veröffentlichungen werden die Parameter $\overline{\vartheta}$ und λ_{AE}^r konstant auf gewünschte Werte gesetzt und es werden keine Stellbeschränkungen berücksichtigt. Soll stattdessen die Dämpfung eines MRS-Systems maximiert werden, kann das Optimierungsproblem

$$\begin{aligned} &\text{minimiere } \overline{\vartheta} \\ &\text{sodass} \quad \boldsymbol{P} \succ 0,\ (3.43) \text{ mit } (3.44), (3.45) \text{ und } (3.46), \\ &\qquad\qquad \mathcal{E}(\boldsymbol{P}) \subseteq \mathcal{L}_U(\boldsymbol{\mathcal{H}}_1) \cap \mathcal{L}_V(\boldsymbol{\mathcal{H}}_2),\ \mathcal{X}_0 \subseteq \mathcal{E}(\boldsymbol{P}) \end{aligned} \tag{3.47}$$

formuliert werden.

3.7 Beispielsysteme

Um die verschiedenen Methoden aus dieser Arbeit differenziert zu analysieren, werden im Folgenden einige Beispielsysteme aus unterschiedlichen Anwendungen zusammengetragen. Darunter befinden sich auch numerische Beispielsysteme ohne direkten Anwendungsbezug, die in der Literatur verwendet werden. In der folgenden Aufzählung sind die diskreten Zustandsraumdarstellungen aller in dieser Arbeit verwendeten Beispielsysteme, inkl. deren Quellen, Abtastzeiten T_A, Initialwerten $\boldsymbol{x}_0$ und maximalen Stellgrößen $\boldsymbol{u}_\mathrm{max}$ sowie Stellraten $\boldsymbol{v}_\mathrm{max}$ in normierter dimensionsloser Form definiert. Für den Fall, dass ein Beispielsystem in der Literatur in kontinuierlicher Form gegeben ist, wird dieses mit einer Annahme für T_A mithilfe der Matrixexponentialfunktion diskretisiert.

Teilweise fehlen in der Literatur bei der Beschreibung der Beispielsysteme einige Angaben, wie beispielsweise die Initialwerte $\boldsymbol{x}_0$. In diesem Fall werden für diese Werte Annahmen getroffen. Bei unsicheren Systemen wird das nominale System verwendet.

Für die Initialwerte $\boldsymbol{x}_0$ wird jeweils lediglich ein Punkt mit positiven Zustandswerten angegeben. Es sollen jedoch alle Initialwerte mit diesem Betrag stabil zurück in die Ruhelage geführt werden. Das bedeutet, dass $\boldsymbol{\mathcal{X}}_0$ beispielsweise für einen angegebenen Initialwert $\boldsymbol{x}_0 = \begin{pmatrix}1 & 2\end{pmatrix}^\mathrm{T}$ als konvexes Gebiet der Punkte $\begin{pmatrix}1 & 2\end{pmatrix}^\mathrm{T}$, $\begin{pmatrix}1 & -2\end{pmatrix}^\mathrm{T}$, $\begin{pmatrix}-1 & 2\end{pmatrix}^\mathrm{T}$ und $\begin{pmatrix}-1 & -2\end{pmatrix}^\mathrm{T}$ definiert wird, wobei es aufgrund der Symmetrie von $\mathcal{E}(\boldsymbol{P})$ und $\boldsymbol{\mathcal{X}}_0$ ausreicht, die Punkte $\begin{pmatrix}1 & 2\end{pmatrix}^\mathrm{T}$ und $\begin{pmatrix}1 & -2\end{pmatrix}^\mathrm{T}$ auf Stabilität zu überprüfen.

Beispielsystem 1: Numerisches Beispiel 5.1 aus [6]

$$\boldsymbol{A}_d = \begin{pmatrix}1 & 1\\ 0 & 1\end{pmatrix}, \; \boldsymbol{B}_d = \begin{pmatrix}0{,}5\\ 1\end{pmatrix}, \; \boldsymbol{C}_s = \begin{pmatrix}1 & 1\end{pmatrix},$$

$$T_\mathrm{A} = 0{,}1, \; u_\mathrm{max} = 1, \; v_\mathrm{max} = 1, \; \boldsymbol{x}_0 = \begin{pmatrix}1 & 1\end{pmatrix}^\mathrm{T}$$

Beispielsystem 2: Numerisches Beispiel 5.2 aus [6]

$$\boldsymbol{A}_d = \begin{pmatrix}1 & 1 & 0{,}5\\ 0 & 1 & 1\\ 0 & 0 & 1\end{pmatrix}, \; \boldsymbol{B}_d = \begin{pmatrix}1{,}67\\ 0{,}5\\ 1\end{pmatrix}, \; \boldsymbol{C}_s = \begin{pmatrix}1 & 1 & 0\\ 0 & 0 & 1\end{pmatrix},$$

$$T_\mathrm{A} = 0{,}1, \; u_\mathrm{max} = 1, \; v_\mathrm{max} = 1, \; \boldsymbol{x}_0 = \begin{pmatrix}0{,}7071 & 0{,}7071 & 1\end{pmatrix}^\mathrm{T}$$

Beispielsystem 3: Numerisches Beispiel aus [13]

$$\boldsymbol{A}_d = \begin{pmatrix}1 & 1 & 0{,}5\\ 0 & 1 & 1\\ 0 & 0 & 1\end{pmatrix}, \; \boldsymbol{B}_d = \begin{pmatrix}0{,}5 & 1{,}67\\ 1 & 0{,}5\\ 0 & 1\end{pmatrix}, \; \boldsymbol{C}_s = \begin{pmatrix}1 & 1 & 0\\ 0 & 0 & 1\end{pmatrix},$$

$$T_\mathrm{A} = 0{,}1, \; \boldsymbol{u}_\mathrm{max} = \begin{pmatrix}1\\ 1\end{pmatrix}, \; \boldsymbol{v}_\mathrm{max} = \begin{pmatrix}1\\ 1\end{pmatrix}, \; \boldsymbol{x}_0 = \begin{pmatrix}0{,}7071 & 0{,}7071 & 1\end{pmatrix}^\mathrm{T}$$

Beispielsystem 4: Numerisches Beispiel aus [30]

$$A_d = \begin{pmatrix} 0{,}8 & 0{,}5 \\ -0{,}4 & 1{,}2 \end{pmatrix}, \; B_d = \begin{pmatrix} 0 \\ 1 \end{pmatrix}, \; C_s = \begin{pmatrix} 0 & 1 \end{pmatrix},$$

$$T_A = 1, \; u_{max} = 1, \; v_{max} = 0{,}3, \; x_0 = \begin{pmatrix} 1 & 1 \end{pmatrix}^T$$

Beispielsystem 5: Numerisches Beispiel aus [97]

$$A_d = \begin{pmatrix} 0{,}9048 & 0{,}0293 \\ 0 & 1{,}0513 \end{pmatrix}, \; B_d = \begin{pmatrix} 0{,}0328 \\ -1{,}0254 \end{pmatrix}, \; C_s = \begin{pmatrix} 0{,}4000 & 0{,}8000 \end{pmatrix},$$

$$T_A = 0{,}1, \; u_{max} = 0{,}1, \; v_{max} = 0{,}02, \; x_0 = \begin{pmatrix} 2 & 1 \end{pmatrix}^T$$

Beispielsystem 6: Numerisches Beispiel aus [56]

$$A_d = \begin{pmatrix} 0{,}9900 & 0{,}0997 \\ -0{,}1993 & 0{,}9900 \end{pmatrix}, \; B_d = \begin{pmatrix} 0{,}0050 \\ -0{,}1007 \end{pmatrix}, \; C_s = \begin{pmatrix} 1 & 0 \end{pmatrix},$$

$$T_A = 0{,}1, \; u_{max} = 1{,}1, \; v_{max} = 0{,}05, \; x_0 = \begin{pmatrix} 1 & 0{,}8 \end{pmatrix}^T$$

Beispielsystem 7: Numerisches Beispiel 2.1 aus [90]

$$A_d = \begin{pmatrix} 1{,}0100 & -0{,}0087 \\ 0{,}0087 & 0{,}7408 \end{pmatrix}, \; B_d = \begin{pmatrix} 0{,}5025 & -0{,}0005 \\ 0{,}0023 & 0{,}0864 \end{pmatrix}, \; C_s = \begin{pmatrix} 1 & 0 \end{pmatrix},$$

$$T_A = 0{,}1, \; u_{max} = \begin{pmatrix} 5 \\ 2 \end{pmatrix}, \; v_{max} = \begin{pmatrix} 0{,}1 \\ 0{,}1 \end{pmatrix}, \; x_0 = \begin{pmatrix} 10 & 10 \end{pmatrix}^T$$

Beispielsystem 8: Ventil aus [71]

$$A_d = \begin{pmatrix} 0{,}1321 & 0{,}2494 \\ -2{,}4940 & -0{,}1173 \end{pmatrix}, \; B_d = \begin{pmatrix} -0{,}0868 \\ -0{,}2494 \end{pmatrix}, \; C_s = \begin{pmatrix} 1 & 0 \end{pmatrix},$$

$$T_A = 0{,}5, \; u_{max} = 5, \; v_{max} = 0{,}75, \; x_0 = \begin{pmatrix} 0{,}01 & 2 \end{pmatrix}^T$$

Beispielsystem 9: Vought F-8 Crusader aus [70]

$$A_d = \begin{pmatrix} 0{,}8695 & -0{,}0001 & -1{,}0485 & 0{,}0001 \\ -0{,}2315 & 0{,}9986 & -1{,}4536 & -3{,}2178 \\ 0{,}0874 & -0{,}0000 & 0{,}8084 & 0{,}0000 \\ 0{,}0943 & -0{,}0000 & -0{,}0551 & 1{,}0000 \end{pmatrix}, \; B_d = \begin{pmatrix} -1{,}7822 & -0{,}2553 \\ 0{,}0951 & 0{,}0120 \\ -0{,}1017 & -0{,}0593 \\ -0{,}0913 & -0{,}0135 \end{pmatrix},$$

$$C_s = \begin{pmatrix} 0 & 0 & 0 & 1 \\ 0 & 0 & -1 & 1 \end{pmatrix},$$

$$T_A = 0{,}1, \; u_{max} = \begin{pmatrix} 25 \\ 25 \end{pmatrix}, \; v_{max} = \begin{pmatrix} 1 \\ 1 \end{pmatrix}, \; x_0 = \begin{pmatrix} 1 & 1 & 1 & 1 \end{pmatrix}^T$$

Beispielsystem 10: U-Boot aus [70]

$$A_d = \begin{pmatrix} 1{,}0000 & 10{,}0000 & 49{,}1770 \\ 0 & 1{,}0000 & 9{,}7541 \\ 0 & 0 & 0{,}9512 \end{pmatrix}, \; B_d = \begin{pmatrix} 0{,}8230 \\ 0{,}2459 \\ 0{,}0488 \end{pmatrix}, \; C_s = \begin{pmatrix} 1 & 0 & 0 \end{pmatrix},$$

$$T_A = 10, \; u_{max} = 0{,}5, \; v_{max} = 0{,}05, \; x_0 = \begin{pmatrix} 10 & 0{,}05 & 0{,}005 \end{pmatrix}^T$$

Beispielsystem 11: Pendel aus [29]

$$A_d = \begin{pmatrix} 1{,}0013 & -0{,}0500 & -0{,}0013 \\ -0{,}0500 & 1{,}0025 & 0{,}0500 \\ -0{,}0013 & 0{,}0500 & 1{,}0013 \end{pmatrix}, \; B_d = 10^{-2} \cdot \begin{pmatrix} -0{,}0021 \\ 0{,}1251 \\ 5{,}0021 \end{pmatrix}, \; C_s = \begin{pmatrix} 1 & 0 & 0 \\ 0 & 1 & 0 \end{pmatrix},$$

$$T_A = 0{,}05, \; u_{max} = 1{,}25, \; v_{max} = 2, \; x_0 = \begin{pmatrix} 0{,}0050 & 0{,}2428 & 0{,}1447 \end{pmatrix}^T$$

Beispielsystem 12: Rührkessel aus [29]

$$A_d = \begin{pmatrix} 0{,}9512 & 0{,}0000 & 0{,}0000 & 0{,}0000 \\ 0{,}0000 & 0{,}9048 & 0{,}0670 & 0{,}0226 \\ 0{,}0000 & 0{,}0000 & 0{,}8825 & 0{,}0000 \\ 0{,}0000 & 0{,}0000 & 0{,}0000 & 0{,}9048 \end{pmatrix}, \; B_d = \begin{pmatrix} 4{,}8771 & 4{,}8771 \\ -1{,}1895 & 3{,}5686 \\ 0{,}0000 & 0{,}0000 \\ 0{,}0000 & 0{,}0000 \end{pmatrix},$$

$$C_s = \begin{pmatrix} 0{,}01 & 0 & 0 & 0 \\ 0 & 1 & 0 & 0 \end{pmatrix},$$

$$T_A = 0{,}1, \; u_{max} = \begin{pmatrix} 0{,}02 \\ 0{,}02 \end{pmatrix}, \; v_{max} = \begin{pmatrix} 0{,}001 \\ 0{,}001 \end{pmatrix}, \; x_0 = \begin{pmatrix} 10 & 10 & 10 & 10 \end{pmatrix}^T$$

Beispielsystem 13: TAFA (Tailless Advanced Fighter Aircraft) aus [46]

$$A_d = \begin{pmatrix} 0{,}9312 & 0{,}0870 \\ 0{,}5218 & 0{,}8443 \end{pmatrix}, \quad B_d = \begin{pmatrix} 0{,}0364 \\ 0{,}7322 \end{pmatrix}, \quad C_s = \begin{pmatrix} 1 & 0 \end{pmatrix},$$

$$T_A = 0{,}1, \quad u_{max} = \frac{15\pi}{180}, \quad v_{max} = \frac{4\pi}{180}, \quad x_0 = \begin{pmatrix} \frac{20\pi}{180} & \frac{25\pi}{180} \end{pmatrix}^T$$

Beispielsystem 14: Space-Shuttle aus [46]

$$A_d = \begin{pmatrix} 0{,}9861 & 0{,}0140 & -0{,}0978 & 0{,}0036 \\ -0{,}3492 & 0{,}9556 & 0{,}0447 & -0{,}0006 \\ 0{,}0393 & -0{,}0010 & 0{,}9900 & 0{,}0001 \\ -0{,}0179 & 0{,}0978 & -0{,}0121 & 1{,}0000 \end{pmatrix},$$

$$B_d = \begin{pmatrix} 0{,}0039 & 0{,}0031 \\ 0{,}6432 & 0{,}1222 \\ 0{,}0373 & -0{,}0255 \\ 0{,}0321 & 0{,}0063 \end{pmatrix}, \quad C_s = \begin{pmatrix} 0 & 0 & 1 & 0 \\ 0 & 0 & 0 & 1 \end{pmatrix},$$

$$T_A = 0{,}1, \quad u_{max} = \begin{pmatrix} \frac{22\pi}{180} \\ \frac{22\pi}{180} \end{pmatrix}, \quad v_{max} = \begin{pmatrix} \frac{2\pi}{180} \\ \frac{2\pi}{180} \end{pmatrix}, \quad x_0 = \begin{pmatrix} \frac{5\pi}{180} & \frac{5\pi}{180} & \frac{5\pi}{180} & \frac{40\pi}{180} \end{pmatrix}^T$$

Beispielsystem 15: Instabiler VTOL-Helikopter aus [17]

$$A_d = \begin{pmatrix} 0{,}999634 & 0{,}100271 & 0{,}000188 & -0{,}004555 \\ 0{,}000482 & 0{,}989900 & 0{,}000024 & -0{,}040208 \\ 0{,}001002 & 0{,}003681 & 0{,}992930 & 0{,}014200 \\ 0 & 0 & 0{,}01 & 1 \end{pmatrix},$$

$$B_d = \begin{pmatrix} -0{,}004422 & -0{,}001761 \\ 0{,}035446 & 0{,}075922 \\ 0{,}055200 & -0{,}044900 \\ 0 & 0 \end{pmatrix}, \quad C_s = \begin{pmatrix} 0 & 1 & 0 & 0 \\ 0 & 0 & 1 & 0 \end{pmatrix},$$

$$T_A = 0{,}01, \quad u_{max} = \begin{pmatrix} 10 \\ 10 \end{pmatrix}, \quad v_{max} = \begin{pmatrix} 10 \\ 10 \end{pmatrix}, \quad x_0 = \begin{pmatrix} 0{,}1 & 0{,}1 & 0{,}1 & 0{,}1 \end{pmatrix}^T$$

Beispielsystem 16: Rendezvous-Manöver aus [17]

$$\boldsymbol{A}_d = \begin{pmatrix} 1{,}0009 & 0{,}0250 & 0 & 0{,}0006 \\ 0{,}0750 & 0{,}9997 & 0 & 0{,}0500 \\ -0{,}0000 & -0{,}0006 & 1 & 0{,}0250 \\ -0{,}0019 & -0{,}0500 & 0 & 0{,}9988 \end{pmatrix}, \quad \boldsymbol{B}_d = \begin{pmatrix} 0{,}0003 & 0{,}0000 \\ 0{,}0250 & 0{,}0006 \\ -0{,}0000 & 0{,}0003 \\ -0{,}0006 & 0{,}0250 \end{pmatrix},$$

$$\boldsymbol{C}_s = \begin{pmatrix} 1 & 0 & 0 & 0 \\ 0 & 0 & 1 & 0 \end{pmatrix},$$

$$T_\mathrm{A} = 0{,}025, \; \boldsymbol{u}_\mathrm{max} = \begin{pmatrix} 15 \\ 15 \end{pmatrix}, \; \boldsymbol{v}_\mathrm{max} = \begin{pmatrix} 1 \\ 1 \end{pmatrix}, \; \boldsymbol{x}_0 = \begin{pmatrix} 1 & 1 & 1 & 1 \end{pmatrix}^\mathrm{T}$$

Beispielsystem 17: Instabiles Kampfflugzeug aus [80, 101]

$$\boldsymbol{A}_d = \begin{pmatrix} 0{,}9895 & -11{,}9211 & -4{,}3345 & -6{,}3898 & 3{,}8857 & -2{,}6633 \\ 0{,}0002 & 1{,}1588 & 0{,}1611 & -0{,}0007 & -0{,}1505 & 0{,}1020 \\ 0{,}0021 & 1{,}9138 & 0{,}7541 & -0{,}0069 & -0{,}8169 & 0{,}5721 \\ 0{,}0002 & 0{,}2022 & 0{,}1673 & 0{,}9995 & -0{,}1501 & 0{,}1057 \\ 0 & 0 & 0 & 0 & 0{,}0025 & 0 \\ 0 & 0 & 0 & 0 & 0 & 0{,}0025 \end{pmatrix},$$

$$\boldsymbol{B}_d = \begin{pmatrix} 24{,}3120 & -16{,}6720 \\ -0{,}8954 & 0{,}6065 \\ -4{,}9295 & 3{,}4532 \\ -0{,}8967 & 0{,}6310 \\ 0{,}1658 & 0 \\ 0 & 0{,}1658 \end{pmatrix}, \quad \boldsymbol{C}_s = \begin{pmatrix} 0 & 1 & 0 & 0 & 0 & 0 \\ 0 & 0 & 0 & 1 & 0 & 0 \end{pmatrix},$$

$$T_\mathrm{A} = 0{,}2, \; \boldsymbol{u}_\mathrm{max} = \begin{pmatrix} 10 \\ 10 \end{pmatrix}, \; \boldsymbol{v}_\mathrm{max} = \begin{pmatrix} 2 \\ 2 \end{pmatrix}, \; \boldsymbol{x}_0 = \begin{pmatrix} 0{,}2 & 1 & 1 & 1 & 1 & 1 \end{pmatrix}^\mathrm{T}$$

Beispielsystem 18: F/A-18 HARV (High Alpha Research Vehicle) aus [83]

$$\boldsymbol{A}_d = \begin{pmatrix} 0{,}7901 & -0{,}0242 & -1{,}3765 & -0{,}0032 \\ -0{,}0007 & 1{,}0021 & 0{,}2986 & 0{,}0007 \\ 0{,}0045 & 0{,}0988 & 0{,}9944 & 0{,}0044 \\ 0{,}0892 & 0{,}0049 & -0{,}0709 & 0{,}9999 \end{pmatrix},$$

$$\boldsymbol{B}_d = \begin{pmatrix} 2{,}0866 & 1{,}9102 & 0{,}2914 \\ -0{,}0177 & 0{,}0318 & -0{,}1977 \\ 0{,}0039 & 0{,}0051 & -0{,}0053 \\ 0{,}1084 & 0{,}0993 & 0{,}0147 \end{pmatrix}, \quad \boldsymbol{C}_s = \begin{pmatrix} 0 & 0 & 1 & 0 \\ 0 & 0 & 0 & 1 \end{pmatrix},$$

$$T_\mathrm{A} = 0{,}1,\ \boldsymbol{u}_\mathrm{max} = \begin{pmatrix} 25 \\ 10{,}5 \\ 30 \end{pmatrix},\ \boldsymbol{v}_\mathrm{max} = \begin{pmatrix} 10 \\ 4 \\ 8{,}2 \end{pmatrix},\ \boldsymbol{x}_0 = \begin{pmatrix} 5 & 5 & 5 & 20 \end{pmatrix}^\mathrm{T}$$

3.8 Zielformulierung

Moderne Reglerentwurfsverfahren können bereits Stellgrößenbeschränkungen im Reglerentwurf berücksichtigen. Dennoch existieren noch wenige Ansätze, bei denen auch die Stellratenbeschränkungen berücksichtigt werden. Diese können jedoch ebenfalls die Stabilität beeinträchtigen, wie anhand eines Beispiels in Abschnitt 3.1 gezeigt wurde. Die wenigen existierenden Ansätze für MRS-Systeme beruhen hauptsächlich auf Sektorbedingungen, wobei in Abschnitt 3.5 erläutert wurde, dass dies im Vergleich zu konvexen Hüllen allgemein zu konservativeren LMI-Bedingungen führt. Zudem wird dabei meist das Einzugsgebiet maximiert, wobei in der Praxis häufiger die schnelle Ausregelung von Abweichungen vom Sollwert oder die Reduktion von Schwingungen relevant ist. Zuletzt sei erwähnt, dass moderne Regler diskret sind (siehe Abschnitt 2.1), sodass kontinuierliche Reglerentwurfsmethoden meist nicht anwendungsrelevant sind. Es ist zwar im Allgemeinen möglich, einen zeitkontinuierlichen Regler zu entwerfen und diesen durch Diskretisierung als diskreten Regler einzusetzen, jedoch ist das Erreichen einer ähnlichen Performanz nur bei hinreichend schneller Abtastung sichergestellt [59].

Die in Abschnitt 3.2 erläuterten Einschritt-Methoden aus der Literatur sind in der Lage, in effizienter Weise vollständige Zustandsrückführungen für diskrete lineare Systeme zu berechnen. Mithilfe der Formulierung der Stellbeschränkungen als konvexe Hülle können diese Methoden für MRS-Systeme erweitert werden. Da in technischen Systemen selten alle Zustände gemessen werden können, ist eine vollständige Zustandsrückführung jedoch nicht umsetzbar, sodass für die praktische Anwendung Methoden für den Entwurf von Ausgangsreglern benötigt werden.

Durch die Erweiterung von Crusius und Trofino in [14] wird die Berechnung statischer Ausgangsrückführungen möglich (vgl. Abschnitt 3.3). Für diese Reglerstruktur führen die Einschritt-Methoden jedoch zu konservativen Ergebnissen, wie in [19] gezeigt wird. In praktischen Anwendungen ist vor allem der Einsatz von PID-Reglern verbreitet. Dies kann in den Einschritt-Methoden durch die Formulierung des PID-Reglers als statische Ausgangsrückführung mit Erweiterung des Zustandsvektors um die Reglerzustände umgesetzt werden. Diese Umformung ist in [55] zu finden. Aufgrund des integrierenden Anteils im Regler sollten zur Erhöhung der

Regelgüte jedoch Anti-Windup-Maßnahmen ergriffen werden, welche die Struktur des geschlossenen Regelkreises ändern. Dadurch kann der Regler nicht mehr als statische Ausgangsrückführung formuliert werden. Zu PID-Reglern mit Anti-Windup existieren in der Literatur keine Veröffentlichungen für MRS-Systeme und die vorhandenen Einschritt-Methoden können nicht ohne Weiteres auf diese Reglerstruktur angepasst werden. Dies gilt auch für beobachterbasierte Ansätze.

Um dennoch solche Reglerstrukturen unter Garantie der Stabilität des geschlossenen Regelkreises zu entwerfen, besteht die Nachfrage einer neuen Methodik, die im Rahmen der vorliegenden Arbeit entwickelt werden soll. Die Methodik soll den Entwurf aller aufgezählten zeitdiskreten Reglerstrukturen ermöglichen. Dabei sollen Anpassungen der Reglerstruktur keine grundlegenden Änderungen der Methodik nach sich ziehen, sodass auch weitere, bisher nicht betrachtete Reglerstrukturen realisierbar werden. Die Regler sollen zudem bezüglich anwendungsrelevanter Gütekriterien optimiert werden. Dies schließt beispielsweise eine schnelle Regelung oder die Reduktion von Schwingungen ein. Zusätzlich zu der neuen Methodik soll ein Mehrwert geschaffen werden, um die Fragestellung zu beantworten, welche Reglerstrukturen und Gütekriterien für MRS-Systeme geeignet sind. Im Fokus soll dabei stets die Konservativität der Methode stehen, die gegenüber bestehender Verfahren verringert werden soll.

Ein Punkt, der in dieser Arbeit keine genauere Beachtung finden wird, ist die Behandlung von Unsicherheiten. Da reale Systeme in der Regel nichtlinear und toleranzbehaftet sind, wird dies häufig durch ein lineares System mit Unsicherheiten abgebildet. Bei einer Festwertregelung reicht jedoch meist das nominale lineare System für den Entwurf aus. Die Erweiterung für lineare Unsicherheiten kann beispielsweise anhand von [17] erfolgen; multilineare Unsicherheiten werden in [34] behandelt.

Auch Mess- oder Prozessrauschen wird in der vorliegenden Arbeit vernachlässigt. Beides kann die Performanz der Regelstrecke beeinflussen und sollte daher unterdrückt werden. Das kann beispielsweise über die Minimierung der H_2-Norm geschehen und wird in [17] behandelt. Zudem können Beobachter eingesetzt werden. Um sowohl den Regler als auch den Beobachter geeignet zu parametrieren, sodass die Sensitivität der Regelstrecke gegenüber dem Rauschen reduziert wird, kann der Ansatz aus [18, 74, 75] verwendet werden.

Ebenfalls können Gütekriterien wie die linear quadratische Regelung (LQR), die H_2-Norm und die H_∞-Norm bedeutsam sein, um eine Reduktion des Stellaufwandes herbeizuführen. Hierzu sei auf [17, 57, 81, 92] verwiesen.

Der in dieser Arbeit zu entwickelnde LMI-Ansatz soll mit Unsicherheiten, Rauschunterdrückung und weiteren Gütemaßen erweiterbar sein. Dabei soll es ebenfalls möglich sein, die verschiedenen Erweiterungen miteinander zu kombinieren.

Neue Methoden

4

In diesem Kapitel werden neue Reglerentwurfsmethoden basierend auf der iterativen Lösung der diskreten Ljapunow-Ungleichung nach Dehnert et al. hergeleitet. Mithilfe der neuen Methoden können Regler parametriert werden, die für Systeme mit simultanen Stellgrößen- und Stellratenbeschränkungen Stabilität garantieren. Dabei wird in Abschnitt 4.1 der Entwurf von nichtsättigenden sowie sättigenden vollständigen Zustandsrückführungen bei gleichzeitiger Optimierung verschiedener Gütekriterien ermöglicht. In Abschnitt 4.2 werden mehrere Aktormodelle verglichen und das geeignetste Modell ausgewählt. Darauffolgend wird im Abschnitt 4.3 gezeigt, dass die neue Methode den Entwurf verschiedener Reglerstrukturen ermöglicht. Die darauffolgenden Abschnitte behandeln Erweiterungen auf Anti-Windup-Maßnahmen, Polplatzierung in D_R-Regionen zur Minimierung von Schwingungen und eine sättigungsabhängige Ljapunow-Funktion zur Verringerung der Konservativität. Diese Erweiterungen werden basierend auf der regleradaptiven Methode aus Abschnitt 4.3 erläutert, können jedoch auch miteinander kombiniert werden.

Die Ergebnisse werden anhand von Beispielen bezüglich ihrer Eignung in der praktischen Anwendung diskutiert und miteinander verglichen. Zum Schluss wird die Methode anderen Ansätzen aus der Literatur gegenübergestellt. Alle verwendeten Beispielsysteme werden in Abschnitt 3.7 in normierter dimensionsloser Form definiert und die Ergebnisse der Entscheidungsvariablen werden in Anhang A.6 im elektronischen Zusatzmaterial angegeben.

Teile der Inhalte aus diesem Kapitel wurden im Jahr 2020 auf der IEEE Conference on Control Technology and Applications (CCTA) [20], im Jahr 2021 auf der

---

Ergänzende Information Die elektronische Version dieses Kapitels enthält Zusatzmaterial, auf das über folgenden Link zugegriffen werden kann https://doi.org/10.1007/978-3-658-43061-0_4.

S. Lerch, *Entwurf zeitdiskreter Ausgangsregler für Systeme unter Stellgrößen- und Stellratenbeschränkungen*, https://doi.org/10.1007/978-3-658-43061-0_4

International Conference on System Theory, Control and Computing (ICSTCC) [19, 51, 52] und im Jahr 2022 sowohl in Frontiers in Control Engineering [18] als auch auf der International Conference on Systems and Control (ICSC) [53] veröffentlicht.

4.1 Nichtsättigende und sättigende Regler

Ziel dieses Abschnittes ist die Parametrierung der Rückführung $\boldsymbol{K}$ des geschlossenen Regelkreises

$$\boldsymbol{x}[k+1] = \boldsymbol{A}\boldsymbol{x}[k] + \boldsymbol{B}\mathbf{sat}_V\left(\mathbf{sat}_U\left(\boldsymbol{K}\boldsymbol{x}[k]\right) + \boldsymbol{F}\boldsymbol{x}[k]\right), \; \boldsymbol{x}[0] = \boldsymbol{x}_0 \tag{4.1}$$

mit den Matrizen

$$\boldsymbol{A} = \begin{pmatrix} \boldsymbol{A}_d & \boldsymbol{B}_d \\ \boldsymbol{0} & \boldsymbol{I} \end{pmatrix}, \; \boldsymbol{B} = \begin{pmatrix} \boldsymbol{0} \\ \boldsymbol{I} \end{pmatrix}, \; \boldsymbol{F} = \begin{pmatrix} \boldsymbol{0} & -\boldsymbol{I} \end{pmatrix}. \tag{4.2}$$

Diese Systemdarstellung wird in Abschnitt 2.6 hergeleitet und besteht aus der linearen Systemdynamik, dem strikt begrenzten Aktormodell und einem Zustandsregler $\boldsymbol{u}[k] = \boldsymbol{K}\boldsymbol{x}[k]$. Die Parametrierung eines Zustandsreglers mit der PT_1-Modellierung des Aktors ist daraus herleitbar und wird daher in diesem Abschnitt nicht behandelt. Zur Vollständigkeit wird dies in Anhang A.4 im elektronischen Zusatzmaterial erläutert.

Ein Ansatz zur Vermeidung von Instabilität durch die beschränkten Aktoren ist die *nichtsättigende Regelung* (vgl. Abschnitt 2.7). Dabei wird verhindert, dass die Aktoren in den Sättigungsbereichen betrieben werden, sodass der geschlossene Regelkreis

$$\boldsymbol{x}[k+1] = \left(\boldsymbol{A} + \boldsymbol{B}\left(\boldsymbol{K} + \boldsymbol{F}\right)\right)\boldsymbol{x}[k] \tag{4.3}$$

linear ist. Die nichtsättigende Regelung ist für Systeme geeignet, bei denen der Verschleiß der Aktoren zunimmt, wenn die Begrenzungen erreicht werden (beispielsweise ein Ventil). Dadurch wird die Lebensdauer erhöht. Zudem ist bei diversen thermodynamischen Systemen das komplette Schließen eines Ventils im Normalbetrieb nicht erlaubt, da der Massenstrom dadurch abbricht.

Ein nichtsättigender Ansatz führt jedoch zu einer langsameren Systemdynamik, was bei vielen Anwendungen unerwünscht ist. Ein Beispiel hierfür ist ein Kampfflugzeug, das schnelle Manöver fliegen muss oder eine Produktionsanlage, die stets konstante Qualitätskriterien der Produkte gewährleisten und daher schnell auf Störungen reagieren muss. Bei einigen Systemen verschleißt der Aktor bei einem Betrieb in den Begrenzungen zudem nicht oder ein schnellerer Verschleiß ist hinnehmbar. Daher wird in dieser Arbeit ebenfalls die *sättigende Regelung* behandelt, bei der die Stabilität des geschlossenen Regelkreises auch für den Betrieb der Aktoren in den Begrenzungen garantiert ist. Hierfür werden die Nichtlinearitäten in konvexe Hüllen eingeschlossen, da dieser Ansatz, wie in Abschnitt 3.5 erläutert, grundsätzlich zu weniger konservativen Ergebnissen führt als Sektorbedingungen. Damit kann der geschlossene Regelkreis durch die 3^m Eckmatrizen

$$\tilde{\boldsymbol{\mathcal{A}}}_i = \boldsymbol{A} + \boldsymbol{B}\,\boldsymbol{\Xi}_i, \; i = 1, \ldots, 3^m \tag{4.4}$$

dargestellt werden, wobei $\boldsymbol{\Xi}_i = \boldsymbol{D}_{i,1}^{\Xi}\,(\boldsymbol{K} + \boldsymbol{F}) + \boldsymbol{D}_{i,2}^{\Xi}\,(\boldsymbol{\mathcal{H}}_1 + \boldsymbol{F}) + \boldsymbol{D}_{i,3}^{\Xi}\boldsymbol{\mathcal{H}}_2$ ist (siehe Abschnitt 2.8). Durch die Festlegung der Reihenfolge der Matrizen $\boldsymbol{D}_{i,j}^{\Xi}$ gemäß Abschnitt 2.8 folgt für die erste Eckmatrix $\boldsymbol{D}_{1,1}^{\Xi} = \boldsymbol{I}$, $\boldsymbol{D}_{1,2}^{\Xi} = \boldsymbol{D}_{1,3}^{\Xi} = \boldsymbol{0}$ und somit $\tilde{\boldsymbol{\mathcal{A}}}_1 = \boldsymbol{A} + \boldsymbol{B}\,(\boldsymbol{K} + \boldsymbol{F})$. Dies entspricht der Systemmatrix (4.3) bei nichtsättigender Regelung. Im Folgenden werden zur Vereinheitlichung sowohl die Eckmatrizen des nichtsättigenden als auch des sättigenden Regelkreises mit $\tilde{\boldsymbol{\mathcal{A}}}_i$ bezeichnet, wobei für den nichtsättigenden Fall $i = 1$ und für den sättigenden Fall $i = 1, \ldots, 3^m$ gilt.

Zur Sicherstellung der Stabilität werden LMI-Formulierungen der Bedingungen aus den Sätzen 2.2 und 2.6 gelöst. Die diskreten Ljapunow-Ungleichungen (2.60) und (2.78) werden mithilfe der iterativen Methode von Dehnert et al. gelöst, da diese weniger konservative Ergebnisse ermöglicht. Um das Finden eines geeigneten Startwertes für $r > 1$ zu obsoleszieren, wird r durch $\underline{\alpha} = r^{-1}$ ersetzt, sodass die Initialisierung $\underline{\alpha} = 0$ möglich wird. Dieses Verfahren wird auch in [34] angewendet. Die Variable $\underline{\alpha}$ ist eine untere Schranke der inversen Spektralradien $\rho^{-1}\left(\tilde{\boldsymbol{\mathcal{A}}}_i\right)$ aller Eckmatrizen, wenn

$$\left(\underline{\alpha}\tilde{\boldsymbol{\mathcal{A}}}_i\right)^{\mathrm{T}} \boldsymbol{P} \left(\underline{\alpha}\tilde{\boldsymbol{\mathcal{A}}}_i\right) - \boldsymbol{P} \prec 0 \tag{4.5}$$

erfüllt ist (vgl. Bedingung (3.30)). Mit dem Schur-Komplement und der linearen Approximation von $\boldsymbol{P}^{-1}$ folgen daraus die LMIs

$$\begin{pmatrix} \hat{\boldsymbol{P}}^{-1}\left(2\boldsymbol{I} - \boldsymbol{P}\hat{\boldsymbol{P}}^{-1}\right) & \underline{\alpha}\tilde{\boldsymbol{\mathcal{A}}}_i \\ \star & \boldsymbol{P} \end{pmatrix} \succ 0 \tag{4.6}$$

zur Sicherstellung der jeweils ersten Bedingungen aus den Sätzen 2.2 und 2.6.

Die folgenden Umformungen der weiteren Bedingungen an das Gebiet $\mathcal{E}(\boldsymbol{P})$ sind in ähnlicher Weise in vielen der in Abschnitt 3.5 erwähnten Veröffentlichungen zu finden. Als Nachschlagewerke zu dem Thema sind beispielsweise die Werke [54, 90] zu nennen.

Zur Umformulierung der Bedingung $\mathcal{X}_0 \subseteq \mathcal{E}(\boldsymbol{P})$ wird die Definition (2.16) des Ellipsoiden $\mathcal{E}(\boldsymbol{P})$ herangezogen. Demnach liegen alle Anfangswerte $\boldsymbol{x}_0$ in $\mathcal{E}(\boldsymbol{P})$, für die

$$\boldsymbol{x}_0^{\mathrm{T}} \boldsymbol{P} \boldsymbol{x}_0 \leq 1 \tag{4.7}$$

gilt. Durch die Formulierung des Gebietes $\mathcal{X}_0$ als konvexe Hülle von N_{x0} Anfangszuständen $\boldsymbol{x}_{0,s}$ mit $s = 1, \ldots, N_{x0}$, kann die Bedingung (4.7) aufgrund der Konvexität für alle $\boldsymbol{x}_{0,s}$ einzeln überprüft werden, um $\mathcal{X}_0 \in \mathcal{E}(\boldsymbol{P})$ zu garantieren. Für die Maximierung des Einzugsgebietes gemäß dem Optimierungsproblem (3.35), ist stattdessen die Bedingung $\beta\mathcal{X}_0 \subseteq \mathcal{E}(\boldsymbol{P})$ sicherzustellen. Damit folgt für jeden Anfangswert $\boldsymbol{x}_{0,s}$ aus der Menge $\mathcal{X}_0$ die Bedingung $\left(\beta \boldsymbol{x}_{0,s}\right)^{\mathrm{T}} \boldsymbol{P} \left(\beta \boldsymbol{x}_{0,s}\right) \leq 1$ oder

$$\boldsymbol{x}_{0,s}^{\mathrm{T}} \boldsymbol{P} \boldsymbol{x}_{0,s} - \beta^{-2} \leq 0, \tag{4.8}$$

was durch das Schur-Komplement mit $\boldsymbol{P} \succ 0$ zu

$$\begin{pmatrix} \beta^{-2} & \boldsymbol{x}_{0,s}^{\mathrm{T}} \\ \star & \boldsymbol{P}^{-1} \end{pmatrix} \succ 0, \; s = 1, \ldots, N_{x0} \tag{4.9}$$

umgeformt wird. Nach der Kongruenztransformation mit $\boldsymbol{M} = \operatorname{diag}(\boldsymbol{I}, \boldsymbol{P})$ und dem Tausch der Variablen $\gamma = \beta^{-2}$ folgen die LMIs

$$\begin{pmatrix} \gamma & \boldsymbol{x}_{0,s}^{\mathrm{T}} \boldsymbol{P} \\ \star & \boldsymbol{P} \end{pmatrix} \succ 0, \; s = 1, \ldots, N_{x0}. \tag{4.10}$$

Es sei zu beachten, dass Symmetrien in $\mathcal{X}_0$ ausgenutzt werden können, da $\boldsymbol{x} \in \mathcal{E}(\boldsymbol{P}) \Leftrightarrow -\boldsymbol{x} \in \mathcal{E}(\boldsymbol{P})$ gilt (vgl. [50]). Dies kann die Anzahl N_{x0} der zu untersuchenden Anfangswerte $\boldsymbol{x}_{0,s}$ und damit die Anzahl der LMIs auf die Hälfte reduzieren.

Um sicherzustellen, dass das Ellipsoid innerhalb der linearen Gebiete liegt, können die Bedingungen $\mathcal{E}(\boldsymbol{P}) \subseteq \mathcal{L}_U(\boldsymbol{K}) \cap \mathcal{L}_V(\boldsymbol{K}+\boldsymbol{F})$ bzw. $\mathcal{E}(\boldsymbol{P}) \subseteq \mathcal{L}_U(\mathcal{H}_1) \cap \mathcal{L}_V(\mathcal{H}_2)$ einzeln sichergestellt werden, indem gleichzeitig $\mathcal{E}(\boldsymbol{P}) \subseteq \mathcal{L}_U(\boldsymbol{K})$ und $\mathcal{E}(\boldsymbol{P}) \subseteq \mathcal{L}_V(\boldsymbol{K}+\boldsymbol{F})$ bzw. $\mathcal{E}(\boldsymbol{P}) \subseteq \mathcal{L}_U(\mathcal{H}_1)$ und $\mathcal{E}(\boldsymbol{P}) \subseteq \mathcal{L}_V(\mathcal{H}_2)$ gefordert wird. Für $\mathcal{E}(\boldsymbol{P}) \subseteq \mathcal{L}_U(\boldsymbol{K})$ müssen die m Bedingungen

$$|\boldsymbol{k}_{\{q\}}^{\mathrm{T}}\boldsymbol{x}| \leq u_{\max,q},\ q = 1, \ldots, m \tag{4.11}$$

des linearen Gebietes für alle $\boldsymbol{x} \in \mathcal{E}(\boldsymbol{P}) = \left\{\boldsymbol{x} : \boldsymbol{x}^{\mathrm{T}}\boldsymbol{P}\boldsymbol{x} \leq 1\right\}$ gelten. Anhand des Vergleiches der quadratischen Form

$$\boldsymbol{x}^{\mathrm{T}}\left(u_{\max,q}^{-2}\boldsymbol{k}_{\{q\}}\boldsymbol{k}_{\{q\}}^{\mathrm{T}}\right)\boldsymbol{x} \leq 1,\ q = 1, \ldots, m \tag{4.12}$$

mit der Ungleichung $\boldsymbol{x}^{\mathrm{T}}\boldsymbol{P}\boldsymbol{x} \leq 1$, folgt

$$\boldsymbol{P} \succ u_{\max,q}^{-2}\boldsymbol{k}_{\{q\}}\boldsymbol{k}_{\{q\}}^{\mathrm{T}},\ q = 1, \ldots, m, \tag{4.13}$$

damit $\mathcal{E}(\boldsymbol{P}) \subseteq \mathcal{L}_U(\boldsymbol{K})$ ist [54]. Diese Bedingungen werden unter der Voraussetzung $u_{\max,q}^2 \geq 0,\ q = 1, \ldots, m$, die durch das Quadrat erfüllt ist, mit dem Schur-Komplement zu

$$\begin{pmatrix} u_{\max,q}^2 & \boldsymbol{k}_{\{q\}}^{\mathrm{T}} \\ \star & \boldsymbol{P} \end{pmatrix} \succ 0,\ q = 1, \ldots, m \tag{4.14}$$

umgeformt. Üblicherweise wird dies mithilfe einer diagonalen Schlupfvariablen $\boldsymbol{W} = \boldsymbol{W}^{\mathrm{T}} = \operatorname{diag}\left(w_{\{1,1\}}, w_{\{2,2\}}, \ldots, w_{\{m,m\}}\right) \in \mathbb{R}^{m \times m}$ [9] kompakter in der Form

$$\begin{pmatrix} \boldsymbol{W} & \boldsymbol{K} \\ \star & \boldsymbol{P} \end{pmatrix} \succ 0, \tag{4.15}$$

$$w_{\{q,q\}} - u_{\max,q}^2 \leq 0,\ q = 1, \ldots, m \tag{4.16}$$

dargestellt (siehe beispielsweise [17, 46, 50]). Für die Bedingungen $\mathcal{E}(\boldsymbol{P}) \subseteq \mathcal{L}_V(\boldsymbol{K} + \boldsymbol{F})$, $\mathcal{E}(\boldsymbol{P}) \subseteq \mathcal{L}_U(\boldsymbol{\mathcal{H}}_1)$ und $\mathcal{E}(\boldsymbol{P}) \subseteq \mathcal{L}_V(\boldsymbol{\mathcal{H}}_2)$ folgen analog die LMIs

$$\begin{pmatrix} \boldsymbol{W} & (\boldsymbol{K} + \boldsymbol{F}) \\ \star & \boldsymbol{P} \end{pmatrix} \succ 0, \qquad \begin{pmatrix} \boldsymbol{W} & \boldsymbol{\mathcal{H}}_1 \\ \star & \boldsymbol{P} \end{pmatrix} \succ 0, \qquad \begin{pmatrix} \boldsymbol{W} & \boldsymbol{\mathcal{H}}_2 \\ \star & \boldsymbol{P} \end{pmatrix} \succ 0, \tag{4.17}$$

$$w_{\{q,q\}} - v_{\max,q}^2 \leq 0, \quad w_{\{q,q\}} - u_{\max,q}^2 \leq 0, \quad w_{\{q,q\}} - v_{\max,q}^2 \leq 0 \tag{4.18}$$

mit $q = 1, \ldots, m$. Sind mehrere dieser Bedingungen gleichzeitig gefordert, wird zur Verminderung der Konservativität für jede Bedingung eine eigene Schlupfvariable verwendet.

Aus den hergeleiteten LMI-Bedingungen resultieren die beiden folgenden Theoreme für den Entwurf einer nichtsättigenden oder einer sättigenden Regelung für das strikte Aktormodell.

Theorem 4.1 (nichtsättigende Regelung). *Für alle Anfangszustände* $\boldsymbol{x}_0 \in \mathcal{X}_0$ *des Systems* (4.1) *ist das Gebiet* $\mathcal{E}(\boldsymbol{P})$ *kontraktiv invariant und damit ein gesichertes Einzugsgebiet, wenn* $\boldsymbol{P} = \boldsymbol{P}^{\mathrm{T}} \succ 0 \in \mathbb{R}^{(n+m)\times(n+m)}$, $\boldsymbol{K} \in \mathbb{R}^{m\times(n+m)}$, $\boldsymbol{W}_1$, $\boldsymbol{W}_2 \in \mathbb{R}^{m\times m}$, $\gamma \leq 1$ *und* $\underline{\alpha}_1 \geq 1$ *existieren, sodass*

$$\begin{pmatrix} \hat{\boldsymbol{P}}^{-1}\left(2\boldsymbol{I} - \boldsymbol{P}\hat{\boldsymbol{P}}^{-1}\right) & \underline{\alpha}_1\tilde{\boldsymbol{\mathcal{A}}}_1 \\ \star & \boldsymbol{P} \end{pmatrix} \succ 0, \tag{4.19}$$

$$\begin{pmatrix} \boldsymbol{W}_1 & \boldsymbol{K} \\ \star & \boldsymbol{P} \end{pmatrix} \succ 0, \tag{4.20}$$

$$\begin{pmatrix} \boldsymbol{W}_2 & (\boldsymbol{K} + \boldsymbol{F}) \\ \star & \boldsymbol{P} \end{pmatrix} \succ 0, \tag{4.21}$$

$$w_{1\{q,q\}} - u_{\max,q}^2 \leq 0, \;\; q = 1, \ldots, m, \tag{4.22}$$

$$w_{2\{q,q\}} - v_{\max,q}^2 \leq 0, \;\; q = 1, \ldots, m, \tag{4.23}$$

$$\begin{pmatrix} \gamma & \boldsymbol{x}_{0,s}^{\mathrm{T}}\boldsymbol{P} \\ \star & \boldsymbol{P} \end{pmatrix} \succ 0, \;\; s = 1, \ldots, N_{x_0} \tag{4.24}$$

mit der konstanten Matrix $\hat{\boldsymbol{P}} = \hat{\boldsymbol{P}}^{\mathrm{T}} \succeq 0$ *gilt.*

Theorem 4.2 (sättigende Regelung). *Für alle Anfangszustände* $\boldsymbol{x}_0 \in \mathcal{X}_0$ *des Systems* (4.1) *ist das Gebiet* $\mathcal{E}(\boldsymbol{P})$ *kontraktiv invariant und damit ein gesichertes Einzugsgebiet, wenn* $\boldsymbol{P} = \boldsymbol{P}^{\mathrm{T}} \succ 0 \in \mathbb{R}^{(n+m)\times(n+m)}$, $\boldsymbol{K}$, $\boldsymbol{\mathcal{H}}_1$, $\boldsymbol{\mathcal{H}}_2 \in \mathbb{R}^{m\times(n+m)}$, $\boldsymbol{W}_1$, $\boldsymbol{W}_2 \in \mathbb{R}^{m\times m}$, $\gamma \leq 1$, $\underline{\alpha}_1 \geq 1$ *und* $\underline{\alpha}_2 \geq 1$ *existieren, sodass*

$$\begin{pmatrix} \hat{\boldsymbol{P}}^{-1}\left(2\boldsymbol{I} - \boldsymbol{P}\hat{\boldsymbol{P}}^{-1}\right) & \underline{\alpha}_1\tilde{\boldsymbol{\mathcal{A}}}_1 \\ \star & \boldsymbol{P} \end{pmatrix} \succ 0, \tag{4.25}$$

$$\begin{pmatrix} \hat{\boldsymbol{P}}^{-1}\left(2\boldsymbol{I} - \boldsymbol{P}\hat{\boldsymbol{P}}^{-1}\right) & \underline{\alpha}_2\tilde{\boldsymbol{\mathcal{A}}}_i \\ \star & \boldsymbol{P} \end{pmatrix} \succ 0, \;\; i = 2, \ldots, 3^m, \tag{4.26}$$

$$\begin{pmatrix} \boldsymbol{W}_1 & \boldsymbol{\mathcal{H}}_1 \\ \star & \boldsymbol{P} \end{pmatrix} \succ 0, \tag{4.27}$$

$$\begin{pmatrix} \boldsymbol{W}_2 & \boldsymbol{\mathcal{H}}_2 \\ \star & \boldsymbol{P} \end{pmatrix} \succ 0, \tag{4.28}$$

$$w_{1\{q,q\}} - u_{\max,q}^2 \leq 0, \; q = 1, \ldots, m, \tag{4.29}$$

$$w_{2\{q,q\}} - v_{\max,q}^2 \leq 0, \; q = 1, \ldots, m, \tag{4.30}$$

$$\begin{pmatrix} \gamma & \boldsymbol{x}_{0,s}^{\mathrm{T}} \boldsymbol{P} \\ \star & \boldsymbol{P} \end{pmatrix} \succ 0, \; s = 1, \ldots, N_{x0} \tag{4.31}$$

mit der konstanten Matrix $\hat{\boldsymbol{P}} = \hat{\boldsymbol{P}}^{\mathrm{T}} \succeq 0$ *gilt.*

Durch $\underline{\alpha}_1 = \underline{\alpha}_2 = \gamma = 1$ wird dabei eine Polplatzierung im Einheitskreis für $\mathcal{X}_0 \subseteq \mathcal{E}(\boldsymbol{P})$ gefordert, also lediglich die Stabilität für zuvor festgelegte Anfangszustände $\boldsymbol{x}_0 \in \mathcal{X}_0$ sichergestellt. Mit $\underline{\alpha}_1 > 1$ werden die Pole von $\tilde{\boldsymbol{\mathcal{A}}}_1$ innerhalb eines konzentrischen Kreises mit dem Radius $\underline{\alpha}_1^{-1}$ platziert, was zu einem kleineren Spektralradius $\rho\left(\tilde{\boldsymbol{\mathcal{A}}}_1\right)$ und damit zu einer schnelleren Ausregelung führt. Darüber kann das Optimierungsproblem (3.36) zur Maximierung der Abklingrate gelöst werden. Durch die Forderung $\gamma < 1$ erfolgt eine Vergrößerung des Einzugsgebietes, sodass $\beta\mathcal{X}_0 \subseteq \mathcal{E}(\boldsymbol{P})$ gilt, wobei $\gamma = \beta^{-2}$ ist. Durch die Minimierung von γ wird demnach das Optimierungsproblem (3.35) zur Maximierung des Einzugsgebietes gelöst.

Bei der sättigenden Regelung wird zudem zwischen $\underline{\alpha}_1$ und $\underline{\alpha}_2$ unterschieden, da $\tilde{\boldsymbol{\mathcal{A}}}_1$ das reale System mit dem Regler $\boldsymbol{K}$ beschreibt, wohingegen die Eckmatrizen $\tilde{\boldsymbol{\mathcal{A}}}_i$, $i = 2, \ldots, 3^m$ auch die Hilfsreglermatrizen $\boldsymbol{\mathcal{H}}_1$ und $\boldsymbol{\mathcal{H}}_2$ enthalten. Eine Maximierung von $\underline{\alpha}_2$ hat demnach keinen Einfluss auf die Abklingrate des realen Systems. Somit genügt es, $\underline{\alpha}_2 = 1$ zu fordern, um für die Eckmatrizen $\tilde{\boldsymbol{\mathcal{A}}}_i$, $i = 2, \ldots, 3^m$ Stabilität sicherzustellen. Die fehlende Unterscheidung zwischen $\underline{\alpha}_1$ und $\underline{\alpha}_2$ kann für das Optimierungsproblem (3.36) aufgrund der verringerten Freiheitsgrade zu konservativeren Ergebnissen führen. Eine genauere Erörterung erfolgt in Beispiel 4.

Wie bereits in Abschnitt 3.4 erläutert, führt das einmalige Lösen der Bedingungen (4.19) bzw. (4.25) und (4.26) mit einer beliebigen Matrix $\hat{\boldsymbol{P}}$ zu konservativen Ergebnissen oder zu keiner Lösung. Abhilfe schafft ein Iterationsverfahren. Für die Lösung des Optimierungsproblems (3.36) zur Maximierung der Abklingrate kann Algorithmus 4.1 verwendet werden, der auf dem Basisalgorithmus 1 nach Dehnert basiert. Dabei erfolgt beginnend mit $\underline{\alpha}_1 = \underline{\alpha}_2 = 0$ eine zunächst gleichzeitige Vergrößerung von $\underline{\alpha}_1$ und $\underline{\alpha}_2$ durch die Zeilen 3–6 mit einer Schrittweite von α_Δ. Für die aktuellen Werte von $\underline{\alpha}_1$ und $\underline{\alpha}_2$ wird zu jedem Iterationsschritt in Zeile 7 das Validierungsproblem gelöst. Wenn eine Lösung gefunden wurde, erfolgt in Zeile 9 die Aktualisierung von $\hat{\boldsymbol{P}} = \boldsymbol{P}$. Da der Radius $\underline{\alpha}_1^{-1}$ lediglich eine obere Schranke

Algorithmus 4.1 Iterativer Algorithmus zur Maximierung der Abklingrate

Initialisierung: : $\hat{\boldsymbol{P}} = \boldsymbol{I}$, $\gamma = 1$, $\underline{\alpha}_1 = \underline{\alpha}_2 = \underline{\alpha}_\circ = 0$, $\rho_\circ = 1$, $\alpha_\Delta = 1$, ε_α

1: Deklariere die Entscheidungsvariablen $\boldsymbol{P}$, $\boldsymbol{W}_1$, $\boldsymbol{W}_2$, $\boldsymbol{K}$, $(\boldsymbol{\mathcal{H}}_1,\ \boldsymbol{\mathcal{H}}_2)$
2: **solange** $\alpha_\Delta > \varepsilon_\alpha$ **wiederhole**
3: Aktualisiere $\underline{\alpha}_1 = \underline{\alpha}_1 + \alpha_\Delta$, $\underline{\alpha}_2 = 1$
4: **wenn** $\underline{\alpha}_1 < 1$ **dann**
5: Setze $\underline{\alpha}_2 = \underline{\alpha}_1$
6: **ende wenn**
7: Finde ein $\boldsymbol{P} \succ 0$ sodass (4.19)–(4.24) bzw. (4.25)–(4.31) für die aktuellen Werte von $\underline{\alpha}_1$, $\underline{\alpha}_2$ und $\hat{\boldsymbol{P}}$ gelten
8: **wenn** das Validierungsproblem lösbar ist **dann**
9: Aktualisiere $\hat{\boldsymbol{P}} = \boldsymbol{P}$
10: **wenn** $\rho\left(\tilde{\boldsymbol{\mathcal{A}}}_1\right) < \rho_\circ$ **dann**
11: Speichere die Ergebnisse von $\boldsymbol{K}$ und $\boldsymbol{P}$ in $\boldsymbol{K}_\circ$ und $\boldsymbol{P}_\circ$
12: Speichere $\underline{\alpha}_1$ und $\rho\left(\tilde{\boldsymbol{\mathcal{A}}}_1\right)$ in $\underline{\alpha}_\circ$ und $\rho_\circ$
13: **ende wenn**
14: **wenn** die letzten zehn Iterationen lösbar waren **dann**
15: Aktualisiere $\alpha_\Delta = 2\,\alpha_\Delta$
16: **ende wenn**
17: **sonst**
18: Aktualisiere $\underline{\alpha}_1 = \underline{\alpha}_1 - \alpha_\Delta$ und $\alpha_\Delta = 0{,}5\,\alpha_\Delta$
19: **ende wenn**
20: **ende solange**

Ausgabe: : $\boldsymbol{K}_\circ$, $\boldsymbol{P}_\circ$, $\underline{\alpha}_\circ$, $\rho_\circ$

des Spektralradius $\rho\left(\tilde{\boldsymbol{\mathcal{A}}}_1\right)$ ist, wird zudem in Zeile 10 der Spektralradius berechnet. Das aktuelle Ergebnis wird in den Zeilen 11 und 12 nur gespeichert, wenn der Spektralradius kleiner geworden ist. Wenn das Validierungsproblem nicht lösbar ist, wird durch die Zeile 18 die letzte gültige Lösung wiederhergestellt und die Schrittweite verkleinert. Eine Vergrößerung der Schrittweite findet statt, wenn die letzten zehn Iterationen lösbar waren, um ein vorzeitiges Abbrechen zu verhindern und die Konvergenz zu beschleunigen. Dies wird in Beispiel 5 genauer diskutiert.

Die Lösung ist stabil, sobald $\underline{\alpha}_1 = \underline{\alpha}_2 = 1$ ist. Danach wird $\underline{\alpha}_1$ durch die Zeile 3 weiterhin sukzessive erhöht, um die Abklingrate von $\tilde{\boldsymbol{\mathcal{A}}}_1$ zu maximieren, während $\underline{\alpha}_2 = 1$ konstant bleibt. Die Weiterführung der Iteration ist nötig, weil $\underline{\alpha}_1$ aufgrund der multiplikativen Verknüpfung mit $\boldsymbol{K}$ (und bei der sättigenden Regelung auch mit $\boldsymbol{\mathcal{H}}_1$ und $\boldsymbol{\mathcal{H}}_2$) nicht als Entscheidungsvariable deklariert und daher nicht direkt maximiert werden kann. Sobald die Schrittweite kleiner als eine festgelegte Grenze ε_α ist, wird das letzte gespeicherte Ergebnis als $\boldsymbol{K}_\circ$, $\boldsymbol{P}_\circ$, $\underline{\alpha}_\circ$ und $\rho_\circ$ ausgegeben. Falls $\underline{\alpha}_\circ < 1$ resultiert, ist der geschlossene Regelkreis entweder nicht stabilisierbar oder die Methode ist (möglicherweise aufgrund einer zu hohen Konservativität) nicht in der Lage, eine stabilisierende Lösung zu finden.

Algorithmus 4.2 Iterativer Algorithmus zur Maximierung des Einzugsgebietes

Initialisierung: : $\hat{\boldsymbol{P}} = \boldsymbol{P}_\circ$ aus Algorithmus 4.1, $\underline{\alpha}_1 = \underline{\alpha}_2 = 1$, $\gamma_\circ = 1$, ε_γ, Γ = falsch
1: Deklariere die Entscheidungsvariablen $\boldsymbol{P}$, $\boldsymbol{W}_1$, $\boldsymbol{W}_2$, $\boldsymbol{K}$, γ, $(\mathcal{H}_1,\ \mathcal{H}_2)$
2: **solange** Γ = falsch **wiederhole**
3: Minimiere γ sodass $\boldsymbol{P} \succ 0$ und (4.19)–(4.24) bzw. (4.25)–(4.31) für den aktuellen Wert von $\hat{\boldsymbol{P}}$ gelten
4: **wenn** das Optimierungsproblem lösbar ist **dann**
5: Aktualisiere $\hat{\boldsymbol{P}} = \boldsymbol{P}$
6: **wenn** $|\gamma_\circ - \gamma| < \varepsilon_\gamma$ **dann**
7: Setze Γ = wahr
8: **ende wenn**
9: **wenn** $\gamma < \gamma_\circ$ **dann**
10: Speichere die Ergebnisse von $\boldsymbol{K}$, $\boldsymbol{P}$ und γ in $\boldsymbol{K}_\circ$, $\boldsymbol{P}_\circ$ und $\gamma_\circ$
11: **ende wenn**
12: **sonst**
13: Setze Γ = wahr
14: **ende wenn**
15: **ende solange**
Ausgabe: : $\boldsymbol{K}_\circ$, $\boldsymbol{P}_\circ$, $\gamma_\circ$

Für die Maximierung des Einzugsgebietes kann γ als Entscheidungsvariable definiert und das Optimierungsproblem (3.35) direkt gelöst werden. Jedoch ist es auch hier notwendig, eine geeignete Stützstellenmatrix $\hat{\boldsymbol{P}}$ zu finden, die zu einer akkuraten Approximation von $\boldsymbol{P}^{-1}$ führt. Dazu wird zunächst der Algorithmus 4.1 bis $\underline{\alpha}_1 = 1+\varepsilon_e$ ausgeführt, um eine stabile Lösung zu erhalten, die als Initialisierung von $\hat{\boldsymbol{P}}$ für den Algorithmus 4.2 verwendet werden kann. In Algorithmus 4.2 wird dann γ minimiert. Der Wert ε_e vermindert das Risiko, dass es zu numerischen Problemen beim Umschalten auf die Optimierung von γ kommt. In den Beispielen in dieser Arbeit wird $\varepsilon_e = 10^{-4}$ gewählt.

Zur weiteren Minimierung von γ wird auch in Algorithmus 4.2 die Stützstellen-Matrix $\hat{\boldsymbol{P}}$ zu jedem Iterationsschritt in Zeile 5 aktualisiert und das Optimierungsproblem erneut gelöst. Da es möglich ist, dass in der neuen gefundenen Lösung γ größer ist als zuvor, erfolgt eine Abfrage in Zeile 9, um das Ergebnis mit dem kleinsten Wert von γ zu speichern. Ein Abbruch findet statt, sobald das Optimierungsproblem nicht mehr lösbar ist, weil dann $\hat{\boldsymbol{P}}$ nicht mehr aktualisiert wird und daher keine neue Iteration zu einem Ergebnis führen kann. Außerdem findet ein Abbruch statt, wenn sich der Wert von γ im Vergleich zum vorigen gespeicherten Wert nur noch marginal ändert (siehe Zeile 6). Dazu wird ein Abbruchmerker Γ verwendet.

Die Lösung des kombinierten Optimierungsproblems (3.37) erfolgt ebenfalls durch beide Algorithmen. Hierzu wird der Algorithmus 4.1 bis $\underline{\alpha}_1 = \underline{\alpha}_e = r_e^{-1}$

Tabelle 4.1 Übersicht zum Vorgehen zur iterativen Lösung der Optimierungsprobleme

Abklingrate nach (3.36)	Einzugsgebiet nach (3.35)	Kombination nach (3.37)
1. Algorithmus 4.1	1. Algorithmus 4.1 bis $\underline{\alpha}_1 = 1 + \varepsilon_e$	1. Algorithmus 4.1 bis $\underline{\alpha}_1 = \underline{\alpha}_e$
2. –	2. Algorithmus 4.2 mit $\underline{\alpha}_1 = \underline{\alpha}_2 = 1$	2. Algorithmus 4.2 mit $\underline{\alpha}_1 = \underline{\alpha}_e, \underline{\alpha}_2 = 1$

ausgeführt und danach der Algorithmus 4.2 gelöst. Zur Übersicht der Vorgehensweisen dient die Tabelle 4.1.

In den Beispielen dieser Arbeit werden die Werte $\varepsilon_\alpha = \varepsilon_\gamma = 10^{-9}$ verwendet.

Beispiel 3: Stabilisierung des Rendezvous-Manövers

Zunächst wird gezeigt, dass das Beispielsystem aus Abschnitt 3.1 mit der neuen Methode stabilisiert werden kann. Durch den Regler (3.1), der die Stellratenbeschränkungen nicht berücksichtigt, ist das System instabil (vgl. Abbildung 3.1). Dabei handelt es sich um das Modell eines Rendezvous-Manövers (Beispielsystem 16).

Die Berechnung eines stabilisierenden, schnellen, sättigenden Zustandsreglers erfolgt durch den Algorithmus 4.1 mit dem Theorem 4.2. Dabei wird die Rückführungsmatrix

$$\boldsymbol{K} = \begin{pmatrix} -2{,}2931 & -1{,}3531 & 1{,}0697 & -0{,}1366 & 0{,}4983 & 0{,}0060 \\ -1{,}0213 & 0{,}2585 & -0{,}9025 & -1{,}3084 & 0{,}0174 & 0{,}5056 \end{pmatrix} \tag{4.32}$$

ermittelt. Die Ergebnisse der anderen Entscheidungsvariablen sind in Anhang A.6 im elektronischen Zusatzmaterial gezeigt. Für den Initialwert $\boldsymbol{x}_0 = \begin{pmatrix}1 & 1 & 1 & 1\end{pmatrix}^{\mathrm{T}}$ sind in Abbildung 4.1 die Zustandstrajektorien $\boldsymbol{x}_s\,[k]$ und der Verlauf der Stellgrößen $\boldsymbol{u}_s\,[k]$ sowie der Stellraten $\boldsymbol{v}_s\,[k]$ dargestellt. Der mit der neuen Methode entworfene Regler führt zwar zu einer langsameren Systemdynamik, dafür aber zu einem stabilen Manöver in die Ruhelage. Dabei wird anfangs die Stellratensättigung erreicht, was mit dem Regler (3.1) in Abschnitt 3.1 zu Instabilität geführt hat. Nach wenigen Zeitschritten erfolgt eine Verringerung beider Stellraten, sodass die Stellgrößenbegrenzungen nicht erreicht werden. Eine sättigende Regelung erzeugt demnach Stellgrößen und Stellraten, die unabhängig voneinander in ihre Begrenzungen gelangen können, wenn dies nötig ist, um das dynamische Verhalten zu optimieren. Es ist möglich, jedoch nicht notwendig, dass bei einem anderen Initialwert $\boldsymbol{x}_0 \in \mathcal{E}\,(\boldsymbol{P})$ alle Begrenzungen erreicht werden.

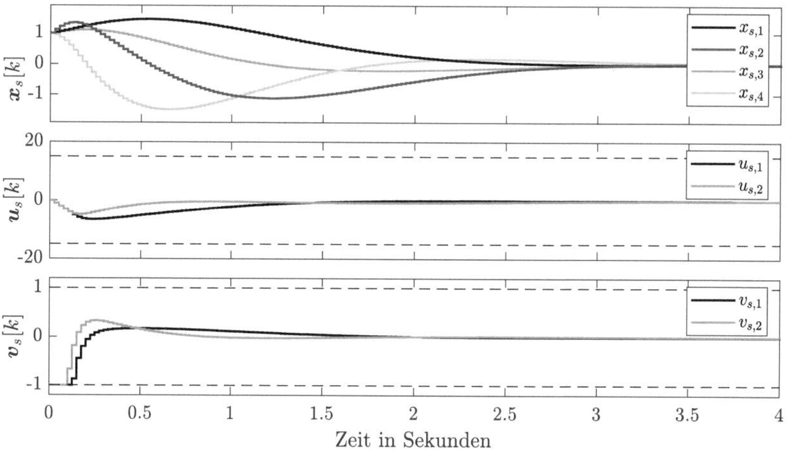

Abbildung 4.1 Trajektorien des Rendezvous-Manövers (Beispielsystem 16) mit dem Zustandsregler (4.32)

Beispiel 4: Diskussion zur Einstellung von $\underline{\alpha}_2$
Nun wird gezeigt, dass die Optimierung von $\underline{\alpha}_2$ (durch die fehlende Unterscheidung von $\underline{\alpha}_1$ und $\underline{\alpha}_2$) zu konservativeren Ergebnissen führt. Dazu wird das Optimierungsproblem (3.36) anhand von Theorem 4.2 mit dem Algorithmus 4.1 für das numerische Beispielsystem 3 gelöst. Dies erfolgt mit der Anpassung $\underline{\alpha}_1 = \underline{\alpha}_2$ zu jedem Iterationsschritt. Als Vergleich wird der vollständige Algorithmus 4.1 ausgeführt, bei dem für $\underline{\alpha}_1 \geq 1$ der Wert von $\underline{\alpha}_2 = 1$ konstant ist und damit auch $\underline{\alpha}_1 \neq \underline{\alpha}_2$ zugelassen wird.

Die Eigenwertlagen der Ergebnisse werden in der Abbildung 4.2 (links: $\underline{\alpha}_1 = \underline{\alpha}_2$, rechts: $\underline{\alpha}_1 \neq \underline{\alpha}_2$) veranschaulicht, wobei die Eigenwerte von $\tilde{\boldsymbol{\mathcal{A}}}_1$ rot und die Eigenwerte von $\tilde{\boldsymbol{\mathcal{A}}}_i$, $i = 2, \ldots, 3^m$ blau markiert sind. Zudem ist der Kreis mit dem Radius $\overline{\rho} = \underline{\alpha}_1^{-1}$ in rot und der Einheitskreis (also der Stabilitätsrand) in blau dargestellt. Für $\underline{\alpha}_1 = \underline{\alpha}_2$ liegen die Eigenwerte aller Eckmatrizen $\tilde{\boldsymbol{\mathcal{A}}}_i$, $i = 1, \ldots, 3^m$ im gleichen Kreis mit dem Radius $\overline{\rho} < 1$. Bei einer Unterscheidung $\underline{\alpha}_1 \neq \underline{\alpha}_2$ wird lediglich $\underline{\alpha}_2 = 1$ gefordert, sodass alle Eigenwerte der Matrizen $\tilde{\boldsymbol{\mathcal{A}}}_i$, $i = 2, \ldots, 3^m$ im Einheitskreis liegen, jedoch nicht notwendigerweise im Kreis mit dem Radius $\overline{\rho}$. Die Unterscheidung zwischen $\underline{\alpha}_1$ und $\underline{\alpha}_2$ ermöglicht damit mehr Freiheitsgrade. Dabei wird mit $\underline{\alpha}_1 = \underline{\alpha}_2$ ein Spektralradius von $\rho = 0{,}6918$ mit der oberen Schranke $\overline{\rho} = \underline{\alpha}_1^{-1} = 0{,}7950$ und mit $\underline{\alpha}_1 \neq \underline{\alpha}_2$ ein Spektralradius von $\rho = 0{,}6207$ mit der oberen Schranke $\overline{\rho} = \underline{\alpha}_1^{-1} = 0{,}6947$ erreicht.

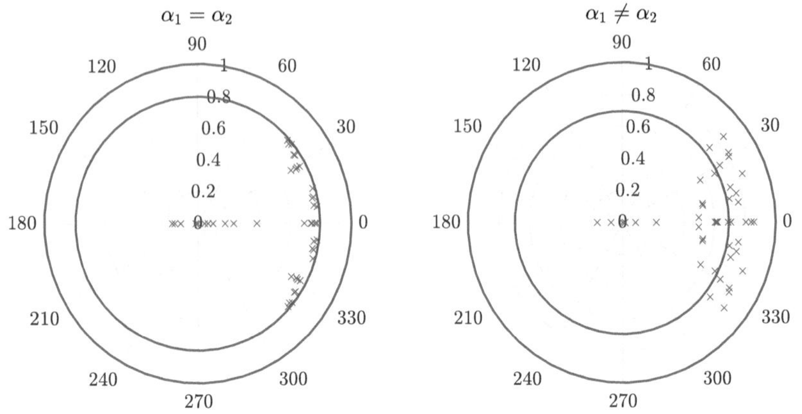

Abbildung 4.2 Eigenwertlagen des geschlossenen Regelkreises bei $\underline{\alpha}_1 = \underline{\alpha}_2$ und $\underline{\alpha}_1 \neq \underline{\alpha}_2$ für das numerische Beispielsystem 3

Eine Unterscheidung zwischen $\underline{\alpha}_1$ und $\underline{\alpha}_2$ ist demnach vorteilhaft, weil kleinere Spektralradien ρ und damit größere Abklingraten σ erreicht werden können.

Beispiel 5: Diskussion der Schrittweitenregelung

In Algorithmus 4.1 erfolgt sowohl eine Halbierung der Schrittweite α_Δ, wenn im aktuellen Iterationsschritt keine gültige Lösung gefunden wird, als auch eine Verdopplung nach zehn lösbaren Iterationsschritten. Dies wird im Folgenden als beidseitige Schrittweitenregelung bezeichnet. Die alleinige Möglichkeit zur Verkleinerung der Schrittweite wird hingegen als einseitige Schrittweitenregelung bezeichnet. Bei der Optimierung konvexer Funktionen ist die Vergrößerung der Schrittweite normalerweise nicht sinnvoll. Hier liegen zwar zu jedem Iterationsschritt konvexe Nebenbedingungen vor, jedoch ändern sich diese Bedingungen in jedem Schritt durch die Änderung der Matrix $\hat{\boldsymbol{P}}$. Durch diese Vorgehensweise wird die ursprüngliche nichtlineare Ljapunow-Bedingung (3.6) rekonstruiert. Dieses Verfahren ist grundsätzlich nicht konvex. Daher kann die Möglichkeit zur Erhöhung der Schrittweite α_Δ die Anzahl der benötigten Iterationsschritte verringern und damit die Rechenzeit verkürzen.

Dies wird anhand einer Vought F-8 Crusader (Beispielsystem 9) für die sättigende Regelung, also mit Theorem 4.2, demonstriert. In der Abbildung 4.3 sind die Verläufe von $\underline{\alpha}_1$ und ρ^{-1} sowie der Schrittweite α_Δ während der Iteration gezeigt. Links werden die Verläufe mit der einseitigen und rechts mit der beidseitigen

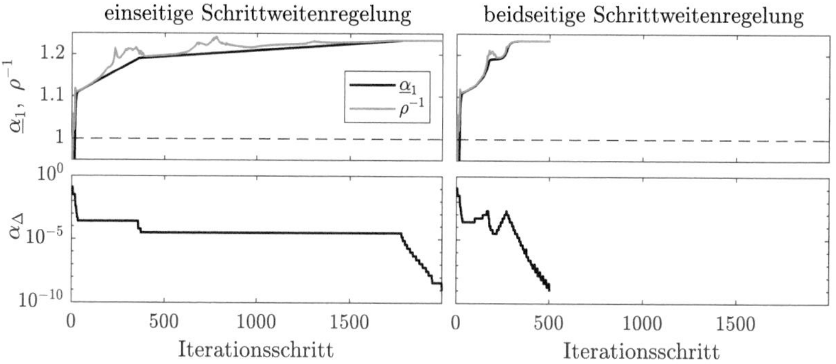

Abbildung 4.3 Verläufe von $\underline{\alpha}_1$, ρ^{-1} und α_Δ während der Iteration mit einseitiger oder beidseitiger Schrittweitenregelung für die Vought F-8 Crusader (Beispielsystem 9)

Schrittweitenregelung dargestellt. In den oberen Abbildungen wird der instabile Bereich, also $\underline{\alpha}_1 < 1$, weitestgehend nicht gezeigt, weil die Unterschiede erst bei $\underline{\alpha}_1 > 1$ auftreten und so genauer illustriert werden können.

Beide Schrittweitenregelungen führen bei dem gezeigten Beispielsystem zwar nahezu zum gleichen Endergebnis (bei der beidseitigen Schrittweitenregelung $\underline{\alpha}_1 = 1{,}2338$ und bei der einseitigen $\underline{\alpha}_1 = 1{,}2030$), jedoch benötigt der Algorithmus mit der beidseitigen Schrittweitenregelung dafür 503 anstatt 1999 Iterationen. Dies liegt daran, dass die Schrittweite bei ca. 100 und 220 Iterationsschritten vergrößert werden kann, wie in der unteren rechten Abbildung zu sehen ist, und damit schneller zum Ziel kommt. Daher wird in den folgenden Beispielen stets die beidseitige Schrittweitenregelung verwendet.

Zudem zeigt die Abbildung 4.3, dass $\underline{\alpha}_1$ eine untere Schranke des inversen Spektralradius ρ^{-1} ist. Ein Unterschied zwischen $\underline{\alpha}_1$ und ρ^{-1} kommt dadurch zustande, dass in Algorithmus 4.1 lediglich ein Validierungsproblem gelöst wird. Dadurch ist die Ausgabe eine Lösung, die alle Nebenbedingungen erfüllt, jedoch nicht bezüglich eines Gütemaßes optimal ist. Aus diesem Grund erfolgt durch die Abfrage in Zeile 10 des Algorithmus 4.1 das Speichern der Lösung mit dem größten Wert von ρ^{-1} als Endergebnis, was mit der einseitigen Schrittweitenregelung zum Iterationsschritt 777 und mit der beidseitigen Schrittweitenregelung im Schritt 502 geschieht. Die gespeicherten Endergebnisse werden in Anhang A.6 im elektronischen Zusatzmaterial gezeigt.

In dem aufgezeigten Beispiel wird mit der einseitigen Schrittweitenregelung zwar ein größerer Wert von ρ^{-1} erreicht; zu diesem Iterationsschritt ist die

Frobeniusnorm jedoch $\|\hat{\boldsymbol{P}} - \boldsymbol{P}\|_F = 4{,}7082$, was bedeutet, dass eine verhältnismäßig große Abweichung zwischen $\boldsymbol{P}$ und $\hat{\boldsymbol{P}}$ besteht. Im Vergleich dazu ist die Norm im Endergebnis (also in Schritt 1999) $\|\hat{\boldsymbol{P}} - \boldsymbol{P}\|_F = 8{,}1173 \cdot 10^{-6}$; in diesem letzten Schritt ist der Wert von ρ^{-1} jedoch kleiner. Somit wird mit dem Ergebnis bei 777 Iterationsschritten trotz größerer Abweichung zwischen $\boldsymbol{P}$ und $\hat{\boldsymbol{P}}$ eine größere Abklingrate erzielt. Eine Lösung mit $\hat{\boldsymbol{P}} \approx \boldsymbol{P}$ muss demnach nicht bedeuten, dass diese bezüglich des Gütemaßes optimal ist. Da keine direkte Optimierung in ρ geschieht, sind solche Ergebnisse jedoch nicht voraussehbar und in den meisten Beispielen führen geringe Frobeniusnormen zu geringen Spektralradien ρ.

Beispiel 6: Vergleich der nichtsättigenden mit der sättigenden Regelung
Zum Vergleich der nichtsättigenden mit der sättigenden Regelung werden die Theoreme 4.1 und 4.2 für die Beispielsysteme 1 – 18 aus dem Abschnitt 3.7 für die drei in Abschnitt 3.6 formulierten Optimierungsaufgaben nach Tabelle 4.1 ausgeführt.

Die Ergebnisse zur Maximierung der Abklingrate nach dem Optimierungsproblem (3.36) werden im oberen Säulendiagramm der Abbildung 4.4 gegenübergestellt. Dabei werden links (Rottöne) die Ergebnisse der nichtsättigenden Regelung und rechts (Blautöne) die Ergebnisse der sättigenden Regelung, dargestellt. Die dunklen Farbtöne geben die Spektralradien ρ und die hellen Töne die oberen Schranken $\overline{\rho}$ an. Das Fehlen einiger Säulen bedeutet, dass keine gültige Lösung $\overline{\rho} < 1$ gefunden wurde. Für die Fälle, in denen $\overline{\rho}$ und ρ anhand der Abbildung ununterscheidbar sind, sei auf die tabellarische Darstellung in Anhang A.6 im elektronischen Zusatzmaterial verwiesen, die nachweist, dass $\rho < \overline{\rho}$ für alle Beispielsysteme gilt.

Das obere Säulendiagramm der Abbildung 4.4 zeigt, dass mit dem Theorem 4.2 für alle Beispielsysteme ein stabilisierender Zustandsregler entworfen wird. Mit dem Theorem 4.1 sind die Ergebnisse von $\overline{\rho}$ sowie ρ generell größer oder es kann keine gültige Lösung bestimmt werden. Demnach führt die sättigende Regelung durchweg zu einer größeren Abklingrate σ. Dies ist plausibel, da für ein schnelleres Abklingen höhere Stellgrößen nötig sind, sodass es von Vorteil ist, wenn die Aktoren in den Sättigungen betrieben werden dürfen.

Für eine Visualisierung der Ergebnisse werden die Trajektorien der beiden Zustände $\boldsymbol{x}_s[k]$, der Stellgröße $u_s[k]$ und der Stellrate $v_s[k]$ des numerischen Beispielsystem 1 bei initialer Auslenkung mit $\boldsymbol{x}_0 = \begin{pmatrix}1 & 1\end{pmatrix}^{\mathrm{T}}$ in der Abbildung 4.5 dargestellt. Die nichtsättigende Regelung vermeidet einen Betrieb in der Sättigung. Mit der sättigenden Regelung werden sowohl die Stellgrößen- als auch die Stellratenbeschränkungen im ersten Zeitschritt erreicht, was zu kleineren Überschwingern und einer schnelleren Ausregelung in den Zuständen führt.

Nun soll das Optimierungsproblem (3.35) zur Maximierung des Einzugsgebietes betrachtet werden. Durch ein großes Einzugsgebiet wird die Regelung

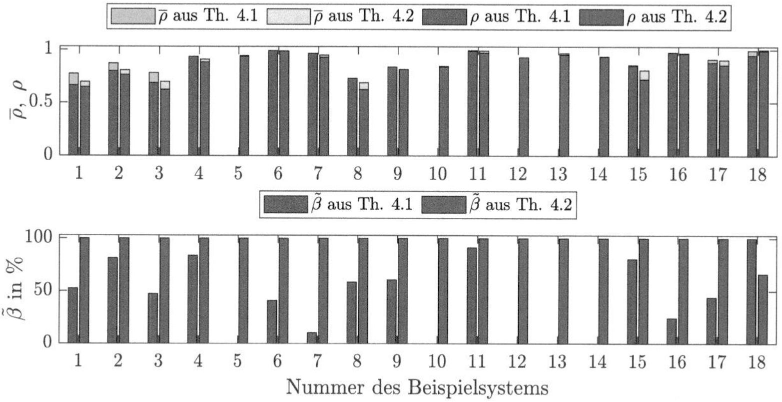

Abbildung 4.4 Säulendiagramme der Ergebnisse $\overline{\rho}$ und ρ zur Maximierung der Abklingrate (oben) und Ergebnisse $\tilde{\beta}$ in % des maximalen Ergebnisses zur Maximierung des Einzugsgebietes (unten) für die nichtsättigende (Th. 4.1) und sättigende Regelung (Th. 4.2)

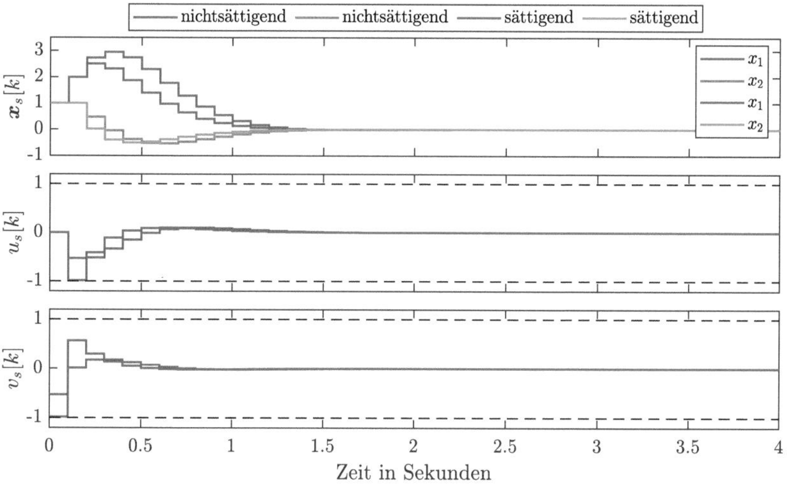

Abbildung 4.5 Trajektorien des numerischen Beispielsystem 1 bei nichtsättigender und sättigender Regelung

langsamer. Dadurch ist es unwahrscheinlich, dass die Aktoren im Sättigungsbereich betrieben werden. Somit ist denkbar, dass die sättigende Regelung hierbei keinen Vorteil bringt. Ein Vergleich der Ergebnisse β bei der Maximierung des Einzugsgebietes nach dem Optimierungsproblem (3.35) ist im unteren Säulendiagramm der Abbildung 4.4 veranschaulicht. Da die Ergebnisse von β bei den verschiedenen Beispielsystemen in sehr unterschiedlichen Größenordnungen auftreten können, ist ein direkter Vergleich von β nicht anschaulich darstellbar. Daher werden die Ergebnisse von β in % des maximalen Ergebnisses durch

$$\tilde{\beta}_{\text{Th. 4.1}} = \frac{\beta_{\text{Th. 4.1}}}{\max\left(\beta_{\text{Th. 4.1}}, \beta_{\text{Th. 4.2}}\right)} \cdot 100\,\%, \tag{4.33}$$

$$\tilde{\beta}_{\text{Th. 4.2}} = \frac{\beta_{\text{Th. 4.2}}}{\max\left(\beta_{\text{Th. 4.1}}, \beta_{\text{Th. 4.2}}\right)} \cdot 100\,\% \tag{4.34}$$

angegeben. Die nichtsättigende Regelung (Th. 4.1) ist in rot und die sättigende Regelung (Th. 4.2) in blau dargestellt.

Auch hier zeigen sich die Vorteile der sättigenden Regelung, da die nichtsättigende Regelung bis auf ein Beispiel zu kleineren Einzugsgebieten führt oder keine Lösung gefunden wird. Dies ist dadurch zu erklären, dass bei der sättigenden Regelung durch die Hilfsreglermatrizen $\mathcal{H}_1$ und $\mathcal{H}_2$ mehr Freiheitsgrade entstehen.

Die beiden bisher betrachteten Optimierungsprobleme haben den Nachteil, dass sie den geschlossenen Regelkreis in zwei Extreme optimieren, die konträr sind (vgl. Abschnitt 3.6). Bei der Maximierung der Abklingrate wird die Größe des Einzugsgebietes vernachlässigt, was zu weniger Robustheit gegenüber einer Auslenkung aus der Ruhelage führt; und bei der Maximierung des Einzugsgebietes wird die Abklingrate vernachlässigt, was zu einer langsamen Dynamik führt. Zur Berechnung eines Reglers, der in beiden Hinsichten einen Kompromiss eingeht und damit praxisrelevanter ist, kann das kombinierte Optimierungsproblem (3.37) gelöst werden, bei dem über $r_e = \alpha_e^{-1}$ eine Mindestabklingrate eingestellt wird. Die Lösung erfolgt durch das Ausführen der Algorithmen 4.1 und 4.2 gemäß der Tabelle 4.1. Für das numerische Beispielsystem 1 sind die Ergebnisse des Optimierungsproblems für verschiedene Werte von r_e in der Tabelle 4.2 gegenübergestellt. Ebenfalls werden die Ergebnisse bei Maximierung der Abklingrate sowie des Einzugsgebietes gezeigt. Durch das kombinierte Optimierungsproblem ergeben sich nun Lösungen zwischen den beiden Extremen, wobei die sättigende Regelung auch hier zu größeren Einzugsgebieten führt als die nichtsättigende Regelung. Eine Bewertung der Ergebnisse von ρ ist nicht sinnvoll, da diese nicht optimiert werden, sondern lediglich unterhalb der vorgegebenen Schranke r_e liegen müssen.

Tabelle 4.2 Ergebnisse $\overline{\rho}$, ρ und β für das numerische Beispielsystem 1 bei verschiedenen Optimierungsaufgaben

nichtsättigende Regelung	$\overline{\rho}$	ρ	β
Maximierung der Abklingrate	0,7704	0,6598	1
Kombiniert mit $r_e = 0,8$	0,8	0,7401	1,2326
Kombiniert mit $r_e = 0,9$	0,9	0,8899	3,0847
Kombiniert mit $r_e = 0,95$	0,95	0,9477	6,8968
Maximierung des Einzugsgebietes	1	0,9931	34,2129
sättigende Regelung	$\overline{\rho}$	ρ	β
Maximierung der Abklingrate	0,6927	0,6442	1
Kombiniert mit $r_e = 0,8$	0,8	0,7503	2,4140
Kombiniert mit $r_e = 0,9$	0,9	0,8720	6,9501
Kombiniert mit $r_e = 0,95$	0,95	0,9343	16,4649
Maximierung des Einzugsgebietes	1	0,9960	65,3157

Die Beispiele zeigen, dass eine sättigende Regelung zu höheren Regelgüten führt und daher bevorzugt werden sollte, falls die Sättigung der Aktoren beispielsweise aus Gründen des Verschleißes nicht verhindert werden muss. Daher wird in den folgenden Abschnitten ausschließlich die sättigende Regelung behandelt. Die Inhalte der folgenden Abschnitte sind jedoch ebenfalls mithilfe von Theorem 4.1 auf die nichtsättigende Regelung übertragbar.

4.2 Vergleich der Aktormodelle

Die beiden in Abschnitt 2.6 hergeleiteten Aktormodelle der PT_1-Verzögerung (2.39) und der strikten Beschränkung (2.44) werden nun genauer untersucht. Wenn eine PT_1-Verzögerung vorliegt, ist das Gesamtsystem durch die Zustandsraumdarstellung (2.41) gegeben. Diese gleicht der Struktur

$$\begin{aligned} \boldsymbol{x}_s[k+1] &= \boldsymbol{A}_d\boldsymbol{x}_s[k] + \boldsymbol{B}_d\,\mathbf{sat}_U(\boldsymbol{u}[k]), \ \boldsymbol{x}_s[0] = \boldsymbol{x}_0 \\ \boldsymbol{y}[k] &= \boldsymbol{C}_s\boldsymbol{x}_s[k] \end{aligned} \tag{4.35}$$

von Systemen unter Stellgrößenbeschränkungen. Durch die Wahl der Systemmatrizen $\boldsymbol{A}$, $\boldsymbol{B}$ und $\boldsymbol{C}$ gemäß der Struktur (2.42) anstelle von $\boldsymbol{A}_d$, $\boldsymbol{B}_d$ und $\boldsymbol{C}_s$ können daher die Methoden für alleinige Stellgrößenbeschränkungen eingesetzt werden. Somit wird die Anzahl der Eckmatrizen $\boldsymbol{\mathcal{A}}_i$ von 3^m auf 2^m verringert.

Dies wirft die Frage auf, ob die PT_1-Modellierung ausreicht, um die strikte Ratenbeschränkung genügend genau zu beschreiben. Dazu müssen die PT_1-Zeitkonstanten $T_{r,i}$ in der Diagonalmatrix $\boldsymbol{T}_r$ geeignet gewählt werden. Die Verzögerung muss dabei groß genug sein, um sicherzustellen, dass die strikten Begrenzungen nicht verletzt werden; gleichzeitig soll sie so klein wie nötig sein, um das Verhalten der strikten Begrenzung so genau wie möglich abzubilden. Der optimale Wert ist anhand der Maximalwerte in der Modellgleichung

$$\underbrace{\boldsymbol{u}_s[k+1]-\boldsymbol{u}_s[k]}_{\leq \boldsymbol{v}_{\max}}=\boldsymbol{T}_r\underbrace{(\mathbf{sat}_U(\boldsymbol{u}[k])-\boldsymbol{u}_s[k])}_{\leq 2\boldsymbol{u}_{\max}} \tag{4.36}$$

ableitbar. Daraus folgt die Wahl $T_{r,i}=\frac{v_{\max,i}}{2u_{\max,i}}$ mit $v_{\max,i}$ in $\frac{1}{T_\mathrm{A}}$. Dieser Grenzwert wird für kontinuierliche Systeme auch in [40, 46] verwendet.

Zusätzlich wird das Aktormodell von Gomes da Silva aus der Veröffentlichung [30] untersucht, das durch

$$\begin{aligned}\boldsymbol{v}[k+1]&=\boldsymbol{v}[k]+\mathbf{sat}_V(\boldsymbol{u}[k])\\ \boldsymbol{u}_s[k]&=\mathbf{sat}_U(\boldsymbol{v}[k])\end{aligned} \tag{4.37}$$

gegeben ist. Der Vorteil dieser Modellierung ist, dass keine geschachtelte Sättigung entsteht.

Alle drei Modelle werden anhand eines Beispielaktors mit einem Eingang mit der Abtastzeit $T_\mathrm{A}=0{,}5\ s$ und den Grenzen $u_{\max}=5$ und $v_{\max}=0{,}75$ pro Zeitschritt gegenübergestellt. Somit errechnet sich $T_r=0{,}075$ pro Zeitschritt. Dies ist der Aktor eines Ventils (Beispielsystem 8). Es wird nun an den Eingang $u[k]$ ein Signal angelegt, das beide Begrenzungen überschreitet. Die resultierenden Verläufe von $u_s[k]$ sind für die drei Modelle in der Abbildung 4.6 dargestellt. Das Modell der PT_1-Verzögerung hält dabei die Beschränkungen ein und nutzt die volle Kapazität des Aktors beim Sprung von $u_{\max}$ auf $-u_{\max}$, sodass die Wahl der Zeitkonstante T_r geeignet ist. Dennoch, durch die notwendige Wahl von T_r in der Weise, dass keine Beschränkungen verletzt werden, ist das Modell vor allem bei kleineren Änderungen von $u[k]$ träger als die tatsächliche Beschränkung. Dies zeigt sich zu Beginn der Simulation, da die Stellraten bereits beim ersten Schritt nicht die strikte Begrenzung erreichen. Dieses Verhalten tritt auch bei kontinuierlichen Systemen auf, wie beispielsweise in [46] beschrieben wird.

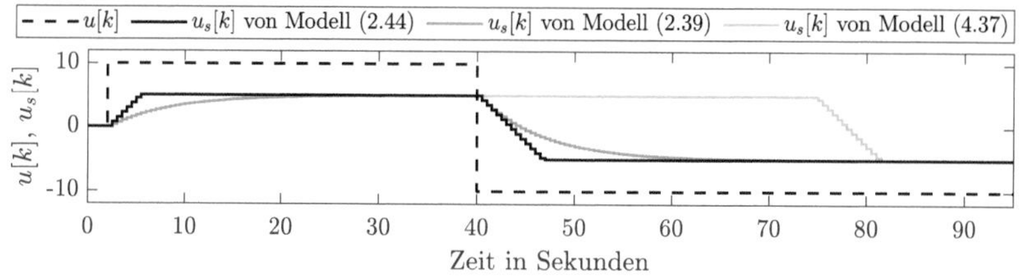

Abbildung 4.6 Dynamisches Verhalten der Modellierungsmöglichkeiten für den Aktor des Ventils (Beispielsystem 8)

Die Auswahl eines Aktormodells für den Reglerentwurf hat jedoch nicht nur Auswirkungen auf die schnelle Regelung, sondern kann auch auf andere Optimierungsprobleme Einfluss nehmen. Zur Untersuchung der Auswirkungen auf die Maximierung des Einzugsgebietes gemäß dem Optimierungsproblem (3.35) werden für die Beispielsysteme 1 – 18 aus dem Abschnitt 3.7 sättigende vollständige Zustandsrückführungen entworfen. Dabei werden die Aktormodelle der PT_1-Verzögerung (2.39) mit $T_{r,i} = \frac{v_{\max,i}}{2u_{\max,i}}$ oder der strikten Beschränkung (2.44) verwendet. In der Abbildung 4.7 sind die Ergebnisse dieser Optimierung durch die Werte von $\tilde{\beta}$ (vgl. Berechnungsvorschrift (4.33), (4.34)) gegenübergestellt. Die Abbildung zeigt, dass durch das Modell der strikten Beschränkung im Allgemeinen größere Einzugsgebiete errechnet werden. Beim Vorliegen von strikten Beschränkungen ist die PT_1-Modellierung zur Abbildung einer strikten Ratenbeschränkung daher nicht geeignet. Zum einen verlangsamt die PT_1-Modellierung die Systemdynamik und zum anderen werden kleinere Einzugsgebiete berechnet.

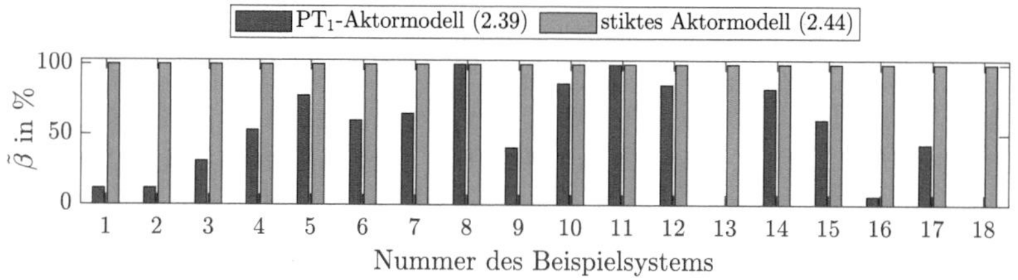

Abbildung 4.7 Säulendiagramm der Ergebnisse $\tilde{\beta}$ in % des maximalen Ergebnisses für das PT_1- (2.39) und das strikte Aktormodell (2.44)

Dennoch bildet die PT_1-Modellierung Systeme ab, die in ihrer Rate nicht strikt beschränkt sind, wie beispielsweise die Trägheit eines Asynchronmotors, und eignet sich dementsprechend bei dieser Art von Systemen. Eine sättigende Regelung kann dann anhand des Theorems A.2 aus dem Anhang A.4 im elektronischen Zusatzmaterial entworfen werden. Dieses Problem ist jedoch bereits durch die Methode von Dehnert in [17] gelöst, da keine verschachtelte, sondern eine einfache Sättigungsfunktion auftritt, und wird daher in dieser Arbeit nicht weiter betrachtet.

Nun wird das Modell von Gomes da Silva genauer untersucht. Die Abbildung 4.6 zeigt, dass das Modell die Beschränkungen zwar einhält, das reale Verhalten aber kaum abbildet, da ein klassischer Windup-Effekt durch den Integrator entsteht. Anstatt diesem, wie in [30] durch Anti-Windup-Maßnahmen entgegenzuwirken, sollte direkt ein repräsentativeres Modell verwendet werden.

Weitere Modelle diskreter MRS-Aktoren werden in der Masterarbeit [24] gegenübergestellt. Darin wird ebenfalls geschlussfolgert, dass das Modell (2.44) den strikt beschränkten Aktor am genauesten beschreibt und bei einem LMI-Reglerentwurf zu den am wenigsten konservativen Ergebnissen führt. Daher ist dieses Modell in der Literatur weit verbreitet und wird ebenfalls im folgenden Teil dieser Arbeit eingesetzt.

4.3 Adaption auf verschiedene Reglerstrukturen

Im Rahmen der vorliegenden Arbeit werden lineare Regler entworfen, die unter dem Regelgesetz

$$\boldsymbol{u}[k] = \boldsymbol{\mathcal{K}} \boldsymbol{z}[k] \tag{4.38}$$

zusammen gefasst werden. Dabei ist $\boldsymbol{z}[k] \in \mathbb{R}^{n_z}$ der Vektor aller Zustände des geschlossenen Regelkreises, also Zustände der linearen Systemdynamik $\boldsymbol{x}_s[k]$, des Aktors $\boldsymbol{u}_s[k]$ und ggf. des Reglers, falls es sich um einen dynamischen Regler handelt. Bei einem statischen Regler ist $n_z = n + m$ und damit gilt $\boldsymbol{z}[k] = \boldsymbol{x}[k]$. Im allgemeinen Fall ist $\boldsymbol{x}_0 \in \mathbb{R}^{n_z}$, wobei die Initialzustände des Reglers genauso wie die Initialzustände des Aktors mit 0 angenommen werden können. Durch die Strukturierung von $\boldsymbol{\mathcal{K}} \in \mathbb{R}^{m \times n_z}$ sind verschiedene Regelgesetze möglich. In diesem Abschnitt werden die folgenden Regler betrachtet, die genauer in Anhang A.5 im elektronischen Zusatzmaterial erläutert und hergeleitet werden.

Die vollständige Zustandsrückführung (FSF) wurde bereits in den vorangegangenen Abschnitten behandelt. Dabei werden alle Zustände $\boldsymbol{x}[k]$ der erweiterten Systemdarstellung (2.46) (also der linearen Systemdynamik und des Aktors) zurückgeführt, wobei in einer praktischen Anwendung sichergestellt sein muss, dass diese Zustände alle messbar sind. Die gesättigten Aktorzustände $\boldsymbol{u}_s\,[k]$ können meist nicht direkt gemessen werden; es kann jedoch ein Modell auf dem Mikrocontroller integriert werden (siehe Abschnitt 2.1), um diese Zustände zu rekonstruieren. Zu den Zeitpunkten, in denen keine Sättigung auftritt, werden bei MRS-Systemen mit einer vollständigen Zustandsrückführung jedoch die vom Regler berechneten Zustände $\boldsymbol{u}\,[k]$ wieder auf den Regler zurückgeführt. Nur aufgrund der Verzögerung des Aktormodells um einen Zeitschritt (siehe Abschnitt 2.6) entsteht hier keine algebraische Schleife.

Daher kann es von Vorteil sein, lediglich die Zustände $\boldsymbol{x}_s\,[k]$ der linearen Systemdynamik zurückzuführen. Dies wird im Folgenden als strukturierte Zustandsrückführung (SSF) bezeichnet. Dadurch entstehen jedoch weniger Freiheitsgrade. Beide Varianten werden in der Abbildung 4.8 veranschaulicht, wobei für eine praktische Anwendung auch bei der strukturierten Variante davon ausgegangen werden muss, dass alle Zustände $\boldsymbol{x}_s\,[k]$ der linearen Systemdynamik gemessen werden können. Strukturierte Zustandsrückführungen werden zudem bei Multi-Agentensystemen, bei der dezentralen Regelung eines Batteriemanagementsystems oder in der Energieversorgung benötigt, wenn eine Regelung nur anhand der Strom- oder Spannungswerte von direkten Nachbarn erfolgen soll.

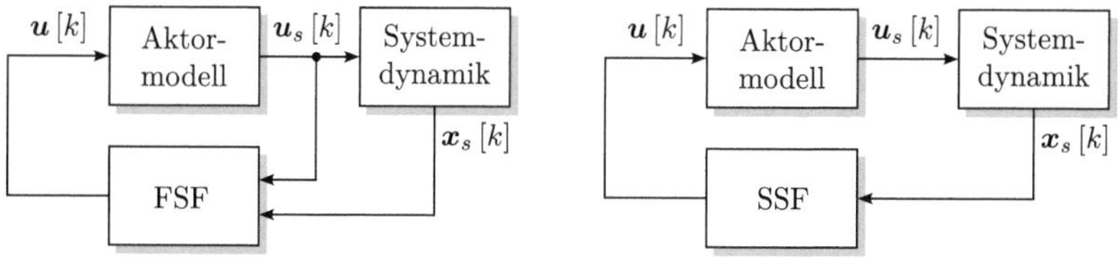

Abbildung 4.8 Aufbau eines Regelkreises mit vollständiger Zustandsrückführung (FSF, links) und strukturierter Zustandsrückführung (SSF, rechts)

Wenn die Messung aller Zustandsvariablen $\boldsymbol{x}_s\,[k]$ nicht möglich ist, können statische Ausgangsrückführungen (SOF) eingesetzt werden. Dabei werden im Vergleich einer Zustandsrückführung (FSF oder SSF) lediglich die Ausgänge $\boldsymbol{y}\,[k]$ über eine Verstärkungsmatrix zurückgeführt.

Um auch von den zusätzlichen Informationen einer Zustandsrückführung zu profitieren, wenn nicht alle Zustände messbar sind, kann ein Beobachter eingesetzt werden, der die Zustände der Systemdynamik schätzt. Dieser ermöglicht ebenfalls eine Filterung von rauschbehafteten Messsignalen. Dies wirft bei einem MRS-System die

Frage auf, ob es Vorteile bringt, wenn der Beobachter auch die Zustände des Aktors schätzt und auf den Regler zurückführt. Es werden daher zwei Varianten unterschieden. Bei der beobachterbasierten vollständigen Zustandsrückführung (OFSF) werden dem Beobachter die ungesättigten Stellgrößen $\boldsymbol{u}[k]$ zur Verfügung gestellt und die gesättigten Stellgrößen (also die Aktorzustände) $\boldsymbol{u}_s[k]$ werden vom Beobachter zusätzlich zu den Zuständen $\boldsymbol{x}_s[k]$ der Systemdynamik geschätzt, um dem Regler alle Zustände $\boldsymbol{x}[k]$ der Regelstrecke (2.46) zur Verfügung zu stellen. Stattdessen werden bei der beobachterbasierten strukturierten Zustandsrückführung (OSSF) dem Beobachter direkt die gesättigten Stellgrößen $\boldsymbol{u}_s[k]$ zur Verfügung gestellt und lediglich die Zustände $\boldsymbol{x}_s[k]$ der Systemdynamik geschätzt. Des Weiteren können reduzierte Beobachter entworfen werden, die nur die Zustände der Systemdynamik schätzen, die nicht gemessen werden (vgl. [59]).

Weitere in dieser Arbeit betrachtete Reglerstrukturen sind allgemeine dynamische Ausgangsrückführungen (DOF), die im Vergleich zu einer statischen Ausgangsrückführung interne Reglerzustände aufweisen. Ein Sonderfall einer dynamischen Ausgangsrückführung ist der PID-Regler. Dieser besteht aus einem proportionalen, einem integralen und einem differenzierenden Glied und ermöglicht somit sowohl eine schnelle Reaktionszeit als auch stationäre Genauigkeit.

Mit jedem dieser Regler kann der geschlossene Regelkreis in der Struktur

$$z[k+1] = \mathcal{A}z[k] + \mathcal{B}\mathbf{sat}_V(\mathbf{sat}_U(\mathcal{K}z[k]) + \mathcal{F}z[k]) \tag{4.39}$$

dargestellt werden, wobei $\mathcal{F} = \begin{pmatrix}\boldsymbol{F} & \boldsymbol{0}\end{pmatrix} \in \mathbb{R}^{m \times n_z}$ die um die Reglerzustände erweiterte Matrix $\boldsymbol{F}$ ist. Die Matrizen $\mathcal{A}$, $\mathcal{B}$ und $\mathcal{K}$ hängen dabei von der verwendeten Reglerstruktur ab und sind in Tabelle 4.3 aufgelistet. Für die Herleitungen und eine genauere Beschreibung insbesondere der Dimensionen der auftretenden Einheits- und Nullmatrizen sowie Strukturbilder sei auf den Anhang A.5 im elektronischen Zusatzmaterial verwiesen. Bei der sättigenden Regelung kann der geschlossene Regelkreises durch die 3^m Eckmatrizen

$$\tilde{\mathcal{A}}_i = \mathcal{A} + \mathcal{B}\left(\boldsymbol{D}_{i,1}^{\Xi}(\mathcal{K}+\mathcal{F}) + \boldsymbol{D}_{i,2}^{\Xi}(\mathcal{H}_1+\mathcal{F}) + \boldsymbol{D}_{i,3}^{\Xi}\mathcal{H}_2\right), \; i = 1, \ldots, 3^m \tag{4.40}$$

mit den Hilfsreglermatrizen $\mathcal{H}_1$ und $\mathcal{H}_2$ dargestellt werden. Durch diese Vereinheitlichung der Struktur können die bereits in Abschnitt 4.1 eingeführten Theoreme zur Parametrierung aller aufgezählten Reglerstrukturen verwendet werden. Dies ist eine Besonderheit der neuen Methode und wird dadurch ermöglicht, dass in der Ljapunow-Bedingung

Tabelle 4.3 Matrizen $\mathcal{A}$, $\mathcal{B}$ und $\mathcal{K}$ bei verschiedenen Reglerstrukturen

Reglerstruktur	$\mathcal{A}$	$\mathcal{B}$	$\mathcal{K}$
FSF	$\boldsymbol{A}$	$\boldsymbol{B}$	$\boldsymbol{K}$
SSF	$\boldsymbol{A}$	$\boldsymbol{B}$	$\begin{pmatrix} \boldsymbol{K} & \boldsymbol{0} \end{pmatrix}$
SOF	$\boldsymbol{A}$	$\boldsymbol{B}$	$\boldsymbol{K}\boldsymbol{C}$
OFSF	$\begin{pmatrix} \boldsymbol{A} & \boldsymbol{0} \\ -\boldsymbol{B}(\boldsymbol{F}+\boldsymbol{K}) & \hat{\boldsymbol{A}} - \boldsymbol{L}\boldsymbol{C} + \boldsymbol{B}\boldsymbol{K} \end{pmatrix}$	$\begin{pmatrix} \boldsymbol{B} \\ \boldsymbol{B} \end{pmatrix}$	$\begin{pmatrix} \boldsymbol{K} & -\boldsymbol{K} \end{pmatrix}$
OSSF	$\begin{pmatrix} \boldsymbol{A} & \boldsymbol{0} \\ \boldsymbol{0} & \boldsymbol{A}_d - \boldsymbol{L}\boldsymbol{C}_s \end{pmatrix}$	$\begin{pmatrix} \boldsymbol{B} \\ \boldsymbol{0} \end{pmatrix}$	$\begin{pmatrix} \boldsymbol{K} & \boldsymbol{0} & -\boldsymbol{K} \end{pmatrix}$
DOF	$\begin{pmatrix} \boldsymbol{A} & \boldsymbol{0} \\ \boldsymbol{B}_c\boldsymbol{C} & \boldsymbol{A}_c \end{pmatrix}$	$\begin{pmatrix} \boldsymbol{B} \\ \boldsymbol{0} \end{pmatrix}$	$\begin{pmatrix} \boldsymbol{D}_c\boldsymbol{C} & \boldsymbol{C}_c \end{pmatrix}$
PID	$\begin{pmatrix} \boldsymbol{A} & \boldsymbol{0} & \boldsymbol{0} \\ -\boldsymbol{C} & \boldsymbol{I} & \boldsymbol{0} \\ -\boldsymbol{C} & \boldsymbol{0} & \boldsymbol{0} \end{pmatrix}$	$\begin{pmatrix} \boldsymbol{B} \\ \boldsymbol{0} \\ \boldsymbol{0} \end{pmatrix}$	$\hat{\mathcal{K}}\hat{\mathcal{C}}$

$$\begin{pmatrix} \hat{\boldsymbol{P}}^{-1}\left(2\boldsymbol{I} - \boldsymbol{P}\hat{\boldsymbol{P}}^{-1}\right) & \tilde{\mathcal{A}}_i \\ \star & \boldsymbol{P} \end{pmatrix} \succ 0 \tag{4.41}$$

die Entscheidungsvariable $\boldsymbol{P}$ von den Eckmatrizen $\tilde{\mathcal{A}}_i$ entkoppelt ist. Somit sind verschiedene Strukturen in $\tilde{\mathcal{A}}_i$ möglich, ohne dass die LMI-Bedingungen verändert werden müssen. Die einzige Voraussetzung ist, dass die Matrizen $\tilde{\mathcal{A}}_i$ linear in den Regler-Entscheidungsvariablen sind. Dies ist bei allen Reglerstrukturen in der Tabelle 4.3 erfüllt. Die Vorteile sind dabei nicht nur ein geringerer Aufwand bei Änderung der Reglerstruktur und das Ermöglichen von komplexen Reglerstrukturen, sondern auch, dass die Konservativität nicht erhöht wird.

Die Optimierungsprobleme (3.36), (3.35) und (3.37) können für alle Reglerstrukturen aus der Tabelle 4.3 durch die bereits eingeführten Algorithmen 4.1 und 4.2 gemäß der Tabelle 4.1 gelöst werden. Es ist lediglich zu beachten, dass statt $\boldsymbol{K}$ nun ggf. mehrere Entscheidungsvariablen des Reglers auftreten, die in Schritt 1 der Algorithmen deklariert und später auch gespeichert werden müssen. Diese Menge der Regler-Entscheidungsvariablen wird im Folgenden als $\mathbb{K}$ bezeichnet und ist für die betrachteten Reglerstrukturen durch

$$\mathbb{K}_{\mathrm{FSF}} = \mathbb{K}_{\mathrm{SSF}} = \mathbb{K}_{\mathrm{SOF}} = \{\boldsymbol{K}\}, \tag{4.42}$$

$$\mathbb{K}_{\mathrm{OFSF}} = \mathbb{K}_{\mathrm{OSSF}} = \{\boldsymbol{K}, \boldsymbol{L}\}, \tag{4.43}$$

$$\mathbb{K}_{\mathrm{DOF}} = \{\boldsymbol{A}_c, \boldsymbol{B}_c, \boldsymbol{C}_c, \boldsymbol{D}_c\}, \tag{4.44}$$

$$\mathbb{K}_{\mathrm{PID}} = \left\{\hat{\mathcal{K}}\right\} \tag{4.45}$$

gegeben.

Beispiel 8: Vergleich der vollständigen und strukturierten Rückführung
Im Folgenden wird gezeigt, dass die zusätzliche Rückführung der Aktorzustände $\boldsymbol{u}_s[k]$ im Allgemeinen keine Vorteile bringt. Dazu werden für die beiden statischen Zustandsregler (FSF und SSF) sowie für die beiden beobachterbasierten Regler (OFSF und OSSF) mit der neuen Methode sättigende Regler für die Beispielsysteme $1-18$ entworfen. Dabei wird mit dem Algorithmus 4.1 die Abklingrate maximiert. Die Ergebnisse von ρ und $\overline{\rho}$ sind in der Abbildung 4.9 als Säulendiagramm und in Anhang A.6 im elektronischen Zusatzmaterial tabellarisch dargestellt. Im oberen Säulendiagramm werden die statischen und im unteren die beobachterbasierten Regler miteinander verglichen.

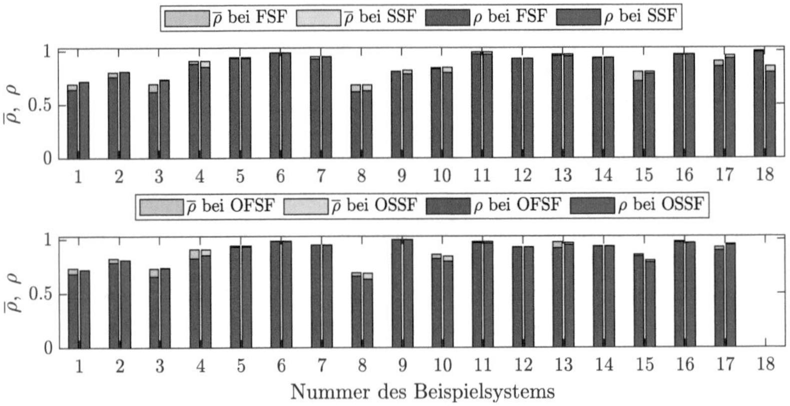

Abbildung 4.9 Säulendiagramme der Ergebnisse $\overline{\rho}$ und ρ für die statische vollständige (FSF) und strukturierte Zustandsrückführung (SSF), sowie die beobachterbasierte vollständige (OFSF) und strukturierte (OSSF) Zustandsrückführung

Bei den statischen Reglern werden für einige Beispielsysteme mit der vollständigen Zustandsrückführung (FSF) und bei anderen mit der strukturierten

Zustandsrückführung (SSF) geringere Spektralradien erreicht. Bei den beobachterbasierten Reglern kann ebenfalls keine Reglerstruktur als eindeutig vorteilhaft identifiziert werden. Die Unterschiede liegen im Durchschnitt bei 0,0299 und maximal bei 0,1904. Für das Beispielsystem 18 können durch eine andere Initialisierung mit $\alpha_\Delta = 10^{-3}$ auch stabile beobachterbasierte Regler entworfen werden. In den Säulendiagrammen werden jedoch stets die Ergebnisse mit gleichen Einstellungen gegenübergestellt, um einen fairen Vergleich zu ermöglichen.

Da auch die Konditionszahl des Anfangswertproblems, Probleme des LMI-Lösers und die Wahl des Abbruchkriteriums einen Einfluss auf das Ergebnis haben können, ist bei den geringen und nicht eindeutigen Unterschieden keine konkrete Aussage über die Eignung der Reglerstrukturen möglich. Eine vollständige Zustandsrückführung führt demnach im Allgemeinen trotz größerer Freiheitsgrade nicht zu schnelleren Abklingraten. Daher sollte die simplere Reglerstruktur, also die strukturierte Rückführung, bevorzugt werden. Hierbei wird kein zusätzliches Aktormodell auf dem Mikrocontroller benötigt, wodurch der Implementierungsaufwand verringert wird. Zur Optimierung des Rechenaufwandes bei den beobachterbasierten Reglern können reduzierte Beobachter eingesetzt werden (vgl. [59]).

Des Weiteren weisen die Spektralradien der beobachterbasierten Regelungen im Vergleich zu den statischen Rückführungen im Allgemeinen nur geringfügig größere Werte auf. Dies ist ein Indikator dafür, dass die Änderung der Reglerstruktur nicht die Konservativität der Methode erhöht.

Beispiel 9: Statische und dynamische Ausgangsregler

Statische Ausgangsregler bergen den Nachteil, dass sie wenige Freiheitsgrade besitzen. Stattdessen können dynamische Ausgangsregler verwendet werden, die meist in der Dimension der Regelstrecke entworfen werden (siehe beispielsweise [30, 46, 50]). Für ein MRS-System wird daher $n + m$ als Dimension der dynamischen Ausgangsrückführung gewählt.

Der PID-Regler kann ebenfalls durch

$$\boldsymbol{A}_c = \begin{pmatrix} \boldsymbol{I} & \boldsymbol{0} \\ \boldsymbol{0} & \boldsymbol{0} \end{pmatrix}, \ \boldsymbol{B}_c = \begin{pmatrix} -\boldsymbol{I} \\ -\boldsymbol{I} \end{pmatrix}, \ \boldsymbol{C}_c = \begin{pmatrix} -\boldsymbol{K}_\mathrm{I} & \boldsymbol{K}_\mathrm{D} \end{pmatrix}, \ \boldsymbol{D}_c = \begin{pmatrix} \boldsymbol{K}_\mathrm{P} + \boldsymbol{K}_\mathrm{D} \end{pmatrix} \qquad (4.46)$$

und die statische Ausgangsrückführung durch $\boldsymbol{A}_c = \boldsymbol{B}_c = \boldsymbol{C}_c = \boldsymbol{0}$ und $\boldsymbol{D}_c = \boldsymbol{K}$ in der Form einer allgemeinen dynamischen Ausgangsrückführung dargestellt werden. Somit besitzt die statische Ausgangsrückführung (P-Regler) gegenüber dem PID-Regler und dieser gegenüber der allgemeinen dynamischen Ausgangsrückführung weniger Freiheitsgrade.

Dass sich dies in den Ergebnissen der Optimierung zeigt, kann anhand des Beispielsystem 17 (ein instabiles Kampfflugzeug) veranschaulicht werden. Hierbei wird bei der Maximierung der Abklingrate für den statischen Ausgangsregler keine gültige Lösung gefunden; für den PID-Regler wird der Spektralradius $\rho = 0{,}9952$ und für die allgemeine dynamische Ausgangsrückführung $\rho = 0{,}9532$ erreicht. Die Trajektorien der gültigen Lösungen sind in der Abbildung 4.10 bei initialer Auslenkung um $\boldsymbol{x}_0 = \begin{pmatrix}0{,}2 & 1 & 1 & 1 & 1 & 1\end{pmatrix}^{\mathrm{T}}$ dargestellt. Beim PID-Regler treten dabei stärkere Schwingungen sowohl in den Ausgängen $\boldsymbol{y}[k]$ als auch in den Stellgrößen $\boldsymbol{u}_s[k]$ und Stellraten $\boldsymbol{v}_s[k]$ auf. Die Schwingungen senken bei einem Flugzeug den Komfort und verzögern hier zudem das Abklingverhalten, sodass die allgemeine dynamische Ausgangsrückführung gegenüber dem PID-Regler bei diesem Beispielsystem geeigneter ist. Die berechneten Rückführungsmatrizen sind in Anhang A.6 im elektronischen Zusatzmaterial zu finden.

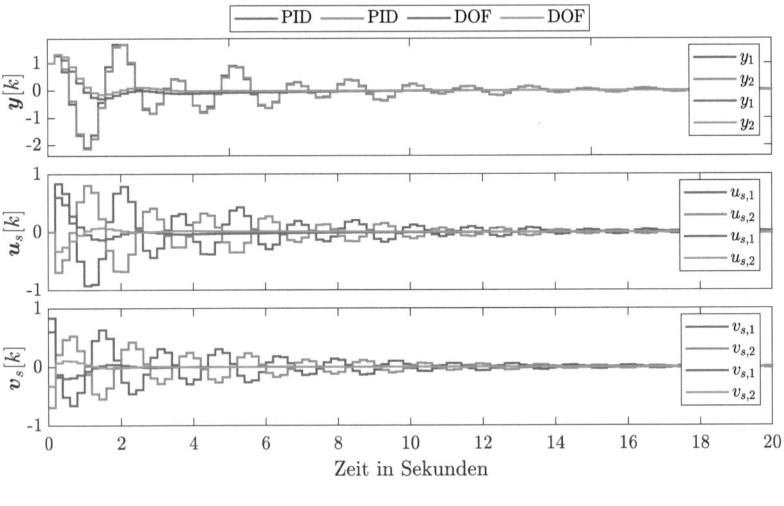

Abbildung 4.10 Trajektorien des instabilen Kampfflugzeuges (Beispielsystem 17) mit dynamischer Ausgangsrückführung (DOF) oder PID-Regler

Bei den Ergebnissen der Spektralradien ρ einiger Beispielsysteme besteht jedoch kein Unterschied zwischen der dynamischen und der statischen Ausgangsrückführung. Dies ist darauf zurückzuführen, dass die Regelparameter $\boldsymbol{A}_c$, $\boldsymbol{B}_c$ und $\boldsymbol{C}_c$ der dynamischen Ausgangsrückführung nahezu Null sind und kann anhand der Frobeniusnormen nachvollzogen werden, die bei dem numerischen Beispielsystem 3 durch

$$\|A_c\|_F = 3{,}1480 \cdot 10^{-15}, \ \|B_c\|_F = 1{,}0171 \cdot 10^{-20}, \ \|C_c\|_F = 5{,}9589 \cdot 10^{-19} \tag{4.47}$$

gegeben sind. Dadurch ist das Ergebnis keine dynamische, sondern eine statische Ausgangsrückführung. Die berechnete Rückführungsmatrix $\boldsymbol{D}_c$ entspricht dabei (durch die Rundung auf vier Nachkommastellen) der berechneten Rückführungsmatrix $\boldsymbol{K}$ des statischen Ausgangsreglers, sodass hier durch die DOF und SOF nahezu das gleiche Regelgesetz berechnet wird und somit auch kein Unterschied in ρ entsteht.

Die Ursache dafür können numerische Probleme, wie beispielsweise eine hohe Konditionszahl oder der gewählte Anfangswert $\hat{\boldsymbol{P}} = \boldsymbol{I}$ sein, sodass nicht das globale Minimum von ρ gefunden wird. Jedoch ist es auch möglich, dass die Struktur der dynamischen Rückführung für einige Beispielsysteme nicht geeignet ist. Der Grund dafür kann sein, dass die Regelstrecke bereits integrierendes Verhalten aufweist und durch das Hinzufügen einer dynamischen Ausgangsrückführung ein doppelter Integrator entsteht.

In der Literatur, beispielsweise in [46] und Quellen darin, werden für MRS-Systeme bei einer allgemeinen dynamischen Ausgangsrückführung zusätzlich die Aktorzustände zurück auf den Regler geführt. Auch wenn nur Stellgrößenbeschränkungen auftreten, werden beispielsweise in [50] die gesättigten Stellgrößen zurückgeführt, da die dort vorgestellte Methode ansonsten bei einer sättigenden Regelung zu NLMIs führt. Dies kommt einer Anti-Windup-Methode gleich, die im folgenden Abschnitt behandelt wird, um zu untersuchen, ob die Erweiterung der Struktur die Synthese dynamischer Ausgangsrückführungen ermöglicht und um den Windup-Effekt zu verhindern.

4.4 Anti-Windup-Methoden

Durch Regler mit integralem Anteil entsteht ein klassischer Windup-Effekt (siehe Abschnitt 2.10). Dieser führt zu einer geringeren Regelgüte und soll daher vermieden werden. Im Folgenden werden Anti-Windup-Methoden für die dynamische Ausgangsrückführung und für den PID-Regler entworfen. Dabei werden drei verschiedene Anti-Windup-Strukturen hergeleitet und miteinander verglichen, um eine Aussage zu ermöglichen, welche Struktur für MRS-Systeme geeignet ist.

Wie bereits in Beispiel 9 erläutert, besteht die Möglichkeit, lediglich die Aktorzustände $\boldsymbol{u}_s\,[k]$ auf den integralen Anteil des Reglers über eine Rückführungsmatrix $\boldsymbol{E}$ zurückzuführen. Dies wird im Folgenden als *Aktorrückführung* bezeichnet und ist im linken Strukturbild 4.11 ohne die gestrichelte Linie veranschaulicht. Die Idee stammt aus der Dissertation [46] und wird dort für dynamische Ausgangsrückführungen eingesetzt, kann jedoch ebenfalls auf den PID-Regler übertragen werden.

Eine anderen Möglichkeit sind *Back-Calculation*-Verfahren. Bei stellgrößenbeschränkten Systemen wird dabei die Differenz der gesättigten und der ungesättigten Stellgrößen über eine Rückführungsmatrix $\boldsymbol{E}$ auf den integrierenden Regleranteil zurückgeführt. In einem MRS-System existieren jedoch zwei Sättigungsfunktionen. Es können daher entweder beide Differenzen vor und nach den Sättigungen oder eine Differenz vor und nach dem gesamten Aktormodell zurückgeführt werden. Die beiden Varianten werden im Folgenden als *einfache* und *zweifache Back-Calculation* bezeichnet. Die einfache Back-Calculation ist in der Abbildung 4.11 links inklusive der gestrichelten Linie und die zweifache Back-Calculation rechts dargestellt.

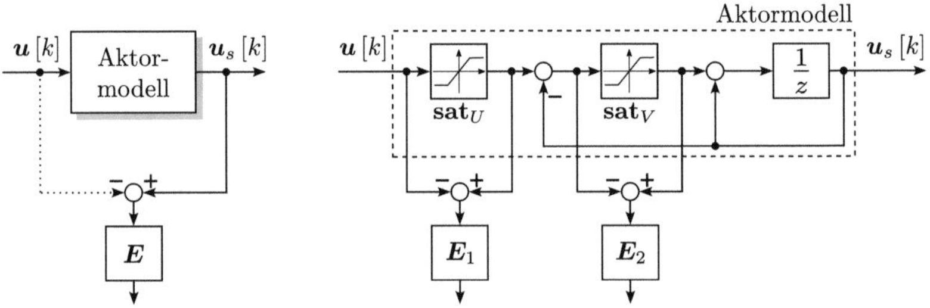

Abbildung 4.11 Aufbau der Aktorrückführung (links ohne gestrichelte Linie), der einfachen Back-Calculation (links mit gestrichelter Linie) und der zweifachen Back-Calculation (rechts)

Durch die einfache Back-Calculation wird der integrale Anteil des Reglers angepasst, wenn sich $\boldsymbol{u}\,[k]$ und $\boldsymbol{u}_s\,[k]$ unterscheiden. Dies ist im dynamischen Fall bereits durch die Verzögerung im Aktormodell (siehe Abschnitt 2.6) gegeben, also auch, wenn keine Sättigung auftritt. Bei der zweifachen Back-Calculation wird der integrale Anteil verändert, wenn mindestens eine der beiden Sättigungsfunktionen aktiv wird. Dabei werden die beiden Differenzen vor und nach den Sättigungen über unterschiedliche Rückführungsmatrizen $\boldsymbol{E}_1$ und $\boldsymbol{E}_2$ zurückgeführt. Dies führt zu mehr Freiheitsgraden und ermöglicht eine Gewichtung zwischen den Stellgrößen- und Stellratenbeschränkungen.

Die zweifache Back-Calculation kann daher Vorteile bringen. In der Literatur wird ebenfalls nur die zweifache Back-Calculation verwendet (siehe beispielsweise

[26, 30, 97]). Jedoch steigt bei dieser Variante die Komplexität, da die Struktur (4.39) nicht mehr ausreicht, um das System zu modellieren. Stattdessen wird die Form

$$z[k+1] = \mathcal{A}z[k] + \mathcal{B}_1 \mathbf{sat}_V \left(\mathbf{sat}_U \left(\mathcal{K}z[k]\right) + \mathcal{F}z[k]\right) + \mathcal{B}_2 \mathbf{sat}_U \left(\mathcal{K}z[k]\right) \tag{4.48}$$

benötigt. Sowohl bei der Aktorrückführung als auch bei der einfachen Back-Calculation kann das Gesamtsystem in der bereits bekannten und simpleren Struktur (4.39) beschrieben werden, da $\mathcal{B}_2 = \mathbf{0}$ ist. Die Systemmatrizen der drei Anti-Windup-Varianten sind für die dynamische Ausgangsrückführung (DOF) und den PID-Regler in der Tabelle 4.4 gezeigt und werden in Anhang A.5 im elektronischen Zusatzmaterial hergeleitet. Hierbei stehen die Indizes ar, bc_1 und bc_2 jeweils für Aktorrückführung, einfache Back-Calculation und zweifache Back-Calculation. Die Rückführungsmatrix $\mathcal{K}$ kann der Tabelle 4.3 entnommen werden, da sich

Tabelle 4.4 Matrizen $\mathcal{A}$, $\mathcal{B}_1$ und $\mathcal{B}_2$ bei verschiedenen Reglerstrukturen mit Anti-Windup

Reglerstruktur	$\mathcal{A}$	$\mathcal{B}_1$	$\mathcal{B}_2$
$\mathrm{PID}_{\mathrm{ar}}$	$\begin{pmatrix} A_d & B_d & 0 & 0 \\ 0 & I & 0 & 0 \\ -C_s & E & I & 0 \\ -C_s & 0 & 0 & 0 \end{pmatrix}$	$\begin{pmatrix} 0 \\ I \\ 0 \\ 0 \end{pmatrix}$	$\mathbf{0}$
$\mathrm{PID}_{\mathrm{bc}_1}$	$\left(\begin{pmatrix} A_d & B_d & 0 & 0 \\ 0 & I & 0 & 0 \\ -C_s & E & I & 0 \\ -C_s & 0 & 0 & 0 \end{pmatrix} + \begin{pmatrix} 0 \\ 0 \\ -E\mathcal{K} \\ 0 \end{pmatrix}\right)$	$\begin{pmatrix} 0 \\ I \\ 0 \\ 0 \end{pmatrix}$	$\mathbf{0}$
$\mathrm{PID}_{\mathrm{bc}_2}$	$\left(\begin{pmatrix} A_d & B_d & 0 & 0 \\ 0 & I & 0 & 0 \\ -C_s & E_2 & I & 0 \\ -C_s & 0 & 0 & 0 \end{pmatrix} + \begin{pmatrix} 0 \\ 0 \\ -E_1\mathcal{K} \\ 0 \end{pmatrix}\right)$	$\begin{pmatrix} 0 \\ I \\ E_2 \\ 0 \end{pmatrix}$	$\begin{pmatrix} 0 \\ 0 \\ E_1 - E_2 \\ 0 \end{pmatrix}$
$\mathrm{DOF}_{\mathrm{ar}}$	$\left(\begin{pmatrix} A & 0 \\ B_c C & A_c \end{pmatrix} + \begin{pmatrix} 0 & 0 & 0 \\ 0 & E & 0 \end{pmatrix}\right)$	$\begin{pmatrix} B \\ 0 \end{pmatrix}$	$\mathbf{0}$
$\mathrm{DOF}_{\mathrm{bc}_1}$	$\left(\begin{pmatrix} A & 0 \\ B_c C & A_c \end{pmatrix} + \begin{pmatrix} 0 & 0 & 0 \\ 0 & E & 0 \end{pmatrix} + \begin{pmatrix} 0 \\ -E\mathcal{K} \end{pmatrix}\right)$	$\begin{pmatrix} B \\ 0 \end{pmatrix}$	$\mathbf{0}$
$\mathrm{DOF}_{\mathrm{bc}_2}$	$\left(\begin{pmatrix} A & 0 \\ B_c C & A_c \end{pmatrix} + \begin{pmatrix} 0 & 0 & 0 \\ 0 & E_2 & 0 \end{pmatrix} + \begin{pmatrix} 0 \\ -E_1\mathcal{K} \end{pmatrix}\right)$	$\begin{pmatrix} B \\ E_2 \end{pmatrix}$	$\begin{pmatrix} 0 \\ E_1 - E_2 \end{pmatrix}$

diese weder beim PID-Regler noch bei der allgemeinen DOF durch Hinzufügen einer Anti-Windup-Methode ändert. Ebenfalls werden die Mengen der Regler-Entscheidungsvariablen $\mathbb{K}_{\text{PID}}$ und $\mathbb{K}_{\text{DOF}}$ aus den Definitionen (4.45) und (4.44) übernommen. Für die zusätzlichen Anti-Windup-Rückführungsmatrizen $\boldsymbol{E}$ oder $\boldsymbol{E}_1$ und $\boldsymbol{E}_2$ wird eine weitere Menge $\mathbb{E}$ durch

$$\mathbb{E}_{\text{ar}} = \mathbb{E}_{\text{bc}_1} = \{\boldsymbol{E}\}, \; \mathbb{E}_{\text{bc}_2} = \{\boldsymbol{E}_1, \boldsymbol{E}_2\} \tag{4.49}$$

definiert.

Die Struktur (4.48) beinhaltet die Addition einer verschachtelten und einer einfachen Sättigung. Zur Beschreibung als konvexe Hülle kann die verschachtelte Sättigung, wie im vorigen Abschnitt, durch die Eckmatrizen

$$\boldsymbol{\Xi}_i = \boldsymbol{D}_{i,1}^{\Xi}(\boldsymbol{\mathcal{K}} + \boldsymbol{\mathcal{F}}) + \boldsymbol{D}_{i,2}^{\Xi}(\boldsymbol{\mathcal{H}}_1 + \boldsymbol{\mathcal{F}}) + \boldsymbol{D}_{i,3}^{\Xi}\boldsymbol{\mathcal{H}}_2, \; i = 1, \ldots, 3^m \tag{4.50}$$

und die einfache Sättigung gemäß Abschnitt 2.8 durch die Eckmatrizen

$$\boldsymbol{\Theta}_j = \boldsymbol{D}_{j,1}^{\Theta}\boldsymbol{\mathcal{K}} + \boldsymbol{D}_{j,2}^{\Theta}\boldsymbol{\mathcal{H}}_1, \; j = 1, \ldots, 2^m \tag{4.51}$$

dargestellt werden. Mithilfe der Minkowski-Summe folgen dann die Eckmatrizen

$$\tilde{\boldsymbol{\mathcal{A}}}_{i,j} = \boldsymbol{\mathcal{A}} + \boldsymbol{\mathcal{B}}_1\boldsymbol{\Xi}_i + \boldsymbol{\mathcal{B}}_2\boldsymbol{\Theta}_j, \; i = 1, \ldots, 3^m, \; j = 1, \ldots, 2^m \tag{4.52}$$

durch alle Kombinationen von $\boldsymbol{\Xi}_i$ und $\boldsymbol{\Theta}_j$. Damit gilt

$$\boldsymbol{z}[k+1] \in \operatorname{conv}\left\{\tilde{\boldsymbol{\mathcal{A}}}_{i,j}, \; i = 1, \ldots, 3^m, \; j = 1, \ldots, 2^m\right\} \tag{4.53}$$

(vgl. Satz 2.5), sodass der geschlossene Regelkreis stabil ist, wenn die Eigenwerte aller Eckmatrizen $\tilde{\boldsymbol{\mathcal{A}}}_{i,j}$ im Einheitskreis liegen. Durch die Minkowski-Summe sind in $\tilde{\boldsymbol{\mathcal{A}}}_{i,j}$ jedoch auch innere Ecken der konvexen Hülle enthalten. Aufgrund der Konvexität ist es ausreichend, die äußeren Ecken auf Stabilität zu untersuchen, jedoch ist eine Unterscheidung von äußeren und inneren Ecken vorab nicht möglich, da $\boldsymbol{\mathcal{K}}$, $\boldsymbol{\mathcal{H}}_1$ und $\boldsymbol{\mathcal{H}}_2$ unbekannte Entscheidungsvariablen enthalten.

Mit dem Zusammenhang (4.53) und dem Theorem 4.2 wird das folgende Theorem zum Entwurf einer sättigenden Regelung eines geschlossenen Regelkreises in der Form (4.48) formuliert.

Theorem 4.3 (sättigende Regelung mit zweifacher Back-Calculation). *Für alle Anfangszustände* $\boldsymbol{x}_0 \in \mathcal{X}_0$ *des Systems* (4.48) *ist das Gebiet* $\mathcal{E}(\boldsymbol{P})$ *kontraktiv* *invariant und damit ein gesichertes Einzugsgebiet, wenn* $\boldsymbol{P} = \boldsymbol{P}^{\mathrm{T}} \succ 0 \in \mathbb{R}^{n_z \times n_z}$, $\mathbb{K}$, $\mathbb{E}$ *in entsprechenden Dimensionen,* $\boldsymbol{\mathcal{H}}_1, \boldsymbol{\mathcal{H}}_2 \in \mathbb{R}^{m \times n_z}$, $\boldsymbol{W}_1, \boldsymbol{W}_2 \in \mathbb{R}^{m \times m}$, $\gamma \leq 1$, $\underline{\alpha}_1 \geq 1$ *und* $\underline{\alpha}_2 \geq 1$ *existieren, sodass*

$$\begin{pmatrix} \hat{\boldsymbol{P}}^{-1}\left(2\boldsymbol{I} - \boldsymbol{P}\hat{\boldsymbol{P}}^{-1}\right) & \underline{\alpha}_1 \tilde{\boldsymbol{\mathcal{A}}}_{1,1} \\ \star & \boldsymbol{P} \end{pmatrix} \succ 0, \tag{4.54}$$

$$\begin{pmatrix} \hat{\boldsymbol{P}}^{-1}\left(2\boldsymbol{I} - \boldsymbol{P}\hat{\boldsymbol{P}}^{-1}\right) & \underline{\alpha}_2 \tilde{\boldsymbol{\mathcal{A}}}_{i,j} \\ \star & \boldsymbol{P} \end{pmatrix} \succ 0, \quad \begin{matrix} i = 1, \ldots, 3^m, \\ j = 1, \ldots, 2^m, \end{matrix} \tag{4.55}$$

$$\begin{pmatrix} \boldsymbol{W}_1 & \boldsymbol{\mathcal{H}}_1 \\ \star & \boldsymbol{P} \end{pmatrix} \succ 0, \tag{4.56}$$

$$\begin{pmatrix} \boldsymbol{W}_2 & \boldsymbol{\mathcal{H}}_2 \\ \star & \boldsymbol{P} \end{pmatrix} \succ 0, \tag{4.57}$$

$$w_{1\{q,q\}} - u_{\max,q}^2 \leq 0, \quad q = 1, \ldots, m, \tag{4.58}$$

$$w_{2\{q,q\}} - v_{\max,q}^2 \leq 0, \quad q = 1, \ldots, m, \tag{4.59}$$

$$\begin{pmatrix} \gamma & \boldsymbol{x}_{0,s}^{\mathrm{T}} \boldsymbol{P} \\ \star & \boldsymbol{P} \end{pmatrix} \succ 0, \quad s = 1, \ldots, N_{x_0} \tag{4.60}$$

mit der konstanten Matrix $\hat{\boldsymbol{P}} = \hat{\boldsymbol{P}}^{\mathrm{T}} \succeq 0$ *gilt.*

Die Eckmatrix $\tilde{\boldsymbol{\mathcal{A}}}_{1,1}$ ist hierbei die Matrix, die das reale System mit dem Regler $\boldsymbol{\mathcal{K}}$ beschreibt, sodass für diese Matrix $\underline{\alpha}_1$ unabhängig von $\underline{\alpha}_2$ optimiert wird (vgl. Beispiel 4).

Sowohl bei der Aktorrückführung als auch bei der einfachen Back-Calculation kann der geschlossene Regelkreis durch eine konvexe Hülle der Eckmatrizen

$$\tilde{\boldsymbol{\mathcal{A}}}_i = \boldsymbol{\mathcal{A}} + \boldsymbol{\mathcal{B}}_1 \Xi_i, \; i = 1, \ldots, 3^m \tag{4.61}$$

beschrieben werden, da $\boldsymbol{\mathcal{B}}_2 = \boldsymbol{0}$ ist. Somit wird der Reglerentwurf anhand des Theorems 4.2 ermöglicht. Dies verringert die Anzahl der LMIs und die Rechenzeit. Zudem wird das Bilden der Minkowski-Summe (4.52) verhindert.

Bei den beiden Back-Calculation-Methoden entsteht das Problem, dass in den Matrizen $\boldsymbol{\mathcal{A}}$ Verknüpfungen zwischen $\boldsymbol{E}$ und $\boldsymbol{\mathcal{K}}$ auftreten (siehe Tabelle 4.4), was zu BMIs führt. Dies wird durch eine PK-Iteration gelöst (siehe Abschnitt 2.5). Dazu wird der Algorithmus 4.3 verwendet, in dem zu jedem ungeraden Iterationsschritt die Entscheidungsvariablen $\mathbb{K}$, $\boldsymbol{\mathcal{H}}_1$ und $\boldsymbol{\mathcal{H}}_2$ und zu jedem geraden Iterationsschritt die

Algorithmus 4.3 Iterativer Algorithmus zur Maximierung der Abklingrate bei BMI-Problemen

Initialisierung: : $l = 1$, $\hat{\boldsymbol{P}} = \boldsymbol{I}$, $\gamma = 1$, $\underline{\alpha}_1 = \underline{\alpha}_2 = \underline{\alpha}_\circ = 0$, $\rho_\circ = 1$, α_Δ, ε_α, $\mathbb{E}_\circ = \mathbb{1}$

Deklariere die Entscheidungsvariablen $\boldsymbol{P}$, $\boldsymbol{W}_1$, $\boldsymbol{W}_2$
solange $\alpha_\Delta > \varepsilon_\alpha$ **wiederhole**
  Aktualisiere $\underline{\alpha}_1 = \underline{\alpha}_1 + \alpha_\Delta$, $\underline{\alpha}_2 = 1$
  wenn $\underline{\alpha}_1 < 1$ **dann**
    Setze $\underline{\alpha}_2 = \underline{\alpha}_1$
  ende wenn
  wenn l ungerade ist **dann**
    Deklariere die Entscheidungsvariablen $\mathbb{K}$, $\boldsymbol{\mathcal{H}}_1$, $\boldsymbol{\mathcal{H}}_2$; Setze $\mathbb{E} = \mathbb{E}_\circ$
  sonst wenn l gerade ist **dann**
    Deklariere die Entscheidungsvariablen $\mathbb{E}$; Setze $\mathbb{K} = \mathbb{K}_\circ$, $\boldsymbol{\mathcal{H}}_1 = \boldsymbol{\mathcal{H}}_{1,\circ}$, $\boldsymbol{\mathcal{H}}_2 = \boldsymbol{\mathcal{H}}_{2,\circ}$
  ende wenn
  Finde ein $\boldsymbol{P} \succ 0$ sodass (4.54)–(4.60) für die aktuellen Werte von $\underline{\alpha}_1$, $\underline{\alpha}_2$, $\hat{\boldsymbol{P}}$ und $\mathbb{K}$ bzw. $\mathbb{E}$ gelten
  wenn das Validierungsproblem lösbar ist **dann**
    Aktualisiere $\hat{\boldsymbol{P}} = \boldsymbol{P}$
    wenn $\rho\left(\tilde{\boldsymbol{\mathcal{A}}}_{1,1}\right) < \rho_\circ$ **dann**
      Speichere die Ergebnisse von $\mathbb{K}$, $\mathbb{E}$, $\boldsymbol{\mathcal{H}}_1$, $\boldsymbol{\mathcal{H}}_2$ und $\boldsymbol{P}$ in $\mathbb{K}_\circ$, $\mathbb{E}_\circ$, $\boldsymbol{\mathcal{H}}_{1,\circ}$, $\boldsymbol{\mathcal{H}}_{2,\circ}$ und $\boldsymbol{P}_\circ$; Speichere $\underline{\alpha}_1$ und $\rho\left(\tilde{\boldsymbol{\mathcal{A}}}_{1,1}\right)$ in $\underline{\alpha}_\circ$ und $\rho_\circ$
    ende wenn
    wenn die letzten zehn Iterationen lösbar waren **dann**
      Aktualisiere $\alpha_\Delta = 2\,\alpha_\Delta$
    ende wenn
    Setze $l = l + 1$
  sonst
    Aktualisiere $\underline{\alpha}_1 = \underline{\alpha}_1 - \alpha_\Delta$ und $\alpha_\Delta = 0{,}5\,\alpha_\Delta$
  ende wenn
ende solange

Ausgabe: : $\mathbb{K}_\circ$, $\mathbb{E}_\circ$, $\boldsymbol{P}_\circ$, $\underline{\alpha}_\circ$, $\rho_\circ$

Entscheidungsvariablen $\mathbb{E}$ gelöst werden. Die jeweils anderen Variablen werden als Konstanten vom vorherigen Schritt übernommen. Die Initialisierung erfolgt durch die Einsmatrix $\mathbb{E} = \mathbb{1}$. Für die Aktorrückführung wird stattdessen der Algorithmus 4.1 verwendet, da in dem Fall kein BMI-Problem auftritt.

Daher weist die zweifache Back-Calculation grundsätzlich die höchste und die Aktorrückführung die geringste Komplexität auf. Dies ist in der Tabelle 4.5 durch die Anzahl der benötigten LMIs und linearen Ungleichungen (LIs) sowie der Charakterisierung, ob es sich um ein LMI- oder ein BMI-Problem handelt, zusammengefasst. Der Rechenaufwand mit Aktorrückführung gleicht dem Aufwand ohne Anti-Windup-Methode.

Tabelle 4.5 Vergleich der Komplexität der drei Anti-Windup-Varianten

	ar	bc_1	bc_2
Anzahl LMIs	$3^m + 2 + N_{x0}$	$3^m + 2 + N_{x0}$	$6^m + 2 + N_{x0}$
Anzahl LIs	$2m$	$2m$	$2m$
LMI/BMI-Problem	LMI	BMI	BMI

Beispiel 10: Dynamische Ausgangsrückführung mit Anti-Windup
In Beispiel 9 wurde gezeigt, dass beim Entwurf einer dynamischen Ausgangsrückführung für das numerische Beispielsystem 3 eine statische Ausgangsrückführung berechnet wird, weil $\boldsymbol{A}_c \approx \boldsymbol{B}_c \approx \boldsymbol{C}_c \approx \boldsymbol{0}$ ist. Es wird daher untersucht, ob dieses Problem durch eine der erläuterten Anti-Windup-Methoden verhindert werden kann. Dazu werden die Frobeniusnormen von $\boldsymbol{A}_c$, $\boldsymbol{B}_c$, $\boldsymbol{C}_c$, $\boldsymbol{D}_c$ sowie die der Anti-Windup-Matrizen $\boldsymbol{E}$, $\boldsymbol{E}_1$ und $\boldsymbol{E}_2$ in der Tabelle 4.6 aufgetragen. Am Ende der Tabelle wird zudem der jeweils erreichte Spektralradius ρ angegeben.

Tabelle 4.6 Frobeniusnormen der Regelmatrizen des numerischen Beispielsystem 3 bei verschiedenen Anti-Windup-Varianten für die dynamische Ausgangsrückführung (DOF)

	DOF	$\mathrm{DOF}_{\mathrm{ar}}$	$\mathrm{DOF}_{\mathrm{bc}_1}$	$\mathrm{DOF}_{\mathrm{bc}_2}$
$\Vert\boldsymbol{A}_c\Vert_F$	$3{,}1478 \cdot 10^{-15}$	$3{,}3087 \cdot 10^{-15}$	1,0753	2,1392
$\Vert\boldsymbol{B}_c\Vert_F$	$1{,}0171 \cdot 10^{-20}$	$5{,}3543 \cdot 10^{-20}$	0,3569	0,4287
$\Vert\boldsymbol{C}_c\Vert_F$	$5{,}9589 \cdot 10^{-19}$	$4{,}1018 \cdot 10^{-19}$	4,3984	4,6339
$\Vert\boldsymbol{D}_c\Vert_F$	0,8766	0,8767	0,9189	1,0516
$\Vert\boldsymbol{E}\Vert_F$	–	$2{,}4035 \cdot 10^{-19}$	0,2199	–
$\Vert\boldsymbol{E}_1\Vert_F$	–	–	–	0,5322
$\Vert\boldsymbol{E}_2\Vert_F$	–	–	–	0,5340
ρ	0,9073	0,9073	0,6300	0,6081

Bei der Aktorrückführung sind alle Matrizen bis auf $\boldsymbol{D}_c$ beinahe $\boldsymbol{0}$. Zudem stimmen die Matrizen $\boldsymbol{D}_c$ bei den Varianten DOF und $\mathrm{DOF}_{\mathrm{ar}}$ nahezu überein, sodass hier das gleiche Regelgesetz mit dem gleichen Spektralradius wie ohne die Aktorrückführung berechnet wird. Hingegen werden mit den beiden Back-Calculation-Varianten $\mathrm{DOF}_{\mathrm{bc}_1}$ und $\mathrm{DOF}_{\mathrm{bc}_2}$ nun dynamische Regler berechnet, die den Spektralradius von $0{,}9073$ auf $0{,}6300$ bzw. $0{,}6081$ verringern. Der geringste Spektralradius wird mit der zweifachen Back-Calculation erreicht. In der Abbildung 4.12 werden die Trajektorien der beiden Varianten mit höchstem und geringstem Spektralradius (DOF und $\mathrm{DOF}_{\mathrm{bc}_2}$) gegenübergestellt. Die zweifache Back-Calculation führt bei diesem Beispielsystem nicht nur zu einer schnelleren Abklingrate, sondern auch zu weniger Oszillationen.

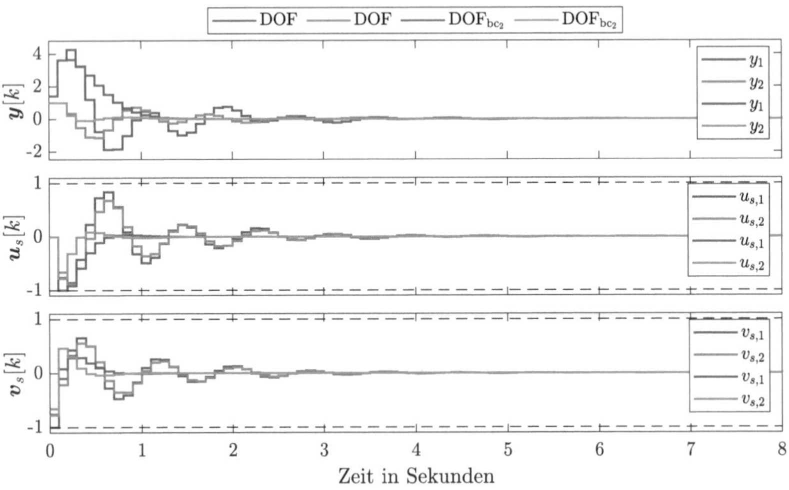

Abbildung 4.12 Trajektorien des numerischen Beispielsystem 3 mit DOF und $\mathrm{DOF}_{\mathrm{bc}_2}$

Um eine allgemeinere Aussage zu ermöglichen, ob sich nur die Back-Calculation-Methoden zum Entwurf dynamischer Ausgangsrückführungen eignen, werden die Beispielsysteme 1 – 18 untersucht. Im Diagramm 4.13 werden dabei die Lösungen markiert, bei denen $\|\boldsymbol{A}_c\|_F + \|\boldsymbol{B}_c\|_F + \|\boldsymbol{C}_c\|_F > 10^{-4}$ ist. In diesen Fällen kann geschlussfolgert werden, dass die Lösung eine dynamische (und keine statische) Ausgangsrückführung ist. Die Abbildung 4.13 zeigt, dass mit beiden Back-Calculation-Methoden stets eine dynamische Lösung berechnet wird. Die einzige Ausnahme ist das Beispielsystem 18, bei dem jedoch mit keiner der DOF-Varianten eine stabile Lösung gefunden wird. Die Aktorrückführung führt hingegen nur bei vier Beispielsystemen zu einer dynamischen Lösung, wobei in diesen Fällen auch eine allgemeine dynamische Ausgangsrückführung ohne Anti-Windup-Methode berechnet werden kann. Die genauen Werte von $\|\boldsymbol{A}_c\|_F + \|\boldsymbol{B}_c\|_F + \|\boldsymbol{C}_c\|_F$ und die Spektralradien ρ sowie ihre oberen Schranken $\overline{\rho}$ sind in Anhang A.6 im elektronischen Zusatzmaterial tabellarisch dargestellt.

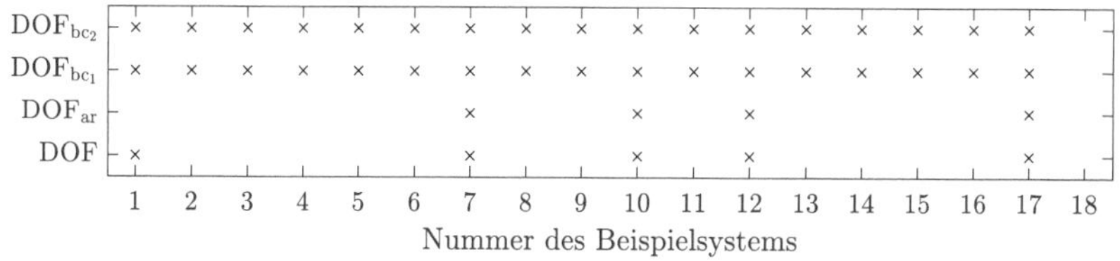

Abbildung 4.13 Lösungen der Anti-Windup-Varianten für die dynamische Ausgangsrückführung (DOF), die sich von der statischen Ausgangsrückführung (SOF) unterscheiden

Somit wird durch beide Back-Calculation-Methoden der Einsatz dynamischer Ausgangsrückführungen für MRS-Systeme ermöglicht. Durch die größere Anzahl an Freiheitsgraden können dabei gegenüber einer statischen Ausgangsrückführung höhere Abklingraten erreicht werden. Die meisten Freiheitsgrade entstehen durch die zweifache Back-Calculation, sodass diese meist zu den größten Abklingraten führt. Jedoch steigt bei dieser Variante die Komplexität und Rechenzeit, da mehr LMIs gelöst werden müssen (siehe Tabelle 4.5). Bei Systemen mit mehreren Eingängen kann es daher von Vorteil sein, die einfache Back-Calculation einzusetzen. Die Ergebnisse zeigen, dass der Einsatz einer dynamischen Ausgangsrückführung ohne Anti-Windup-Maßnahme oder mit Aktorrückführung für MRS-Systeme im Allgemeinen nicht geeignet ist.

Beispiel 11: Vergleich der drei Anti-Windup-Methoden für den PID-Regler

Nachfolgend wird das dynamische Verhalten eines Rührkessels (Beispielsystem 12) bezüglich der Abklingrate optimiert, indem für einen PID-Regler die drei verschiedenen Anti-Windup-Varianten eingesetzt werden. Dabei wird mit dem PID-Regler ohne Anti-Windup ein Spektralradius von $\rho = 0{,}9950$ erreicht. Die Aktorrückführung führt zu einer Verringerung auf $\rho = 0{,}9455$ und die einfache Back-Calculation auf $\rho = 0{,}9234$. Mit der zweifachen Back-Calculation wird für dieses Beispielsystem nur durch eine andere Initialisierung von $\mathbb{E} = \mathbf{0}$ anstatt der Einsmatrix eine gültige Lösung berechnet. Hieraus folgt der im Vergleich zur einfachen Back-Calculation größere Spektralradius $\rho = 0{,}9408$. Der Grund dafür ist, dass die Lösung eines BMI-Problems vom Startwert abhängt, da BMIs zum einen nicht konvex sind und zum anderen eine PK-Iteration eingesetzt wird. Die Initialisierung von $\mathbb{E}$ ist daher ein einstellbarer Parameter, bei dem für die meisten Beispielsysteme erfahrungsgemäß $\mathbb{E} = \mathbb{1}$ eine geeignete Wahl ist. Somit ist die Konvergenz in das globale Minimum nicht sichergestellt, was den größeren Spektralradius bei der zweifachen Back-Calculation trotz größerer Freiheitsgrade erklärt. Es ist möglich, dass der Spektralradius durch andere Initialisierungen von $\mathbb{E}$ weiter verringert werden kann.

In der Abbildung 4.14 werden die Verläufe der Ausgänge, der Stellgrößen und der Stellraten des Rührkessels für die vier Varianten des PID-Reglers bei initialer Auslenkung um $\boldsymbol{x}_0 = \begin{pmatrix}10 & 10 & 10 & 10\end{pmatrix}^{\mathrm{T}}$ gezeigt. Da die Trajektorienverläufe der Ausgänge $\boldsymbol{y}[k]$ zwischen 0 und 2 Sekunden kaum voneinander abweichen, wird der Bereich um die Ruhelage $\boldsymbol{x}_{\mathrm{R}} = 0$ gezeigt, um die Unterschiede genauer darzustellen. Nach 12 Sekunden besteht mit dem PID-Regler ohne Anti-Windup-Maßnahme eine sichtbare Regelabweichung, wohingegen alle Anti-Windup-Varianten die Ruhelage nahezu erreicht haben. Die Stellgrößen und -raten verweilen bei einer Regelung mit Back-Calculation länger in den Sättigungen, was zu schnelleren Abklingraten führt. Zudem erzeugt der PID-Regler mit Aktorrück-

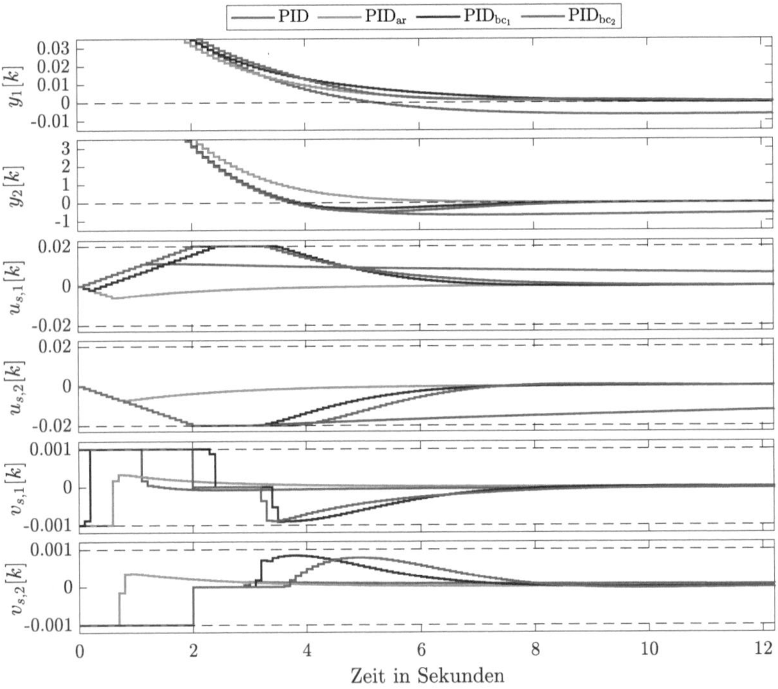

Abbildung 4.14 Trajektorien des Rührkessels (Beispielsystem 12) mit verschiedenen Anti-Windup-Varianten für den PID-Regler

führung einen grundsätzlich anderen Verlauf in den Stellgrößen und -raten (unter anderem werden keine Stellgrößenbeschränkungen erreicht) und ermöglicht dennoch schnelle Abklingraten. Das ist darauf zurückzuführen, dass einige Einträge in den Matrizen $\boldsymbol{K}_\mathrm{I}$ und $\boldsymbol{K}_\mathrm{D}$ nahezu 0 sind, wohingegen die Einträge in $\boldsymbol{E}$ verhältnismäßig groß sind (siehe Regelparameter in Anhang A.6 im elektronischen Zusatzmaterial). Somit geschieht eine Regelung hauptsächlich über die Anti-Windup-Struktur.

Durch die kleineren Spektralradien und anhand der Abbildung 4.14 zeigt sich, dass die Anti-Windup-Maßnahmen auch beim PID-Regler zu einer Optimierung des dynamischen Verhaltens führen. Bei dem dargestellten Beispielsystem eignen sich nicht nur die Back-Calculation-Methoden, sondern auch die Aktorrückführung. Die Back-Calculation-Methoden ermöglichen zwar die geringsten Spektralradien, jedoch erhöht die Aktorrückführung gegenüber eines PID-Reglers ohne Anti-Windup nicht die Komplexität (vgl. Tabelle 4.5). Da diese zu einem LMI- anstatt zu einem BMI-Problem führt, tritt zudem keine Problematik beim Finden geeigneter Startwerte für $\mathbb{E}$ auf.

4.5 Reduktion von Schwingungen

In den vorherigen Abschnitten wurden die Optimierungsprobleme zur Maximierung des Einzugsgebietes und der Abklingrate sowie einer Kombination der beiden betrachtet. Nun wird das Optimierungsproblem (3.47) zur Maximierung der Dämpfung gelöst. In Abschnitt 3.6 wird dazu die Kardioide konstanter Dämpfung durch eine AE abgeschätzt, die als D_R-Region dargestellt werden kann.

Durch die neue Methode aus Abschnitt 4.1 ist eine Polplatzierung in einer allgemeinen D_R-Region nicht realisierbar. Um jedoch die Vorzüge einer iterativen Vorgehensweise zu behalten, wird im Folgenden eine neue iterative Methode aus der Bedingung (3.43) zur Sicherstellung der D_R-Stabilität hergeleitet. Die Bedingung (3.43) ist noch keine LMI aufgrund der multiplikativen Verknüpfung von $\boldsymbol{P}$ und $\boldsymbol{K}$. Eine Umformung ist durch das folgende Lemma nach [72] möglich, das in Anhang A.3 im elektronischen Zusatzmaterial hergeleitet wird.

Lemma 4.1 (Theorem 3 in [72]). *Wenn* $\boldsymbol{P} = \boldsymbol{P}^\mathrm{T} \succ 0 \in \mathbb{R}^{n_z \times n_z}$, $\boldsymbol{Q}_1 \in \mathbb{R}^{n_\mathrm{dr} \times n_\mathrm{dr}}$ *und* $\boldsymbol{Q}_2 \in \mathbb{R}^{n_\mathrm{dr} \times n_\mathrm{dr}}$ *existieren, sodass*

$$\begin{pmatrix} \boldsymbol{R}_{11} \otimes \boldsymbol{P} + \mathrm{He}\big(\boldsymbol{Q}_1 (\boldsymbol{I} \otimes \boldsymbol{\mathcal{A}}(\boldsymbol{K}))\big) & \boldsymbol{R}_{12} \otimes \boldsymbol{P} + \big(\boldsymbol{I} \otimes \boldsymbol{\mathcal{A}}^\mathrm{T}(\boldsymbol{K})\big) \boldsymbol{Q}_2 - \boldsymbol{Q}_1 \\ \star & \boldsymbol{R}_{22} \otimes \boldsymbol{P} - \boldsymbol{Q}_2 - \boldsymbol{Q}_2^\mathrm{T} \end{pmatrix} \prec 0 \tag{4.62}$$

gilt, dann ist $\boldsymbol{\mathcal{A}}(\boldsymbol{K})$ D_R-stabil. Dabei ist n_{dr} die Dimension von $\boldsymbol{R}_{11} \otimes \boldsymbol{P}$ und n_z die Dimension von $\boldsymbol{\mathcal{A}}(\boldsymbol{K})$.

Durch Anwendung einer Kongruenztransformation mit $\boldsymbol{M} = \left(\boldsymbol{I}\ \boldsymbol{I} \otimes \boldsymbol{\mathcal{A}}^{\mathrm{T}}(\boldsymbol{K})\right)^{\mathrm{T}}$ auf die Ungleichung (4.62) folgt unmittelbar die ursprüngliche NLMI (3.43). Die Bedingung (4.62) ist beim Reglerentwurf durch die multiplikativen Verknüpfungen von $\boldsymbol{K}$ und $\boldsymbol{Q}_1$ bzw. $\boldsymbol{Q}_2$ keine LMI, daher wird $\boldsymbol{Q}_1 = \boldsymbol{R}_{12} \otimes \hat{\boldsymbol{P}}$ und $\boldsymbol{Q}_2 = \boldsymbol{R}_{22} \otimes \hat{\boldsymbol{P}}$ ersetzt, sodass

$$\begin{pmatrix} \boldsymbol{R}_{11} \otimes \boldsymbol{P} + \mathrm{He}\left(\boldsymbol{R}_{12} \otimes \left(\hat{\boldsymbol{P}}\boldsymbol{\mathcal{A}}(\boldsymbol{K})\right)\right) & \boldsymbol{R}_{12} \otimes \left(\boldsymbol{P} - \hat{\boldsymbol{P}}\right) + \boldsymbol{R}_{22} \otimes \left(\hat{\boldsymbol{P}}\boldsymbol{\mathcal{A}}(\boldsymbol{K})\right)^{\mathrm{T}} \\ \star & \boldsymbol{R}_{22} \otimes \left(\boldsymbol{P} - 2\hat{\boldsymbol{P}}\right) \end{pmatrix} \prec 0 \tag{4.63}$$

folgt. Hierbei ist $\hat{\boldsymbol{P}} = \hat{\boldsymbol{P}}^{\mathrm{T}} \succeq 0$, genau wie in Abschnitt 4.1, eine konstante Matrix. Dadurch werden die multiplikativen Verknüpfungen zwischen Entscheidungsvariablen verhindert, sodass die Bedingung (4.63) linear ist. Für $\hat{\boldsymbol{P}} = \boldsymbol{P}$ und mithilfe des Schur-Komplementes folgt aus der LMI (4.63) die Bedingung (3.43). Daher ist $\hat{\boldsymbol{P}}$ auch hier eine Approximation der Ljapunow-Matrix $\boldsymbol{P}$.

Für die Wahl von $\boldsymbol{R}_{11} = -r^2$, $\boldsymbol{R}_{12} = 0$ und $\boldsymbol{R}_{22} = 1$, also der Polplatzierung im konzentrischen Kreis mit dem Radius r, folgt aus der Ungleichung (4.63) die LMI

$$\begin{pmatrix} -r^2\boldsymbol{P} & \left(\hat{\boldsymbol{P}}\boldsymbol{\mathcal{A}}(\boldsymbol{\mathcal{K}})\right)^{\mathrm{T}} \\ \star & \boldsymbol{P} - 2\hat{\boldsymbol{P}} \end{pmatrix} \prec 0. \tag{4.64}$$

Durch eine Kongruenztransformation mit $\boldsymbol{M} = \begin{pmatrix} \boldsymbol{0} & \boldsymbol{I} \\ \hat{\boldsymbol{P}}^{-1} & \boldsymbol{0} \end{pmatrix}$ und der Änderung des Vorzeichens durch die Regel (2.21) kann gezeigt werden, dass dies der LMI (3.32) entspricht. Das folgende Theorem ist demnach eine Verallgemeinerung der Methodik von Dehnert et al. für die Polplatzierung in D_R-Regionen und resultiert aus den in diesem Abschnitt hergeleiteten LMI-Bedingungen und aus dem Theorem 4.2. Der geschlossene Regelkreis $\boldsymbol{\mathcal{A}}(\boldsymbol{\mathcal{K}})$ wird je nach Reglerstruktur durch die konvexe Hülle der Eckmatrizen $\tilde{\boldsymbol{\mathcal{A}}}_i$ oder $\tilde{\boldsymbol{\mathcal{A}}}_{i,j}$ aus den vorherigen Abschnitten beschrieben, wobei hier der Übersichtlichkeit halber von einer Reglerstruktur ohne Anti-Windup ausgegangen wird, die durch die Eckmatrizen $\tilde{\boldsymbol{\mathcal{A}}}_i$ gegeben ist.

Theorem 4.4 (Polplatzierung in konvexer D_R-Region). *Für alle Anfangszustände $\boldsymbol{x}_0 \in \mathcal{X}_0$ des Systems (4.39) ist das Gebiet $\mathcal{E}(\boldsymbol{P})$ kontraktiv invariant und damit ein gesichertes Einzugsgebiet, wenn $\boldsymbol{P} = \boldsymbol{P}^{\mathrm{T}} \succ 0 \in \mathbb{R}^{n_z \times n_z}$, $\mathbb{K}$ in entsprechenden Dimensionen, $\boldsymbol{\mathcal{H}}_1, \boldsymbol{\mathcal{H}}_2 \in \mathbb{R}^{m \times n_z}$, $\boldsymbol{W}_1, \boldsymbol{W}_2 \in \mathbb{R}^{m \times m}$ und $\gamma \leq 1$ existieren, sodass*

$$\begin{pmatrix} \boldsymbol{R}_{11} \otimes \boldsymbol{P} + \mathrm{He}\left(\boldsymbol{R}_{12} \otimes \left(\hat{\boldsymbol{P}}\tilde{\boldsymbol{\mathcal{A}}}_1\right)\right) & \boldsymbol{R}_{12} \otimes \left(\boldsymbol{P} - \hat{\boldsymbol{P}}\right) + \boldsymbol{R}_{22} \otimes \left(\hat{\boldsymbol{P}}\tilde{\boldsymbol{\mathcal{A}}}_1\right)^{\mathrm{T}} \\ \star & \boldsymbol{R}_{22} \otimes \left(\boldsymbol{P} - 2\hat{\boldsymbol{P}}\right) \end{pmatrix} \prec 0, \tag{4.65}$$

$$\begin{pmatrix} -\boldsymbol{P} & \left(\hat{\boldsymbol{P}}\tilde{\boldsymbol{\mathcal{A}}}_i\right)^{\mathrm{T}} \\ \star & \boldsymbol{P} - 2\hat{\boldsymbol{P}} \end{pmatrix} \prec 0, \; i = 2, \ldots, 3^m, \tag{4.66}$$

$$\begin{pmatrix} \boldsymbol{W}_1 & \boldsymbol{\mathcal{H}}_1 \\ \star & \boldsymbol{P} \end{pmatrix} \succ 0, \tag{4.67}$$

$$\begin{pmatrix} \boldsymbol{W}_2 & \boldsymbol{\mathcal{H}}_2 \\ \star & \boldsymbol{P} \end{pmatrix} \succ 0, \tag{4.68}$$

$$w_{1\{q,q\}} - u_{\max,q}^2 \leq 0, \; q = 1, \ldots, m, \tag{4.69}$$

$$w_{2\{q,q\}} - v_{\max,q}^2 \leq 0, \; q = 1, \ldots, m, \tag{4.70}$$

$$\begin{pmatrix} \gamma & \boldsymbol{x}_{0,s}^{\mathrm{T}}\boldsymbol{P} \\ \star & \boldsymbol{P} \end{pmatrix} \succ 0, \; s = 1, \ldots, N_{x0} \tag{4.71}$$

mit der konstanten Matrix $\hat{\boldsymbol{P}} = \hat{\boldsymbol{P}}^{\mathrm{T}} \succeq 0$ und den konstanten Parametern $\boldsymbol{R}_{11} = \boldsymbol{R}_{11}^T$ und $\boldsymbol{R}_{22} = \boldsymbol{R}_{22}^T \succeq 0$ gilt.

Die zusätzlichen Bedingungen $\boldsymbol{R}_{11} = \boldsymbol{R}_{11}^{\mathrm{T}}$ und $\boldsymbol{R}_{22} = \boldsymbol{R}_{22}^{\mathrm{T}} \succeq 0$ stellen sicher, dass die D_R-Region konvex ist. Die LMIs (4.66) folgen durch $\boldsymbol{R}_{11} = -1$, $\boldsymbol{R}_{12} = 0$ und $\boldsymbol{R}_{22} = 1$, was einer Polplatzierung im Einheitskreis entspricht. Dies verringert die Konservativität, da ausschließlich die Dämpfung der Eckmatrix $\tilde{\boldsymbol{\mathcal{A}}}_1$ optimiert werden muss und es für die anderen Ecken ausreicht, Stabilität sicherzustellen (vgl. Beispiel 4).

Das Theorem 4.4 ermöglicht die Berücksichtigung unterschiedlicher D_R-Regionen. Zudem sind Schnittmengen zusammengesetzter Bereiche denkbar, indem mehrere Bedingungen (4.65) mit unterschiedlicher Wahl der Parameter $\boldsymbol{R}_{11}$, $\boldsymbol{R}_{12}$ und $\boldsymbol{R}_{22}$ gleichzeitig gefordert werden. Für eine Maximierung der Dämpfung zur Verhinderung von Schwingungen erfolgt eine Polplatzierung der Eigenwerte von $\tilde{\boldsymbol{\mathcal{A}}}_1$ in einer AE. Dazu werden die LMIs aus Theorem 4.4 für konstante Werte von $\boldsymbol{R}_{11}$, $\boldsymbol{R}_{12}$ und $\boldsymbol{R}_{22}$ gemäß den Definitionen (3.44)-(3.46) gelöst. Die AE ist durch die beiden Parameter λ^r_{AE} und $\overline{\vartheta}$ festgelegt. Durch die obere Schranke $\overline{\vartheta}$ des Dämpfungswinkels wird die gewünschte Mindestdämpfung eingestellt und die Wahl von λ^r_{AE} wirkt sich auf den Neigungswinkel der Geraden durch den Punkt $(1, 0)$ aus. Dies ist im linken Teil der Abbildung 4.15 durch eine Kardioide (schwarz) mit dem Dämpfungswinkel $\overline{\vartheta} = 70°$ und drei AEs mit unterschiedlicher Wahl von λ^r_{AE} veranschaulicht. Dabei ist in gelb $\lambda^r_{\mathrm{AE}} = 0{,}5$, in blau $\lambda^r_{\mathrm{AE}} = 0{,}7$ und in rot $\lambda^r_{\mathrm{AE}} = 0{,}9$ gezeigt. In der Veröffentlichung [78] wird beschrieben, dass der Wert λ^r_{AE} vom Benutzer auszuwählen ist und in [43] wird λ^r_{AE} empirisch eingestellt. Um eine strukturiertere Auswahl für λ^r_{AE} zu treffen, wird im Folgenden die Differenz der Flächeninhalte zwischen der Kardioide und der AE berücksichtigt. Dazu werden im rechten Teil der Abbildung 4.15 für feste Dämpfungswinkel $\overline{\vartheta}$ in 1°-Schritten die Werte von λ^r_{AE} mit der geringsten Abweichung der Flächeninhalte in 0,01er Schritten als schwarze Kreise aufgetragen. Mithilfe der aus diesen Daten gewonnenen Trendlinie

$$\lambda^r_{\mathrm{AE}} = 0{,}4766 \cdot e^{0{,}0003438\overline{\vartheta}} + 1{,}244 \cdot 10^{-5} \cdot e^{0{,}1145\overline{\vartheta}}, \tag{4.72}$$

die im rechen Teil der Abbildung 4.15 als schwarze Linie dargestellt ist, erfolgt die Auswahl eines geeigneten Wertes für λ^r_{AE} abhängig von der oberen Schranke $\overline{\vartheta}$ des Dämpfungswinkels.

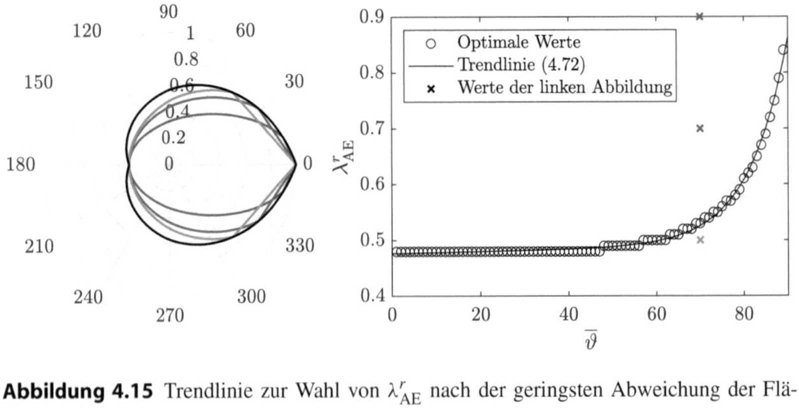

Abbildung 4.15 Trendlinie zur Wahl von λ^r_{AE} nach der geringsten Abweichung der Flächeninhalte

Algorithmus 4.4 Iterativer Algorithmus zur Maximierung der Dämpfung

```
Initialisierung: : P̂ = P∘ aus Algorithmus 4.1, γ = 1, ϑ̄ = ϑ̄∘ = ϑ∘ = 90°, ϑ_Δ, ε_ϑ
Deklariere die Entscheidungsvariablen P, W_1, W_2, 𝕂, 𝓗_1, 𝓗_2
solange ϑ_Δ > ε_ϑ wiederhole
  Aktualisiere ϑ̄ = ϑ̄ − ϑ_Δ und λ^r_AE gemäß der Trendlinie (4.72)
  Finde ein P ≻ 0 sodass (4.65)–(4.71) für die aktuellen Werte von P̂, ϑ̄ und λ^r_AE mit
    R_11, R_12, R_22 aus den Ausdrücken (3.44)–(3.46) gelten
  wenn das Validierungsproblem lösbar ist dann
    Aktualisiere P̂ = P
    Berechne ϑ durch die Zusammenhänge (3.38) und (4.73)
    wenn ϑ < ϑ∘ dann
      Speichere die Ergebnisse von 𝕂 und P in 𝕂∘ und P∘
      Speichere ϑ̄ und ϑ in ϑ̄∘ und ϑ∘
    ende wenn
    wenn die letzten zehn Iterationen lösbar waren dann
      Aktualisiere ϑ_Δ = 2 ϑ_Δ
    ende wenn
  sonst
    Aktualisiere ϑ̄ = ϑ̄ + ϑ_Δ und ϑ_Δ = 0,5ϑ_Δ
  ende wenn
ende solange
Ausgabe: : 𝕂∘, P∘, ϑ̄∘, ϑ∘
```

Da die neue Methode ebenso wie die ursprüngliche Methode von Dehnert et al. eine Approximation von $\boldsymbol{P}$ enthält, sind die LMI-Bedingungen (4.65)-(4.71) konservativ, wenn $\boldsymbol{P}$ und $\hat{\boldsymbol{P}}$ zu stark voneinander abweichen. Daher wird auch hier ein iteratives Verfahren eingesetzt. Zunächst wird der Algorithmus 4.1 angewendet, um eine hinreichend genaue Approximation $\hat{\boldsymbol{P}}$ zu finden. Danach wird mithilfe des Algorithmus 4.4 die obere Schranke $\overline{\vartheta}$ des Dämpfungswinkels sukzessive minimiert. Dies erhöht die Dämpfung des geschlossenen Regelkreises und reduziert somit Schwingungen. Dabei wird λ^r_{AE} zu jedem Iterationsschritt gemäß der Trendlinie (4.72) auf den aktuellen Wert der oberen Schranke $\overline{\vartheta}$ des Dämpfungswinkels adaptiert. Das Verfahren wird so lange wiederholt, bis keine signifikante Verkleinerung der oberen Schranke $\overline{\vartheta}$ mehr erfolgt, was durch eine geringe Schrittweite $\vartheta_\Delta \leq \varepsilon_\vartheta$ charakterisiert wird. Zudem wird der reale Dämpfungswinkel ϑ berechnet und das Ergebnis nur in den Iterationsschritten gespeichert, in denen der Dämpfungswinkel gegenüber des bereits gespeicherten Wertes verkleinert wurde. Zur Berechnung von ϑ werden die Eigenwerte von $\tilde{\boldsymbol{\mathcal{A}}}_1$ zunächst durch

$$\lambda_c = \frac{\mathrm{Log}\,(\lambda_d)}{T_A} \tag{4.73}$$

zu zeitkontinuierlichen Eigenwerten transformiert (vgl. Abschnitt 2.2), wobei $\text{Log}\,(\lambda_d)$ der Hauptwert des Logarithmus ist. Für negative reelle Zahlen von λ_d wird der Hauptzweig verwendet und $\lambda_d = 0$ wird nicht transformiert. Mit dem Zusammenhang (3.38) wird daraus der reale Dämpfungswinkel ϑ bestimmt.

Beispiel 12: Vergleich der LMI-Formulierungen aus den Theoremen 4.2 und 4.4

Für die Polplatzierung in einem Kreis mit dem Radius r sind die Ljapunow-Bedingungen der Theoreme 4.2 und 4.4 ineinander umrechenbar, wie die LMI (4.64) zeigt. Jedoch kann sich aufgrund der Umformungen die Konservativität der Lösung verändern. Daher werden die LMI-Formulierungen der beiden Theoreme anhand der 18 Beispielsysteme verglichen. Dazu werden vollständige Zustandsrückführungen durch den Algorithmus 4.1 entworfen, wobei die LMI-Bedingungen entweder aus dem Theorem 4.2 oder 4.4 verwendet werden.

Die Ergebnisse von $\overline{\rho}$ und ρ sind in der Abbildung 4.16 in Form eines Säulendiagramms und in Anhang A.6 im elektronischen Zusatzmaterial tabellarisch gegenübergestellt. Bei den meisten Beispielsystemen weisen die Lösungen marginale Unterschiede auf, die auf numerische Abweichungen zurückzuführen sind.

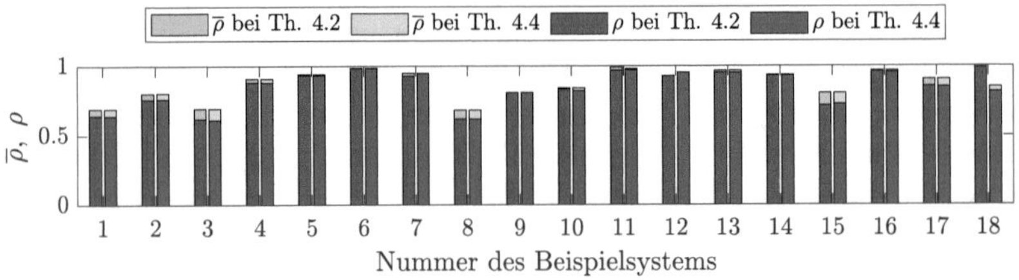

Abbildung 4.16 Säulendiagramm der Ergebnisse $\overline{\rho}$ und ρ für vollständige Zustandsrückführungen mit Theorem 4.2 und 4.4

Das einzige Beispielsystem, bei dem ein großer Unterschied feststellbar ist, ist die F/A-18 HARV (Beispielsystem 18). Dabei wird der Spektralradius ρ durch die neue Methode um 17 % verringert. Für eine genauere Analyse sind die Verläufe von $\underline{\alpha}_1$ und α_Δ während der Iteration in der Abbildung 4.17 dargestellt. Mit dem Theorem 4.2 werden ca. acht mal mehr Schritte als mit dem Theorem 4.4 benötigt, um eine stabile Lösung mit $\underline{\alpha}_1 \geq 1$ zu berechnen. Nach 3147 Iterationen wird das Abbruchkriterium $\varepsilon_\alpha = 10^{-9}$ erreicht. Mit dem Theorem 4.4 wird nicht nur eine schnellere Konvergenz ermöglicht, sondern der Abbruchkriterium wird auch erst erreicht, wenn bereits ein größerer Wert für $\underline{\alpha}_1$ gefunden ist.

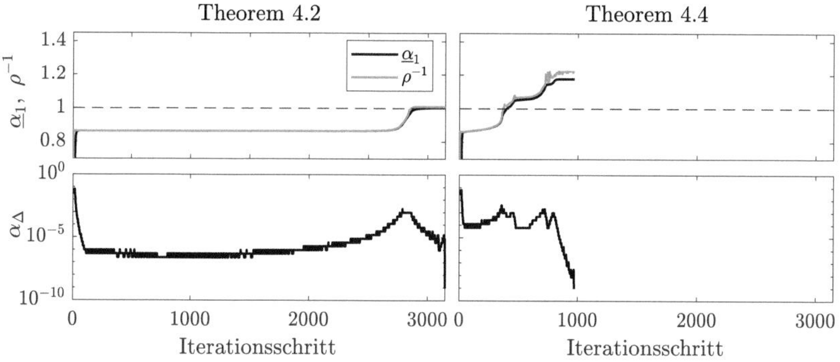

Abbildung 4.17 Verläufe von $\underline{\alpha}_1$, ρ^{-1} und α_Δ während der Iteration beim Entwurf vollständiger Zustandsrückführungen für die F/A-18 HARV (Beispielsystem 18) mit Theorem 4.2 und 4.4

Dieses Beispiel zeigt mehrere Eigenschaften des Algorithmus auf. Zum einen wird nochmals der Vorteil der beidseitigen Schrittweitenregelung deutlich. Da die Schrittweite α_Δ mit dem Theorem 4.2 im Bereich um 1000 Iterationsschritte bei $2{,}3842 \cdot 10^{-7}$ liegt, verringert die beidseitige Schrittweitenregelung die Rechenzeit durch die Möglichkeit, die Schrittweite erneut anzuheben. Zum anderen zeigt sich die Abhängigkeit des Ergebnisses vom Abbruchkriterium, da durch eine beispielhafte Wahl von $\varepsilon_\alpha = 10^{-6}$ mit Theorem 4.2 ein frühzeitiger Abbruch stattfinden und keine stabile Lösung gefunden werden würde. Es ist demnach möglich, dass eine andere Wahl von ε_α in einigen der gezeigten Beispielen zu anderen Ergebnissen führt. Dieses Beispiel zeigt somit, dass die Lösung von vielen Faktoren beeinflusst wird. Somit können auch geringe Unterschiede in den LMI-Bedingungen bei gleichen Einstellparametern zu anderen Ergebnissen führen.

Bei einem Vergleich der Rechenzeit und der Anzahl der Iterationen, die in Anhang A.6 im elektronischen Zusatzmaterial tabellarisch zusammengefasst sind, bestehen meist ebenfalls nur geringe Unterschiede, die nicht ins Gewicht fallen, weil alle Ergebnisse innerhalb weniger Minuten berechnet werden. Daher kann geschlussfolgert werden, dass das neue Theorem 4.4 grundsätzlich eine gleichwertige Methode zu dem Theorem 4.2 darstellt und die Konservativität nicht erhöht. Ebenfalls ergibt sich durch die Darstellung der Bedingung (4.64) eine alternative Variante der iterativen Methode.

Beispiel 13: Maximierung der Dämpfung
Im Folgenden wird der Effekt der Schwingungsreduktion veranschaulicht. Dazu werden für die Beispielsysteme 1 – 18 mit dem neuen Theorem 4.4 vollständige Zustandsrückführungen entworfen. Im Anschluss an den Algorithmus 4.1 wird dazu der Algorithmus 4.4 mit $\varepsilon_\vartheta = 10^{-4}$ und $\boldsymbol{R}_{11}$, $\boldsymbol{R}_{12}$ und $\boldsymbol{R}_{22}$ gemäß den Definitionen (3.44)-(3.46) ausgeführt. Dadurch werden die Eigenwerte der Systemmatrix $\tilde{\boldsymbol{\mathcal{A}}}_1$ in einer AE platziert, dessen oberen Schranke $\overline{\vartheta}$ des Dämpfungswinkels minimiert wird. Um die Ergebnisse in Relation zu den bisherig gelösten Optimierungsprobleme zu setzen, wird zudem durch die Wahl von $\boldsymbol{R}_{11} = -r^2$, $\boldsymbol{R}_{12} = 0$ und $\boldsymbol{R}_{22} = 1$ und das Ausführen von Algorithmus 4.1 die Abklingrate maximiert.

In der Abbildung 4.18 werden die Ergebnisse der oberen Schranken $\overline{\vartheta}$ und der realen Dämpfungswinkel ϑ der beiden Optimierungsprobleme gegenübergestellt. In einigen Beispielen liegt der reale Dämpfungswinkel durch die Maximierung der Dämpfung bei $\vartheta = 0°$, was einer Polplatzierung auf der positiven reellen Achse entspricht. Dadurch werden Oszillationen vollständig verhindert. Bei der Maximierung der Abklingrate hingegen wird die obere Schranke $\overline{\vartheta} = 90°$ nicht restriktiert, weswegen auch der reale Dämpfungswinkel ϑ grundsätzlich größer ist.

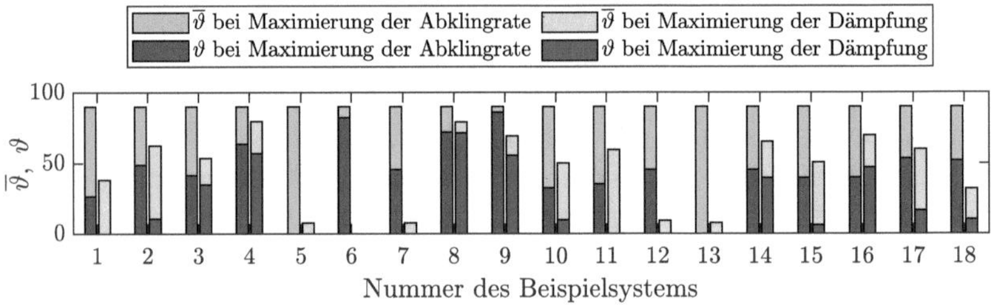

Abbildung 4.18 Säulendiagramme der Ergebnisse $\overline{\vartheta}$ und ϑ bei der Maximierung der Abklingrate oder der Dämpfung für vollständige Zustandsrückführungen

Das einzige Beispielsystem, bei dem dies nicht zutrifft, ist das Beispielsystem 16. Dies ist darauf zurückzuführen, dass durch den Algorithmus 4.1 eine Lösung gefunden wird, die einen kleinen Dämpfungswinkel ϑ aufweist, ohne dass dies gefordert war. Da während des anschließenden Ausführens von Algorithmus 4.4 zu jedem Iterationsschritt die Approximation $\hat{\boldsymbol{P}}$ verändert wird, ist nicht sichergestellt, dass weitere Iterationen zu einer Verkleinerung des realen Dämpfungswinkels führen. Dies verdeutlicht die Notwendigkeit in den Algorithmen zum Speichern des Ergebnisses mit dem kleinsten Gütemaß ρ, γ oder ϑ und kann auch hier umgesetzt werden, indem bereits in Algorithmus 4.1 das Ergebnis mit dem geringsten

Dämpfungswinkel gesichert wird. Dieses kann in einem Fall wie bei dem Beispielsystem 16 wiederhergestellt werden.

Um das dynamische Verhalten eines bezüglich der Dämpfung optimierten Regelkreises zu visualisieren und um zu zeigen, dass auch die anderen Reglerstrukturen aus der Tabelle 4.3 entworfen werden können, wird für den instabilen VTOL-Helikopter (Beispielsystem 15) exemplarisch eine beobachterbasierte strukturierte Zustandsrückführung (OSSF) parametriert. Dabei wird nach der Maximierung der Dämpfung ein Dämpfungswinkel von $\vartheta = 27{,}1399°$ mit der oberen Schranke $\overline{\vartheta} = 54{,}5695°$ erreicht. Der Dämpfungswinkel nach der Maximierung der Abklingrate ist $\vartheta = 70{,}2408°$. Die Trajektorien bei Maximierung der Abklingrate und bei Maximierung der Dämpfung sind in der Abbildung 4.19 bei initialer Auslenkung um $\boldsymbol{x}_0 = \begin{pmatrix}0{,}1 & 0{,}1 & 0{,}1 & 0{,}1\end{pmatrix}^{\mathrm{T}}$ gezeigt. Der geringere Dämpfungswinkel ϑ nach der Maximierung der Dämpfung führt bei diesem Beispielsystem zu weniger Oszillationen, ohne dass das Abklingverhalten signifikant verlangsamt wird.

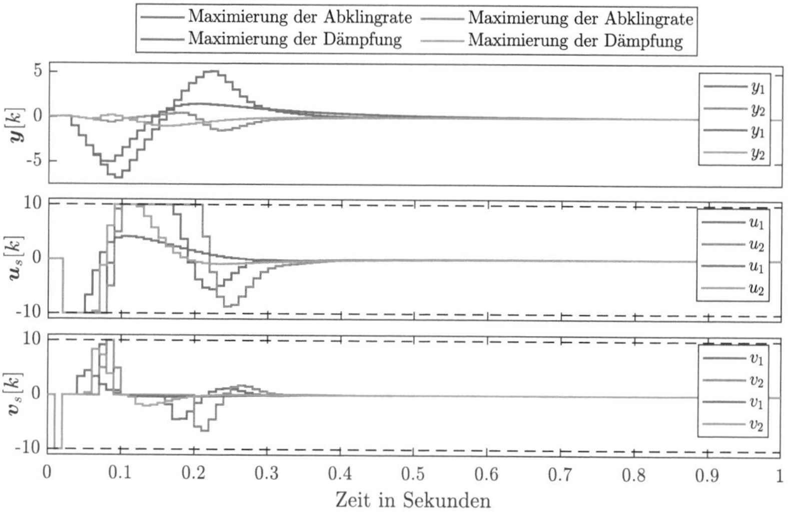

Abbildung 4.19 Trajektorien des instabilen VTOL-Helikopters (Beispielsystem 15) bei der Maximierung der Abklingrate oder der Dämpfung mit beobachterbasierter strukturierter Zustandsrückführung (OSSF)

Die alleinige Maximierung der Dämpfung kann im Allgemeinen jedoch zu größeren Spektralradien führen, weil sie durch die Polplatzierung in einer AE nicht beschränkt werden. Abhilfe schafft ein kombiniertes Optimierungsproblem. Beispielsweise ist eine Polplatzierung in der Schnittmenge der AE und eines Kreises mit dem Radius $\overline{\rho} < 1$ möglich, indem die Bedingungen (4.25) und (4.65) mit einer Mindestabklingrate (korrespondierend zu $\underline{\alpha}_1 = \underline{\alpha}_e$) gleichzeitig gefordert werden.

4.6 Sättigungsabhängige Ljapunow-Funktionen

Bisher wurde zur Sicherstellung der Stabilität eine quadratische Ljapunow-Funktion (QLF) verwendet. Bei Systemen mit unsicheren Parametern eignet sich stattdessen eine parameterabhängige Ljapunow-Funktion (PDLF), um die Konservativität zu verringern. Dazu existieren zahlreiche Quellen, wie beispielsweise [15, 16, 102]. In dieser Arbeit werden keine unsicheren Systeme betrachtet, jedoch wird das vorliegende System von den aktuellen Sättigungszuständen beeinflusst. Daher können die aus einer QLF formulierten LMI-Bedingungen für beschränkte Systeme konservativ sein [54].

In [13] wird gezeigt, dass für Systeme mit Stellgrößenbeschränkungen mithilfe einer sättigungsabhängigen Ljapunow-Funktion (SDLF) für einen gegebenen Regler größere gesicherte Einzugsgebiete berechnet werden können. Dabei wird ein Parameter eingeführt, der die aktuelle Information über die Sättigung angibt. Diese sättigungsabhängige Ljapunow-Funktion wird auch in [61] und [96] verwendet, wobei die Analyse der Abklingrate und der L_2-Norm im Fokus stehen. Auch hier werden jedoch nur Stellgrößenbeschränkungen berücksichtigt.

In [19] wird eine sättigungsabhängige Ljapunow-Funktion für Systeme mit Stellgrößenbeschränkungen in Kombination mit der iterativen Methode von Dehnert et al. verwendet. Dies wird nun auf MRS-Systeme erweitert. Hierbei wird zur Übersicht erneut davon ausgegangen, dass eine Reglerstruktur ohne Anti-Windup entworfen wird, sodass der geschlossene Regelkreis in der Form (4.39) mit den Eckmatrizen $\tilde{\mathcal{A}}_i$ beschrieben werden kann.

Bisher wurde die geschachtelte Sättigungsfunktion als konvexe Hülle

$$\mathbf{sat}_V\left(\mathbf{sat}_U\left(\mathcal{K}z\left[k\right]\right) + \mathcal{F}z\left[k\right]\right) \in \operatorname{conv}\left\{\Xi_i z\left[k\right],\ i = 1, \ldots, 3^m\right\} \tag{4.74}$$

dargestellt. Dies bedeutet, dass zu jedem Zeitpunkt k ein Vektor $\boldsymbol{\eta}\left[k\right]$ mit 3^m Einträgen η_i mit der Eigenschaft

$$\sum_{i=1}^{3^m} \eta_i\left[k\right] = 1,\ \eta_i\left[k\right] \geq 0\ \forall\, i = 1, \ldots, 3^m \tag{4.75}$$

existiert, sodass

$$\mathbf{sat}_V\left(\mathbf{sat}_U\left(\mathcal{K}z\left[k\right]\right)+\mathcal{F}z\left[k\right]\right)=\sum_{i=1}^{3^m}\eta_i\left[k\right]\Xi_i z\left[k\right] \tag{4.76}$$

gilt [42]. Der zeitvariante Vektor $\boldsymbol{\eta}\left[k\right]$ beschreibt die aktuellen Zustände der verschachtelten Sättigung. Dadurch kann der geschlossene Regelkreis in der Form (4.39) auch durch

$$z\left[k+1\right]=\tilde{\mathcal{A}}\left(\boldsymbol{\eta}\left[k\right]\right)z\left[k\right],\quad \tilde{\mathcal{A}}\left(\boldsymbol{\eta}\left[k\right]\right)=\sum_{i=1}^{3^m}\eta_i\left[k\right]\tilde{\mathcal{A}}_i \tag{4.77}$$

dargestellt werden. Eine sättigungsabhängige Ljapunow-Funktion wird dann in Anlehnung an [13] durch

$$V\left(z\left[k\right],\boldsymbol{\eta}\left[k\right]\right)=z^{\mathrm{T}}\left[k\right]\mathcal{P}\left(\boldsymbol{\eta}\left[k\right]\right)z\left[k\right],\quad \mathcal{P}\left(\boldsymbol{\eta}\left[k\right]\right)=\sum_{i=1}^{3^m}\eta_i\left[k\right]\boldsymbol{P}_i \tag{4.78}$$

mit $\boldsymbol{P}_i \succ 0, i=1,\ldots,3^m$ definiert. Somit ist die Ljapunow-Matrix abhängig von dem sättigungsabhängigen Parametervektor $\boldsymbol{\eta}\left[k\right]$. Für $m=1$ folgt daraus die Struktur

$$V\left(z\left[k\right],\boldsymbol{\eta}\left[k\right]\right)=z^{\mathrm{T}}\left[k\right]\left(\eta_1\left[k\right]\boldsymbol{P}_1+\eta_2\left[k\right]\boldsymbol{P}_2+\eta_3\left[k\right]\boldsymbol{P}_3\right)z\left[k\right] \tag{4.79}$$

der SDLF für den geschlossenen Regelkreis

$$z\left[k+1\right]=\left(\eta_1\left[k\right]\tilde{\mathcal{A}}_1+\eta_2\left[k\right]\tilde{\mathcal{A}}_2+\eta_3\left[k\right]\tilde{\mathcal{A}}_3\right)z\left[k\right]. \tag{4.80}$$

Die Funktionen $V\left(z\left[k\right],\boldsymbol{\eta}\left[k\right]\right)$ und $\Delta V\left(z\left[k\right],\boldsymbol{\eta}\left[k\right]\right)$ sind stetig und durch die Eigenschaften $\eta_i\left[k\right]\geq 0$ und $\boldsymbol{P}_i \succ 0\ \forall\, i=1,\ldots,3^m$ ist sichergestellt, dass $V\left(z\left[k\right],\boldsymbol{\eta}\left[k\right]\right)\succ 0$ gilt. Somit muss für die direkte Methode von Ljapunow lediglich die dritte Bedingung

$$V\left(z\left[k+1\right],\boldsymbol{\eta}\left[k+1\right]\right)-V\left(z\left[k\right],\boldsymbol{\eta}\left[k\right]\right)\prec 0 \tag{4.81}$$

überprüft werden. Diese kann durch

$$z^{\mathrm{T}}[k+1]\,\boldsymbol{\mathcal{P}}(\boldsymbol{\eta}[k+1])\,z[k+1]-z^{\mathrm{T}}[k]\,\boldsymbol{\mathcal{P}}(\boldsymbol{\eta}[k])\,z[k]<0 \tag{4.82}$$

$$\Leftrightarrow\quad \left(\tilde{\boldsymbol{\mathcal{A}}}(\boldsymbol{\eta}[k])\,z[k]\right)^{\mathrm{T}}\boldsymbol{\mathcal{P}}(\boldsymbol{\eta}[k+1])\left(\tilde{\boldsymbol{\mathcal{A}}}(\boldsymbol{\eta}[k])\,z[k]\right)-z^{\mathrm{T}}[k]\,\boldsymbol{\mathcal{P}}(\boldsymbol{\eta}[k])\,z[k]<0 \tag{4.83}$$

$$\Leftrightarrow\quad \tilde{\boldsymbol{\mathcal{A}}}^{\mathrm{T}}(\boldsymbol{\eta}[k])\,\boldsymbol{\mathcal{P}}(\boldsymbol{\eta}[k+1])\,\tilde{\boldsymbol{\mathcal{A}}}(\boldsymbol{\eta}[k])-\boldsymbol{\mathcal{P}}(\boldsymbol{\eta}[k])\prec 0 \tag{4.84}$$

umgeformt werden. Dadurch tritt in der Ungleichung sowohl $\boldsymbol{\mathcal{P}}(\boldsymbol{\eta}[k])$ als auch das Inkrement $\boldsymbol{\mathcal{P}}(\boldsymbol{\eta}[k+1])$ auf. Aufgrund der Eigenschaften (4.75) ist jedoch sichergestellt, dass $\boldsymbol{\mathcal{P}}(\boldsymbol{\eta}[k])$ und ebenso $\boldsymbol{\mathcal{P}}(\boldsymbol{\eta}[k+1])$ in der konvexen Hülle $\operatorname{conv}\{\boldsymbol{P}_i,\ i=1,\ldots,3^m\}$ liegen. Daher wird

$$\boldsymbol{\mathcal{P}}(\boldsymbol{\eta}[k+1])=\sum_{i=1}^{3^m}\eta_i[k+1]\,\boldsymbol{P}_i=\sum_{j=1}^{3^m}\eta_j[k]\,\boldsymbol{P}_j \tag{4.85}$$

definiert [15, 19], sodass aus der Ljapunow-Bedingung (4.84)

$$\left(\sum_{i=1}^{3^m}\eta_i[k]\,\tilde{\boldsymbol{\mathcal{A}}}_i\right)^{\mathrm{T}}\left(\sum_{j=1}^{3^m}\eta_j[k]\,\boldsymbol{P}_j\right)\left(\sum_{i=1}^{3^m}\eta_i[k]\,\tilde{\boldsymbol{\mathcal{A}}}_i\right)-\left(\sum_{i=1}^{3^m}\eta_i[k]\,\boldsymbol{P}_i\right)\prec 0 \tag{4.86}$$

folgt. Aufgrund der Eigenschaft (4.75) von η_i und η_j ist es hinreichend, die Ungleichung für alle Kombinationen der Eckmatrizen sicherzustellen, sodass die Bedingung als 9^m Ungleichungen

$$\tilde{\boldsymbol{\mathcal{A}}}_i^{\mathrm{T}}\boldsymbol{P}_j\tilde{\boldsymbol{\mathcal{A}}}_i-\boldsymbol{P}_i\prec 0,\ i=1,\ldots,3^m,\ j=1,\ldots,3^m \tag{4.87}$$

umformuliert wird [15]. Damit entstehen 3^m Ellipsoide

$$\mathcal{E}(\boldsymbol{P}_i)=\left\{z\in\mathbb{R}^{n_z}:z^{\mathrm{T}}\boldsymbol{P}_i z\leq 1\right\}, \tag{4.88}$$

deren Schnittmenge $\bigcap_{i=1}^{3^m}\mathcal{E}(\boldsymbol{P}_i)$ ein gesichertes Einzugsgebiet ist. Die vorgegebene konvexe Menge der Anfangsbedingungen $\boldsymbol{\mathcal{X}}_0$ muss nun innerhalb der Schnittmenge $\bigcap_{i=1}^{3^m}\mathcal{E}(\boldsymbol{P}_i)$ liegen. Auch die Bedingung $\bigcap_{i=1}^{3^m}\mathcal{E}(\boldsymbol{P}_i)\subseteq\mathcal{L}_U(\boldsymbol{K})\cap\mathcal{L}_V(\boldsymbol{K}+\boldsymbol{F})$, die sicherstellt, dass die Hilfsregler $\mathcal{H}_1$ und $\mathcal{H}_2$ zu keiner Sättigung führen, muss demnach für alle $\boldsymbol{P}_i$ gelten.

Auf Basis der iterativen Methode von Dehnert et al. für SDLFs (vgl. [19]) werden die nichtlinearen Ljapunow-Ungleichungen (4.87) durch das Schur-Komplement und die Kongruenztransformation mit $\boldsymbol{M} = \operatorname{diag}\left(\hat{\boldsymbol{P}}_j, \boldsymbol{I}\right)$ zu den LMIs

$$\begin{pmatrix} \boldsymbol{P}_j^{-1} & \tilde{\boldsymbol{\mathcal{A}}}_i \\ \star & \boldsymbol{P}_i \end{pmatrix} \succ 0 \Rightarrow \begin{pmatrix} \hat{\boldsymbol{P}}_j \boldsymbol{P}_j^{-1} \hat{\boldsymbol{P}}_j & \hat{\boldsymbol{P}}_j \tilde{\boldsymbol{\mathcal{A}}}_i \\ \star & \boldsymbol{P}_i \end{pmatrix} \succ 0, \; i = 1, \ldots, 3^m, \; j = 1, \ldots, 3^m \tag{4.89}$$

mit den konstanten Matrizen $\hat{\boldsymbol{P}}_j = \hat{\boldsymbol{P}}_j^{\mathrm{T}}$ umformuliert. Aus der Ungleichung (3.25) der Basismethode von Dehnert et al. folgt durch eine Kongruenztransformation mit $\boldsymbol{M} = \hat{\boldsymbol{P}}_j$ der Zusammenhang

$$\hat{\boldsymbol{P}}_j \boldsymbol{P}_j^{-1} \hat{\boldsymbol{P}}_j \succeq 2\hat{\boldsymbol{P}}_j - \boldsymbol{P}_j \tag{4.90}$$

für alle $j = 1, \ldots, 3^m$. Dies garantiert, dass bei Erfüllung der LMIs

$$\begin{pmatrix} 2\hat{\boldsymbol{P}}_j - \boldsymbol{P}_j & \hat{\boldsymbol{P}}_j \tilde{\boldsymbol{\mathcal{A}}}_i \\ \star & \boldsymbol{P}_i \end{pmatrix} \succ 0, \; i = 1, \ldots, 3^m, \; j = 1, \ldots, 3^m \tag{4.91}$$

ebenfalls die NLMIs (4.89) gelten. An dieser Stelle sei zudem auf die Ähnlichkeit zu der LMI (4.64) aus der Methode zur Schwingungsreduktion verwiesen.

Analog zu der allgemeinen Methode aus Abschnitt 4.1 wird auch hier $\underline{\alpha}_1$ und $\underline{\alpha}_2$ eingeführt. Der Wert $\underline{\alpha}_1$ wird für die Eckmatrix $\tilde{\boldsymbol{\mathcal{A}}}_1$, also für $i = 1$ verwendet, muss dabei jedoch für alle $\boldsymbol{P}_j, \; j = 1, \ldots, 3^m$ gelten. Damit wird das folgende Theorem formuliert.

Theorem 4.5 (sättigende Regelung mit einer SDLF). *Für alle Anfangszustände $\boldsymbol{x}_0 \in \mathcal{X}_0$ des Systems* (4.39) *ist das Gebiet $\bigcap_{i=1}^{3^m} \mathcal{E}(\boldsymbol{P}_i)$ kontraktiv invariant und damit ein gesichertes Einzugsgebiet, wenn $\boldsymbol{P}_i = \boldsymbol{P}_i^{\mathrm{T}} \succ 0 \in \mathbb{R}^{n_z \times n_z}$, $i = 1, \ldots, 3^m$, $\mathbb{K}$ in entsprechenden Dimensionen, $\mathcal{H}_1$, $\mathcal{H}_2 \in \mathbb{R}^{m \times n_z}$, $\boldsymbol{W}_1$, $\boldsymbol{W}_2 \in \mathbb{R}^{m \times m}$, $\gamma \leq 1$, $\underline{\alpha}_1 \geq 1$ und $\underline{\alpha}_2 \geq 1$ existieren, sodass*

$$\begin{pmatrix} 2\hat{\boldsymbol{P}}_j - \boldsymbol{P}_j & \underline{\alpha}_1 \hat{\boldsymbol{P}}_j \tilde{\boldsymbol{\mathcal{A}}}_1 \\ \star & \boldsymbol{P}_1 \end{pmatrix} \succ 0, \; j = 1, \ldots, 3^m, \tag{4.92}$$

$$\begin{pmatrix} 2\hat{\boldsymbol{P}}_j - \boldsymbol{P}_j & \underline{\alpha}_2 \hat{\boldsymbol{P}}_j \tilde{\boldsymbol{\mathcal{A}}}_i \\ \star & \boldsymbol{P}_i \end{pmatrix} \succ 0, \; i = 2, \ldots, 3^m, \; j = 1, \ldots, 3^m, \tag{4.93}$$

$$\begin{pmatrix} \boldsymbol{W}_1 & \boldsymbol{\mathcal{H}}_1 \\ \star & \boldsymbol{P}_i \end{pmatrix} \succ 0, \; i = 1, \ldots, 3^m, \tag{4.94}$$

$$\begin{pmatrix} \boldsymbol{W}_2 & \boldsymbol{\mathcal{H}}_2 \\ \star & \boldsymbol{P}_i \end{pmatrix} \succ 0, \; i = 1, \ldots, 3^m, \tag{4.95}$$

$$w_{1\{q,q\}} - u^2_{\max,q} \leq 0, \; q = 1, \ldots, m, \tag{4.96}$$

$$w_{2\{q,q\}} - v^2_{\max,q} \leq 0, \; q = 1, \ldots, m, \tag{4.97}$$

$$\begin{pmatrix} \gamma & \boldsymbol{x}^{\mathrm{T}}_{0,s} \boldsymbol{P}_i \\ \star & \boldsymbol{P}_i \end{pmatrix} \succ 0, \; i = 1, \ldots, 3^m, \; s = 1, \ldots, N_{x0} \tag{4.98}$$

mit den konstanten Matrizen $\hat{\boldsymbol{P}}_j = \hat{\boldsymbol{P}}_j^{\mathrm{T}} \succeq 0, j = 1, \ldots, 3^m$ *gilt.*

Für ein einziges $\boldsymbol{P}_i = \boldsymbol{P}_j = \boldsymbol{P}$ und $\hat{\boldsymbol{P}}_j = \hat{\boldsymbol{P}}$ und durch eine Kongruenztransformation der Bedingungen (4.92) und (4.93) mit $\boldsymbol{M} = \mathrm{diag}\left(\hat{\boldsymbol{P}}^{-1}, \boldsymbol{I}\right)$ ist das Theorem 4.5 äquivalent zu dem Theorem 4.2. Dies zeigt, dass die LMI-Bedingungen des neuen Theorems weniger konservativ sind.

Beispiel 14: Vergleich der Ljapunow-Funktionen
Durch eine SDLF erhöht sich die Anzahl der zu lösenden LMIs signifikant gegenüber einer QLF. Für den Entwurf einer Reglerstruktur aus der Tabelle 4.3 folgen $9^m + 2 \cdot 3^m + 3^m \cdot N_{x0}$ LMIs und $2m$ lineare Ungleichungen anstatt $3^m + 2 + N_{x0}$ LMIs und $2m$ lineare Ungleichungen. Da die Parametrierung des Reglers vorab und nicht im laufenden Betrieb geschieht, müssen jedoch keine Echtzeitbedingungen eingehalten werden. Das folgende Beispiel zeigt, dass sich der erhöhte Entwurfs- und Rechenaufwand lohnt, um die Konservativität zu verringern. Dazu werden für die Beispielsysteme 1 – 18 vollständige Zustandsrückführungen unter der Maximierung des Einzugsgebietes mit einer QLF sowie einer SDLF entworfen. Durch die LMI Bedingungen mit einer SDLF werden bei allen 18 Beispielsystemen größere Einzugsgebiete berechnet. Die Ergebnisse $\tilde{\beta}$ in % des maximalen Ergebnisses (vgl. Berechnungsvorschrift (4.33), (4.34)) werden im Säulendiagramm 4.20 gegenübergestellt und die Absolutwerte von β sind in Anhang A.6 im elektronischen Zusatzmaterial tabellarisch dargestellt.

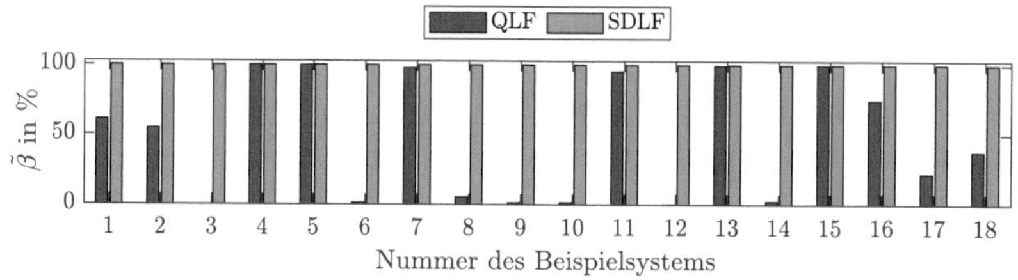

Abbildung 4.20 Säulendiagramme der Ergebnisse $\tilde{\beta}$ in % des maximalen Ergebnisses bei Verwendung einer QLF oder SDLF zum Entwurf vollständiger Zustandsrückführungen

Exemplarisch wird bei der F/A-18 HARV (Beispielsystem 18) das Einzugsgebiet mit einer QLF um knapp 2 % gegenüber des Bereiches $\boldsymbol{\mathcal{X}}_0$ vergrößert, sodass statt des geforderten Anfangswertes $\boldsymbol{x}_0 = \begin{pmatrix} 5 & 5 & 5 & 20 \end{pmatrix}^{\mathrm{T}}$ auch der von der Ruhelage entferntere Zustand $\begin{pmatrix} 5{,}0983 & 5{,}0983 & 5{,}0983 & 20{,}3930 \end{pmatrix}^{\mathrm{T}}$ im gesicherten Einzugsgebiet $\mathcal{E}(\boldsymbol{P})$ liegt. Mit einer SDLF wird dagegen eine Vergrößerung um über 171 % erreicht, sodass auch der vom Ursprung weiter entfernte Anfangswert $\begin{pmatrix} 13{,}5510 & 13{,}5510 & 13{,}5510 & 54{,}2039 \end{pmatrix}^{\mathrm{T}}$ in das Gebiet $\bigcap_{i=1}^{3^m} \mathcal{E}(\boldsymbol{P}_i)$ eingeschlossen wird.

Um das Volumen der Ellipsoiden genauer zu untersuchen, werden die Determinanten der Ljapunow-Matrizen $\boldsymbol{P}$ verglichen. Mit der QLF ist

$$\det(\boldsymbol{P}) = 4{,}9033 \cdot 10^{-12}$$

und mit der SDLF sind die Determinanten der 3^m Ljapunow-Matrizen

$$\begin{aligned}
&\det(\boldsymbol{P}_1) = 2{,}1768 \cdot 10^{-34}, \ \det(\boldsymbol{P}_2) = 2{,}2422 \cdot 10^{-34}, \ \det(\boldsymbol{P}_3) = 2{,}2609 \cdot 10^{-34}, \\
&\det(\boldsymbol{P}_4) = 1{,}8897 \cdot 10^{-34}, \ \det(\boldsymbol{P}_5) = 1{,}1418 \cdot 10^{-34}, \ \det(\boldsymbol{P}_6) = 1{,}2207 \cdot 10^{-34}, \\
&\det(\boldsymbol{P}_7) = 1{,}8979 \cdot 10^{-34}, \ \det(\boldsymbol{P}_8) = 1{,}1952 \cdot 10^{-34}, \ \det(\boldsymbol{P}_9) = 1{,}2278 \cdot 10^{-34}.
\end{aligned}$$

Demnach sind alle Determinanten mit der SDLF kleiner als die Determinante der quadratischen Ljapunow-Matrix, sodass die einzelnen Ellipsoide größere Volumina aufweisen als das Ellipsoid der QLF. Das gesicherte Einzugsgebiet der SDLF entsteht aus der Schnittmenge der neun Ellipsoiden. Durch diese andere Form des gesicherten Einzugsgebietes erfolgt eine höhere Anpassungsfähigkeit an die Form der Menge $\mathcal{X}_0$.

4.7 Vergleiche mit anderen Methoden

Zur Identifikation der Konservativität der neuen Methoden werden diese mit den in den Abschnitten 3.2 und 3.3 vorgestellten Einschritt-Methoden aus der Literatur verglichen. Bisher ist jedoch nur die Standardmethode für MRS-Systeme in [4] erweitert. Daher werden ebenfalls die Methoden von Oliveira et al., Crusius und Trofino, Benzaouia et al. und Lim und Lee für MRS-Systeme mithilfe des Satzes 2.6 (sättigende Zustandsregelung mit strikter Ratenbeschränkung) erweitert und vereinheitlicht.

Diese Einschritt-Methoden ermöglichen den Entwurf von vollständigen Zustandsrückführungen (FSF) und statischen Ausgangsrückführungen (SOF). Durch die Formulierung des PID-Reglers als SOF nach [55] (vgl. die Herleitung des PID-Reglers in Anhang A.5 im elektronischen Zusatzmaterial) oder durch die Formulierung der strukturierten Zustandsrückführung (SSF) als SOF durch die Ausgangsmatrix $\boldsymbol{C} = \begin{pmatrix} \boldsymbol{I} & \boldsymbol{0} \end{pmatrix}$, können auch diese beiden Reglerstrukturen mit den Einschritt-Methoden entworfen werden. In der allgemeinen Darstellung wird der geschlossene Regelkreis mit dem strikten Aktormodell als konvexe Hülle der Eckmatrizen $\tilde{\boldsymbol{\mathcal{A}}}_i = \boldsymbol{\mathcal{A}} + \boldsymbol{\mathcal{B}}\left(\boldsymbol{D}_{i,1}^{\Xi}\left(\boldsymbol{\mathcal{K}} + \boldsymbol{\mathcal{F}}\right) + \boldsymbol{D}_{i,2}^{\Xi}\left(\boldsymbol{\mathcal{H}}_1 + \boldsymbol{\mathcal{F}}\right) + \boldsymbol{D}_{i,3}^{\Xi}\boldsymbol{\mathcal{H}}_2\right)$, $i = 1, \ldots, 3^m$ gemäß Abschnitt 4.3 dargestellt, wobei $\boldsymbol{\mathcal{A}}$, $\boldsymbol{\mathcal{B}}$ und $\boldsymbol{\mathcal{K}}$ der Tabelle 4.3 entnommen werden.

Durch die Umformungen der Einschritt-Methoden treten multiplikative Verknüpfungen sowohl zwischen den Entscheidungsvariablen $\boldsymbol{\mathcal{H}}_1$ und $\boldsymbol{Q}$ als auch $\boldsymbol{\mathcal{H}}_2$ und $\boldsymbol{Q}$ auf. Daher wird ein weiterer Tausch der Variablen mit $\boldsymbol{G}_1 = \boldsymbol{\mathcal{H}}_1\boldsymbol{Q}$, $\boldsymbol{G}_2 = \boldsymbol{\mathcal{H}}_2\boldsymbol{Q}$ angewendet. Der jeweilige Tausch der Variablen $\boldsymbol{P}^{-1}$ mit $\boldsymbol{Q}$ bzw. $\boldsymbol{S}$ der Einschritt-Methoden wird zudem in den Bedingungen an das Gebiet $\mathcal{E}\left(\boldsymbol{P}\right)$ angewendet, um einen Satz von LMIs in den gleichen Entscheidungsvariablen zu erhalten. Dabei werden auch der Methode entsprechende Kongruenztransformationen für die Bedingungen an das Gebiet $\mathcal{E}\left(\boldsymbol{P}\right)$ benötigt.

Zudem können auch bei den Einschritt-Methoden sättigungsabhängige Ljapunow-Funktionen verwendet werden. Dies führt jedoch bei der Standardmethode (und damit auch bei der Erweiterung von Crusius und Trofino) zwangsläufig zu mehreren Reglern $\boldsymbol{\mathcal{K}}_i$, da es durch den Tausch der Variablen $\boldsymbol{Q} = \boldsymbol{P}^{-1}$ bei 3^m Ljapunow-Matrizen $\boldsymbol{P}$ auch 3^m Matrizen $\boldsymbol{Q}$ und damit auch 3^m Matrizen $\boldsymbol{Y} = \boldsymbol{\mathcal{K}}\boldsymbol{Q}$ geben muss. Daraus folgt ein Regelgesetz mit Gain-Scheduling, was kein Teil dieser Arbeit ist. Die Erweiterung der iterativen Methode durch ein Gain-Scheduling-Regelgesetz ist in [77] zu finden. Daher werden lediglich die Methoden von Oliveira et al., Benzaouia et al. sowie Lim und Lee um eine SDLF erweitert.

Um einen Vergleich sowohl anhand der Maximierung des Einzugsgebietes als auch der Abklingrate zu ermöglichen, werden die Einschritt-Methoden um $\underline{\alpha}$ und γ erweitert. Dies erfolgt auf der Grundlage des Stabilitätsnachweises von $\underline{\alpha}\tilde{\boldsymbol{\mathcal{A}}}_i$ und der Bedingung $\boldsymbol{x}_{0,s}^{\mathrm{T}} \boldsymbol{P} \boldsymbol{x}_{0,s} - \beta^{-2} \leq 0$, um $\beta \mathcal{X}_0 \subseteq \mathcal{E}(\boldsymbol{P})$ sicherzustellen. Durch die Bilinearität von $\underline{\alpha}$ und $\tilde{\boldsymbol{\mathcal{A}}}_i$ ist eine direkte Optimierung der Abklingrate auch hier nicht möglich. Stattdessen wird für konstante Werte von $\underline{\alpha}$ ein Validierungsproblem gelöst. Dies geschieht auf der Grundlage des Algorithmus 4.1, wobei direkt mit $\underline{\alpha} = 1$ gestartet wird, da hier kein geeigneter Startwert einer Approximation $\hat{\boldsymbol{P}}$ gefunden werden muss. Dadurch ist keine Unterscheidung zwischen $\underline{\alpha}_1$ und $\underline{\alpha}_2$ notwendig. Stattdessen wird nur für die Systemmatrix $\tilde{\boldsymbol{\mathcal{A}}}_1$ die Abklingrate durch die Maximierung von $\underline{\alpha}$ optimiert. Für die anderen Matrizen $\tilde{\boldsymbol{\mathcal{A}}}_i$, $i = 2, \ldots, 3^m$ reicht es aus, $\underline{\alpha} = 1$ konstant festzulegen. Zur Maximierung des Einzugsgebietes nach dem Optimierungsproblem (3.35) ist keine Iteration nötig. Ebenfalls kann das kombinierte Optimierungsproblem (3.37) direkt mit $\underline{\alpha}_e$ gelöst werden.

Es werden im Folgenden die vereinheitlichten Einschritt-Methoden für die Erweiterung um strikte Stellgrößen- und Stellratenbeschränkungen (MRS) für die sättigende Regelung aufgestellt.

In [4] werden bereits MRS-Systeme berücksichtigt. Das folgende Theorem ist daher in ähnlicher Weise in [4] zu finden. Es wird eine QLF verwendet, da eine SDLF für den Entwurf einer konstanten Matrix $\boldsymbol{K}$ nicht möglich ist.

Theorem 4.6 (Standardmethode, Bateman und Lin [4]). *Für alle Anfangszustände $\boldsymbol{x}_0 \in \mathcal{X}_0$ des Systems (2.46) mit dem Zustandsregler $\boldsymbol{u}[k] = \boldsymbol{K}\boldsymbol{x}[k]$ ist das Gebiet $\mathcal{E}(\boldsymbol{P})$ kontraktiv invariant und damit ein gesichertes Einzugsgebiet, wenn $\boldsymbol{Q} = \boldsymbol{Q}^{\mathrm{T}} \succ 0 \in \mathbb{R}^{(n+m)\times(n+m)}$, $\boldsymbol{W}_1, \boldsymbol{W}_2 \in \mathbb{R}^{m\times m}$, $\boldsymbol{Y}, \boldsymbol{G}_1, \boldsymbol{G}_2 \in \mathbb{R}^{m\times(n+m)}$, $\gamma \leq 1$ und $\underline{\alpha} \geq 1$ existieren, sodass*

$$\begin{pmatrix} \boldsymbol{Q} & \underline{\alpha}\left(\boldsymbol{A}\boldsymbol{Q} + \boldsymbol{B}\left(\boldsymbol{D}_{i,1}^{\Xi}(\boldsymbol{Y} + \boldsymbol{F}\boldsymbol{Q}) + \boldsymbol{D}_{i,2}^{\Xi}(\boldsymbol{G}_1 + \boldsymbol{F}\boldsymbol{Q}) + \boldsymbol{D}_{i,3}^{\Xi}\boldsymbol{G}_2\right)\right) \\ \star & \boldsymbol{Q} \end{pmatrix} \succ 0, \tag{4.99}$$

$$\begin{pmatrix} \boldsymbol{W}_1 & \boldsymbol{G}_1 \\ \star & \boldsymbol{Q} \end{pmatrix} \succ 0, \tag{4.100}$$

$$\begin{pmatrix} \boldsymbol{W}_2 & \boldsymbol{G}_2 \\ \star & \boldsymbol{Q} \end{pmatrix} \succ 0, \tag{4.101}$$

$$w_{1\{q,q\}} - u_{\max,q}^2 \leq 0, \tag{4.102}$$

$$w_{2\{q,q\}} - v_{\max,q}^2 \leq 0, \tag{4.103}$$

$$\begin{pmatrix} \gamma & \boldsymbol{x}_{0,s}^{\mathrm{T}} \\ \star & \boldsymbol{Q} \end{pmatrix} \succ 0 \tag{4.104}$$

mit $i = 1, \ldots, 3^m$, $q = 1, \ldots, m$ *und* $s = 1, \ldots, N_{x0}$ *gilt. Die Rückführungsmatrix ist dann durch* $\boldsymbol{K} = \boldsymbol{Y}\boldsymbol{Q}^{-1}$ *und die Ljapunow-Matrix durch* $\boldsymbol{P} = \boldsymbol{Q}^{-1}$ *gegeben. Die virtuellen Hilfsregler sind* $\boldsymbol{\mathcal{H}}_1 = \boldsymbol{G}_1\boldsymbol{Q}^{-1}$ *und* $\boldsymbol{\mathcal{H}}_2 = \boldsymbol{G}_2\boldsymbol{Q}^{-1}$.

In [16] von Oliveira et al. werden keine Stellgrößen- und Stellratenbeschränkungen berücksichtigt, jedoch kann dies mithilfe der Umformungen der LMIs aus Abschnitt 4.1 ermöglicht werden, wie das folgende Theorem mit einer SDLF beschreibt.

Theorem 4.7 (Oliveira et al.). *Für alle Anfangszustände* $\boldsymbol{x}_0 \in \mathcal{X}_0$ *des Systems (2.46) mit dem Zustandsregler* $\boldsymbol{u}[k] = \boldsymbol{K}\boldsymbol{x}[k]$ *ist das Gebiet* $\bigcap_{i=1}^{3^m} \mathcal{E}(\boldsymbol{P}_i)$ *kontraktiv invariant und damit ein gesichertes Einzugsgebiet, wenn* $\boldsymbol{S}_i = \boldsymbol{S}_i^{\mathrm{T}} \succ 0$, $i = 1, \ldots, 3^m$, $\boldsymbol{Q} \in \mathbb{R}^{(n+m)\times(n+m)}$, $\boldsymbol{W}_1$, $\boldsymbol{W}_2 \in \mathbb{R}^{m\times m}$, $\boldsymbol{Y}$, $\boldsymbol{G}_1$, $\boldsymbol{G}_2 \in \mathbb{R}^{m\times(n+m)}$, $\gamma \leq 1$ *und* $\underline{\alpha} \geq 1$ *existieren, sodass*

$$\begin{pmatrix} \boldsymbol{S}_j & \underline{\alpha}\left(\boldsymbol{A}\boldsymbol{Q} + \boldsymbol{B}\left(\boldsymbol{D}_{i,1}^{\Xi}(\boldsymbol{Y} + \boldsymbol{F}\boldsymbol{Q}) + \boldsymbol{D}_{i,2}^{\Xi}(\boldsymbol{G}_1 + \boldsymbol{F}\boldsymbol{Q}) + \boldsymbol{D}_{i,3}^{\Xi}\boldsymbol{G}_2\right)\right) \\ \star & \boldsymbol{Q}^{\mathrm{T}} + \boldsymbol{Q} - \boldsymbol{S}_i \end{pmatrix} \succ 0, \tag{4.105}$$

$$\begin{pmatrix} \boldsymbol{W}_1 & \boldsymbol{G}_1 \\ \star & \boldsymbol{Q}^{\mathrm{T}} + \boldsymbol{Q} - \boldsymbol{S}_i \end{pmatrix} \succ 0, \tag{4.106}$$

$$\begin{pmatrix} \boldsymbol{W}_2 & \boldsymbol{G}_2 \\ \star & \boldsymbol{Q}^{\mathrm{T}} + \boldsymbol{Q} - \boldsymbol{S}_i \end{pmatrix} \succ 0, \tag{4.107}$$

$$w_{1\{q,q\}} - u_{\max,q}^2 \leq 0, \tag{4.108}$$

$$w_{2\{q,q\}} - v_{\max,q}^2 \leq 0, \tag{4.109}$$

$$\begin{pmatrix} \gamma & \boldsymbol{x}_{0,s}^{\mathrm{T}} \\ \star & \boldsymbol{S}_i \end{pmatrix} \succ 0 \tag{4.110}$$

mit $i = 1, \ldots, 3^m$, $j = 1, \ldots, 3^m$, $q = 1, \ldots, m$ *und* $s = 1, \ldots, N_{x0}$ *gilt. Die Rückführungsmatrix ist dann durch* $\boldsymbol{K} = \boldsymbol{Y}\boldsymbol{Q}^{-1}$ *und die Ljapunow-Matrizen durch* $\boldsymbol{P}_i = \boldsymbol{S}_i^{-1}$ *gegeben. Die virtuellen Hilfsregler sind* $\boldsymbol{\mathcal{H}}_1 = \boldsymbol{G}_1\boldsymbol{Q}^{-1}$ *und* $\boldsymbol{\mathcal{H}}_2 = \boldsymbol{G}_2\boldsymbol{Q}^{-1}$.

Auch in der Methode von Crusius und Trofino [14] werden keine Stellgrößen- und Stellratenbeschränkungen berücksichtigt. Durch die Anwendung der gleichen Umformungen für die Bedingungen an das Gebiet $\mathcal{E}(\boldsymbol{P})$ kann das folgende Theorem formuliert werden. Auch hier wird eine QLF verwendet, da eine SDLF für den Entwurf einer konstanten Matrix $\boldsymbol{K}$ nicht möglich ist.

Theorem 4.8 (Crusius und Trofino). *Für alle Anfangszustände $\boldsymbol{x}_0 \in \mathcal{X}_0$ des Systems (2.46) mit dem statischen Ausgangsregler $\boldsymbol{u}[k] = \boldsymbol{K}\boldsymbol{C}\boldsymbol{x}[k]$ ist das Gebiet $\mathcal{E}(\boldsymbol{P})$ kontraktiv invariant und damit ein gesichertes Einzugsgebiet, wenn $\boldsymbol{Q} = \boldsymbol{Q}^{\mathrm{T}} \succ 0$, $\boldsymbol{N} \in \mathbb{R}^{(n+m)\times(n+m)}$, $\boldsymbol{W}_1, \boldsymbol{W}_2 \in \mathbb{R}^{m\times m}$, $\boldsymbol{Y}, \boldsymbol{G}_1, \boldsymbol{G}_2 \in \mathbb{R}^{m\times(n+m)}$, $\gamma \leq 1$ und $\underline{\alpha} \geq 1$ existieren, sodass*

$$\begin{pmatrix} \boldsymbol{Q} & \underline{\alpha}\left(\boldsymbol{A}\boldsymbol{Q} + \boldsymbol{B}\left(\boldsymbol{D}_{i,1}^{\Xi}(\boldsymbol{Y}\boldsymbol{C} + \boldsymbol{F}\boldsymbol{Q}) + \boldsymbol{D}_{i,2}^{\Xi}(\boldsymbol{G}_1 + \boldsymbol{F}\boldsymbol{Q}) + \boldsymbol{D}_{i,3}^{\Xi}\boldsymbol{G}_2\right)\right) \\ \star & \boldsymbol{Q} \end{pmatrix} \succ 0, \tag{4.111}$$

$$\boldsymbol{N}\boldsymbol{C} - \boldsymbol{C}\boldsymbol{Q} = 0, \tag{4.112}$$

$$\begin{pmatrix} \boldsymbol{W}_1 & \boldsymbol{G}_1 \\ \star & \boldsymbol{Q} \end{pmatrix} \succ 0, \tag{4.113}$$

$$\begin{pmatrix} \boldsymbol{W}_2 & \boldsymbol{G}_2 \\ \star & \boldsymbol{Q} \end{pmatrix} \succ 0, \tag{4.114}$$

$$w_{1\{q,q\}} - u_{\max,q}^2 \leq 0, \tag{4.115}$$

$$w_{2\{q,q\}} - v_{\max,q}^2 \leq 0, \tag{4.116}$$

$$\begin{pmatrix} \gamma & \boldsymbol{x}_{0,s}^{\mathrm{T}} \\ \star & \boldsymbol{Q} \end{pmatrix} \succ 0 \tag{4.117}$$

mit $i = 1, \ldots, 3^m$, $q = 1, \ldots, m$ und $s = 1, \ldots, N_{x_0}$ gilt. Die Rückführungsmatrix ist dann durch $\boldsymbol{K} = \boldsymbol{Y}\boldsymbol{N}^{-1}$ und die Ljapunow-Matrix durch $\boldsymbol{P} = \boldsymbol{Q}^{-1}$ gegeben. Die virtuellen Hilfsregler sind $\mathcal{H}_1 = \boldsymbol{G}_1\boldsymbol{Q}^{-1}$ und $\mathcal{H}_2 = \boldsymbol{G}_2\boldsymbol{Q}^{-1}$.

Benzaouia et al. behandeln in [6] lediglich Stellgrößenbeschränkungen. Jedoch ist die LMI (4.22) dort nicht korrekt, wie bereits in [19] bemerkt und korrigiert wurde. Mit der Korrektur und der Erweiterung auch auf Stellratenbeschränkungen kann das folgende Theorem mit einer SDLF formuliert werden, das in ähnlicher Weise lediglich für Stellgrößenbeschränkungen als Theorem 2 in [19] zu finden ist.

Theorem 4.9 (Benzaouia et al.). *Für alle Anfangszustände $\boldsymbol{x}_0 \in \mathcal{X}_0$ des Systems (2.46) mit dem statischen Ausgangsregler $\boldsymbol{u}[k] = \boldsymbol{K}\boldsymbol{C}\boldsymbol{x}[k]$ ist das Gebiet $\bigcap_{i=1}^{3^m} \mathcal{E}(\boldsymbol{P}_i)$ kontraktiv invariant und damit ein gesichertes Einzugsgebiet, wenn $\boldsymbol{S}_i = \boldsymbol{S}_i^{\mathrm{T}} \succ 0$, $i = 1, \ldots, 3^m$, $\boldsymbol{Q}, \boldsymbol{N} \in \mathbb{R}^{(n+m)\times(n+m)}$, $\boldsymbol{W}_1, \boldsymbol{W}_2 \in \mathbb{R}^{m\times m}$, $\boldsymbol{Y}, \boldsymbol{G}_1, \boldsymbol{G}_2 \in \mathbb{R}^{m\times(n+m)}$, $\gamma \leq 1$ und $\underline{\alpha} \geq 1$ existieren, sodass*

$$\begin{pmatrix} S_j & \underline{\alpha}\left(AQ + B\left(D_{i,1}^{\Xi}(YC + FQ) + D_{i,2}^{\Xi}(G_1 + FQ) + D_{i,3}^{\Xi}G_2\right)\right) \\ \star & Q^{\mathrm{T}} + Q - S_i \end{pmatrix} \succ 0, \quad (4.118)$$

$$NC - CQ = 0, \quad (4.119)$$

$$\begin{pmatrix} W_1 & G_1 \\ \star & Q^{\mathrm{T}} + Q - S_i \end{pmatrix} \succ 0, \quad (4.120)$$

$$\begin{pmatrix} W_2 & G_2 \\ \star & Q^{\mathrm{T}} + Q - S_i \end{pmatrix} \succ 0, \quad (4.121)$$

$$w_{1\{q,q\}} - u_{\max,q}^2 \leq 0, \quad (4.122)$$

$$w_{2\{q,q\}} - v_{\max,q}^2 \leq 0, \quad (4.123)$$

$$\begin{pmatrix} \gamma & x_{0,s}^{\mathrm{T}} \\ \star & S_i \end{pmatrix} \succ 0 \quad (4.124)$$

mit $i = 1, \ldots, 3^m$, $j = 1, \ldots, 3^m$, $q = 1, \ldots, m$ *und* $s = 1, \ldots, N_{x0}$ *gilt. Die Rückführungsmatrix ist dann durch* $K = YN^{-1}$ *und die Ljapunow-Matrizen durch* $P_i = S_i^{-1}$ *gegeben. Die virtuellen Hilfsregler sind* $\mathcal{H}_1 = G_1 Q^{-1}$ *und* $\mathcal{H}_2 = G_2 Q^{-1}$.

In [55] von Lim und Lee werden keine Stellbeschränkungen berücksichtigt, jedoch können diese ebenfalls mithilfe der Umformungen aus Abschnitt 4.1 hergeleitet werden, wodurch das folgende Theorem mit einer SDLF formuliert werden kann.

Theorem 4.10 (Lim und Lee). *Für alle Anfangszustände* $x_0 \in \mathcal{X}_0$ *des Systems (2.46) mit dem statischen Ausgangsregler* $u[k] = KCx[k]$ *ist das Gebiet* $\bigcap_{i=1}^{3^m} \mathcal{E}(P_i)$ *kontraktiv invariant und damit ein gesichertes Einzugsgebiet, wenn* $S_{0,i} = S_{0,i}^{\mathrm{T}} \succ 0$, $S_{1,i} = S_{1,i}^{\mathrm{T}} \succ 0$, $i = 1, \ldots, 3^m$, $Q, N \in \mathbb{R}^{(n+m)\times(n+m)}$, $W_1, W_2 \in \mathbb{R}^{m\times m}$, $Y, G_1, G_2 \in \mathbb{R}^{m\times(n+m)}$, $\gamma \leq 1$ *und* $\underline{\alpha} \geq 1$ *existieren, sodass*

$$\begin{pmatrix} S_{1,j} & \underline{\alpha}\left(AQ + B\left(D_{i,1}^{\Xi}(YC + FQ) + D_{i,2}^{\Xi}(G_1 + FQ) + D_{i,3}^{\Xi}G_2\right)\right) \\ \star & Q^{\mathrm{T}} + Q - S_{0,i} \end{pmatrix} \succ 0, \quad (4.125)$$

$$S_{0,i} - S_{1,i} \succeq 0, \quad (4.126)$$

$$NC - CQ = 0, \quad (4.127)$$

$$\begin{pmatrix} W_1 & G_1 \\ \star & Q^{\mathrm{T}} + Q - S_{0,i} \end{pmatrix} \succ 0, \quad (4.128)$$

$$\begin{pmatrix} W_2 & G_2 \\ \star & Q^{\mathrm{T}} + Q - S_{0,i} \end{pmatrix} \succ 0, \quad (4.129)$$

$$w_{1\{q,q\}} - u_{\max,q}^2 \leq 0, \quad (4.130)$$

$$w_{2\{q,q\}} - v_{\max,q}^2 \leq 0, \quad (4.131)$$

$$\begin{pmatrix} \gamma & \boldsymbol{x}_{0,s}^{\mathrm{T}} \\ \star & \boldsymbol{S}_{1,i} \end{pmatrix} \succ 0 \quad (4.132)$$

mit $i = 1, \ldots, 3^m$, $j = 1, \ldots, 3^m$, $q = 1, \ldots, m$ *und* $s = 1, \ldots, N_{x_0}$ *gilt. Die Rückführungsmatrix ist dann durch* $\boldsymbol{K} = \boldsymbol{Y}\boldsymbol{N}^{-1}$ *und die Ljapunow-Matrizen durch* $\boldsymbol{P}_i = \boldsymbol{S}_{1,i}^{-1}$ *gegeben. Die virtuellen Hilfsregler sind* $\boldsymbol{\mathcal{H}}_1 = \boldsymbol{G}_1\boldsymbol{Q}^{-1}$ *und* $\boldsymbol{\mathcal{H}}_2 = \boldsymbol{G}_2\boldsymbol{Q}^{-1}$.

Für den Entwurf von Zustandsreglern kann $\boldsymbol{C} = \boldsymbol{I}$ verwendet werden und die Gleichung (4.127) entfällt. Es gilt dann für die Rückrechnung des Reglers $\boldsymbol{K}$ der Zusammenhang $\boldsymbol{N} = \boldsymbol{Q}$, also $\boldsymbol{K} = \boldsymbol{Y}\boldsymbol{Q}^{-1}$.

Die LMI-Bedingungen für den Entwurf einer nichtsättigenden Regelung oder für die Modellierung der Stellraten als PT_1-Verzögerungen können mithilfe der Sätze und Bedingungen aus den Abschnitten 2.7 und 2.8 hergeleitet werden. Für eine QLF ist bei den Methoden von Oliveira et al. sowie Benzaouia et al. $\boldsymbol{S}_i = \boldsymbol{S}_j = \boldsymbol{S}$ und bei der Methode von Lim und Lee $\boldsymbol{S}_{0,i} = \boldsymbol{S}_{0,j} = \boldsymbol{S}_0$ und $\boldsymbol{S}_{1,i} = \boldsymbol{S}_{1,j} = \boldsymbol{S}_1$ zu ersetzen.

Mit den Theoremen 4.6 bis 4.10 der Einschritt-Methoden wird lediglich der Entwurf der vier Reglerstrukturen FSF, SSF, SOF und PID ermöglicht. Es existieren zwar auch Einschritt-Ansätze für dynamische Ausgangsregler, unter anderem mit Anti-Windup, wie z.B. in [30], jedoch wird dort das Aktormodell (4.37) verwendet, das, wie in Abschnitt 4.2 gezeigt wird, das echte Verhalten des Aktors unzureichend abbildet. Daher ist ein Vergleich mit diesen Methoden nicht zielführend.

Bei den beobachterbasierten Ansätzen gilt aufgrund der Sättigungen des Aktors das Separationstheorem nicht, sodass Regler und Beobachter gleichzeitig entworfen werden müssen. Dies ist aufgrund der Struktur in der Systemmatrix $\boldsymbol{\mathcal{A}}$ (siehe Tabelle 4.3) mit den Einschritt-Methoden nicht ohne Weiteres möglich.

Die neuen Methoden erschließen daher den Entwurf von Reglerstrukturen, die bisher mit LMI-Methoden nicht möglich waren.

Beispiel 15: Vergleich mit Bateman et al. [4]

Da die Standardmethode von den erwähnten Einschritt-Methoden die einzige ist, die in der Literatur bereits auf MRS-Systeme erweitert ist, kann ein Vergleich mit den Ergebnissen aus der Literatur nur anhand dieser Methode erfolgen. In [4] wird für das Beispielsystem

$$A_d = \begin{pmatrix} 0 & -2 \\ 1 & 2 \end{pmatrix}, \quad B_d = \begin{pmatrix} 0 \\ -1 \end{pmatrix}, \quad u_{\max} = 1, \; v_{\max} = 1, \; x_0 = \begin{pmatrix} 1 \\ 1 \end{pmatrix}$$

ein sättigender vollständiger Zustandsregler entworfen, mit dem Ziel, das Einzugsgebiet zu maximieren. Dazu werden die LMI-Bedingungen aus Theorem 4.6 verwendet und die Ergebnisse der Rückführungsmatrix $\boldsymbol{K}$ und der Ljapunow-Matrix $\boldsymbol{P}$ werden in der Veröffentlichung mit

$$\boldsymbol{P} = \begin{pmatrix} 1{,}4240 & 1{,}6956 & -1{,}7579 \\ 1{,}6956 & 2{,}5947 & -1{,}9614 \\ -1{,}7579 & -1{,}9614 & 2{,}6153 \end{pmatrix}, \quad \boldsymbol{K} = \begin{pmatrix} 0{,}7500 & 0{,}1557 & -0{,}7502 \end{pmatrix}$$

angegeben. Mit dem angegebenen Initialzustand $\boldsymbol{x}_0$ folgt für die Größe des Einzugsgebietes $\beta = 0{,}3674 < 1$, was bedeutet, dass der Zustand $\boldsymbol{x}_0$ nicht im Einzugsgebiet liegt. Durch die Implementierung des Theorems 4.6 in MATLAB unter Zuhilfenahme von YALMIP mit dem Löser MOSEK werden durch die Maximierung von β die Ergebnisse

$$\boldsymbol{P} = \begin{pmatrix} 1{,}4232 & 1{,}6946 & -1{,}7567 \\ 1{,}6946 & 2{,}5934 & -1{,}9603 \\ -1{,}7567 & -1{,}9603 & 2{,}6135 \end{pmatrix}, \quad \boldsymbol{K} = \begin{pmatrix} 0{,}7390 & 0{,}1481 & -0{,}7258 \end{pmatrix}, \beta = 0{,}3675$$

erzielt. Die geringen Abweichungen sind auf unterschiedliche Implementierungen mit anderen Lösern zurückzuführen.

Mithilfe der neuen iterativen Methode aus Abschnitt 4.1 werden die Ergebnisse

$$\boldsymbol{P} = \begin{pmatrix} 1{,}4232 & 1{,}6946 & -1{,}7567 \\ 1{,}6946 & 2{,}5935 & -1{,}9604 \\ -1{,}7567 & -1{,}9604 & 2{,}6136 \end{pmatrix}, \quad \boldsymbol{K} = \begin{pmatrix} 0{,}7610 & 0{,}1616 & -0{,}7669 \end{pmatrix}, \beta = 0{,}3675$$

erzielt, die zur gleichen Größe des Einzugsgebietes führen, was zeigt, dass die neue Methode in diesem Beispiel die Konservativität nicht erhöht.

Beispiel 16: Vergleiche mit anderen Einschritt-Methoden für die Maximierung der Abklingrate

Für einen ausführlicheren Vergleich der neuen Methode mit den Einschritt-Methoden werden FSF, SSF, SOF und PID-Regler für die Beispielsysteme 1 – 18 entworfen. Dabei wird die Abklingrate gemäß dem Optimierungsproblem (3.36) maximiert. Für alle Methoden bis auf die Standardmethode (Bateman und Lin nach Theorem 4.6 oder Crusius und Trofino nach Theorem 4.8) werden SDLFs eingesetzt, um die Konservativität zu verringern. In der Abbildung 4.21 sind die Ergebnisse von $\overline{\rho}$ und ρ für die verschiedenen Methoden und für die verschiedenen Reglerstrukturen dargestellt. Das obere Säulendiagramm 4.21 zeigt, dass für eine vollständige Zustandsrückführung mit allen Methoden vergleichbare Ergebnisse berechnet werden. Hier bringt die neue Methode daher keine Vorteile. Im Gegensatz dazu findet die neue Methode bei dem Entwurf von strukturierten Rückführungen, statischen Ausgangsrückführungen und PID-Reglern häufiger eine Lösung als die Einschritt-Methoden. Diese Reglerstrukturen sind praxisrelevanter, da eine vollständige Zustandsrückführung die Messung aller Zustände erfordert. In insgesamt 18 Szenarien (drei Beispielsysteme bei der SSF, sechs bei der SOF und neun bei dem PID-Regler) ist die neue

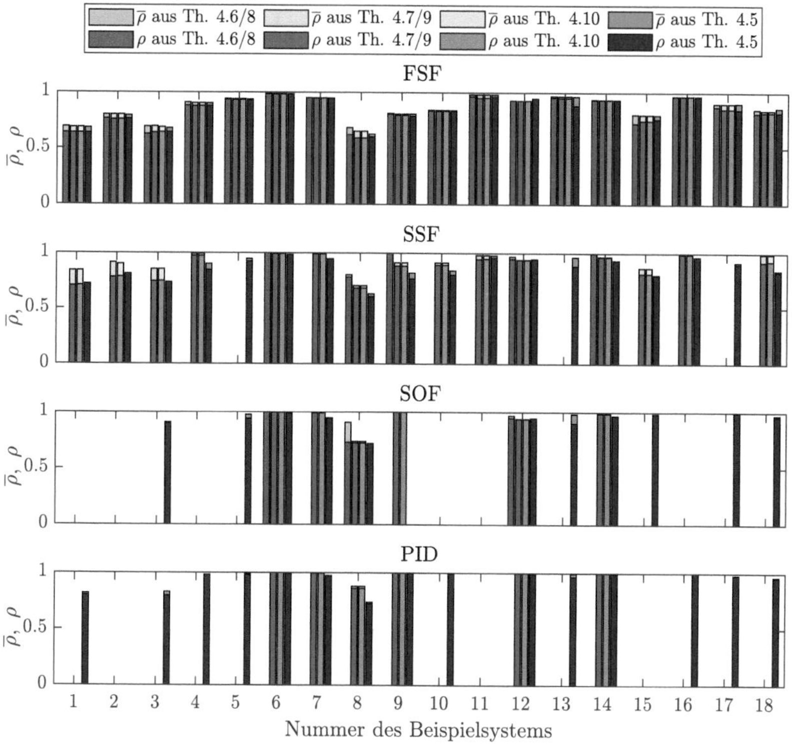

Abbildung 4.21 Säulendiagramme der Ergebnisse $\overline{\rho}$ und ρ für die Theoreme 4.6 bzw. 4.8, 4.7 bzw. 4.9, 4.10 und 4.5 mit einer vollständigen (FSF) und strukturierten Zustandsrückführung (SSF) sowie einer statischen Ausgangsrückführung (SOF) und einem PID-Regler

Methode als einzige in der Lage, eine stabile Lösung zu berechnen. Bei den anderen Szenarien sind die erreichten Spektralradien mit der neuen Methode meist geringer, sodass größere Abklingraten erreicht werden.

Beispiel 17: Vergleiche mit anderen Einschritt-Methoden für die Maximierung des Einzugsgebietes
Die Einschritt-Methoden können in einem Schritt gelöst werden, wenn das Einzugsgebiet nach Optimierungsproblem (3.35) maximiert wird, weil die zu minimierende Größe γ in den Bedingungen linear auftritt. Der grundsätzliche Nachteil dabei ist, dass entweder eine oder keine Lösung gefunden wird. Keine Lösung zu finden kann dabei bedeuten, dass der geschlossene Regelkreis nicht stabilisierbar ist oder dass numerische oder allgemeine Probleme mit dem Löser aufgetreten sind. Bei den iterativen Methoden kann die Nicht-Lösbarkeit eines einzelnen Schrittes aufgrund von numerischen Problemen mit dem nächsten Schritt meist wieder behoben werden.

Um die Ergebnisse der verschiedenen Methoden genauer miteinander zu vergleichen, wird im Folgenden ein Beispiel gewählt, für das auch die Einschritt-Methoden Lösungen finden. Dabei wird nun ebenfalls genauer auf den Unterschied zwischen den Ljapunow-Funktionen eingegangen. Hierzu werden für das TAFA (Tailless Advanced Fighter Aircraft, Beispielsystem 13) die Reglerstrukturen FSF, SSF, SOF und PID parametriert. Die Ergebnisse von β werden in der Tabelle 4.7 gegenübergestellt. Bei der vollständigen Zustandsrückführung treten, wie auch bei der Maximierung der Abklingrate in Beispiel 16, kaum Unterschiede zwischen den Methoden auf. Die neue Methode führt mit einer SDLF zum größten Einzugsgebiet, jedoch ist die Differenz zu den anderen Ergebnissen gering.

Bei den Reglerstrukturen SSF, SOF und PID wird das Einzugsgebiet durch die neue Methode gegenüber der vollständigen Zustandsrückführung nur wenig verringert. Die anderen Methoden führen zu Einzugsgebieten mit lediglich ungefähr der halben Größe und die Standardmethode ist nicht immer lösbar. Dies deutet auf eine geringe Konservativität der neuen Methode für verschiedene Reglerstrukturen hin. Da ein Ergebnis von $\beta < 1$ bedeutet, dass die Stabilität des gewählten Initialzustandes $\boldsymbol{x}_0$ nicht garantiert ist, wird das Optimierungsproblem ausschließlich durch die neue Methode für alle Reglerstrukturen gelöst.

Durch eine SDLF werden bei allen Methoden größere Einzugsgebiete erreicht, jedoch sind die Differenzen zwischen den Ljapunow-Funktionen deutlich geringer als zwischen den Methoden. Die Verwendung der neuen Methode bringt daher mehr Vorteile als die Weiterentwicklung der bestehenden Einschritt-Methoden. Dies wird auch in [19] für Stellgrößenbeschränkungen gezeigt.

Ein weiteres Ergebnis ist, dass die Methode von Oliveira et al. (bzw. die Erweiterung von Benzaouia et al.) und die von Lim und Lee sowohl in diesem Beispiel

Tabelle 4.7 Ergebnisse β für das TAFA (Beispielsystem 13) bei den verschiedenen Methoden für verschiedene Regler mit einer QLF oder SDLF

FSF	Bateman und Lin	Oliveria et al.	Lim und Lee	neue Methode
QLF	1,09344635	1,09344625	1,09344621	1,09342280
SDLF		1,09672748	1,09672819	1,09717835
SSF	Crusius und Trofino	Benzaouia et al.	Lim und Lee	neue Methode
QLF	–	0,47759819	0,47759814	1,09342808
SDLF		0,47759803	0,47759805	1,09717836
SOF	Crusius und Trofino	Benzaouia et al.	Lim und Lee	neue Methode
QLF	0,22536766	0,61427570	0,61427574	1,08574071
SDLF		0,61432554	0,61432545	1,09480175
PID	Crusius und Trofino	Benzaouia et al.	Lim und Lee	neue Methode
QLF	–	0,61427343	0,61427472	1,08897133
SDLF		0,61432317	0,61432223	1,09258161

als auch in Beispiel 16 zu nahezu identischen Ergebnissen führen. Demnach können durch die zusätzlichen Freiheitsgrade aufgrund der Unterscheidung von $\boldsymbol{S}_0$ und $\boldsymbol{S}_1$ keine Vorteile identifiziert werden. Eine tabellarische Übersicht über die Ergebnisse β aller Beispielsysteme mit den verschiedenen Methoden und Reglern (wenn möglich mit einer SDLF) ist in Anhang A.6 im elektronischen Zusatzmaterial zu finden.

Das Beispiel zeigt, dass die neue Methode Regler mit größeren Einzugsgebieten berechnet. Der Vorteil der neuen Methode überwiegt dabei den Vorteilen der Verwendung einer SDLF. Zudem können verschiedene praxisrelevante Regler entworfen werden, ohne dass die Regelgüte signifikant vermindert wird. Bei den Einschritt-Methoden ist ein Entwurf von praxisrelevanten Reglerstrukturen lediglich durch Beeinträchtigung der Regelgüte möglich.

Andere Einschritt-Methoden zur Maximierung der Dämpfung

Zur Maximierung der Dämpfung gemäß des Optimierungsproblems (3.47) können die Einschritt-Methoden aus dem Abschnitt 4.7 nicht eingesetzt werden, da dies die Polplatzierung in einer D_R-Region erfordert. Es werden daher Methoden zur Sicherstellung der D_R-Stabilität benötigt. Da, wie in Abschnitt 4.5 erläutert, die Bedingung (4.62) in Lemma 4.1 für den Reglerentwurf eine NLMI ist, wird diese in Theorem 5 in [72] für den Entwurf von vollständigen Zustandsrückführungen zu einer LMI umgeformt. Die daraus folgende Bedingung wird auch in [78] verwendet und ist für eine allgemeine Struktur von $\boldsymbol{\mathcal{A}}(\boldsymbol{K})$ im folgenden Lemma gezeigt.

Lemma 4.2 (Theorem 5 in [72] oder Theorem 2 in [78]). *Wenn $\boldsymbol{P} = \boldsymbol{P}^{\mathrm{T}} \succ 0$ und $\boldsymbol{Q} \in \mathbb{R}^{n_z \times n_z}$ existieren, sodass*

$$\begin{pmatrix} \boldsymbol{R}_{11} \otimes \boldsymbol{P} + \mathrm{He}\big(\boldsymbol{R}_{12} \otimes \boldsymbol{\mathcal{A}}(\boldsymbol{K})\, \boldsymbol{Q}\big) & \boldsymbol{R}_{12}^{\mathrm{T}} \otimes \big(\boldsymbol{P} - \boldsymbol{Q}^{\mathrm{T}}\big) + \boldsymbol{R}_{22} \otimes \boldsymbol{\mathcal{A}}(\boldsymbol{K})\, \boldsymbol{Q} \\ \star & \boldsymbol{R}_{22} \otimes \big(\boldsymbol{P} - \boldsymbol{Q} - \boldsymbol{Q}^{\mathrm{T}}\big) \end{pmatrix} \prec 0 \tag{4.133}$$

gilt, dann ist $\boldsymbol{\mathcal{A}}(\boldsymbol{K})$ D_R-stabil.

Hierbei kann nun für $\boldsymbol{\mathcal{A}}(\boldsymbol{K}) = \boldsymbol{A} + \boldsymbol{B}\boldsymbol{K}$ der Tausch der Variablen der Standardmethode angewendet werden, sodass $\boldsymbol{\mathcal{A}}(\boldsymbol{K})\, \boldsymbol{Q} = \boldsymbol{A}\boldsymbol{Q} + \boldsymbol{B}\boldsymbol{Y}$ mit $\boldsymbol{Y} = \boldsymbol{K}\boldsymbol{Q}$ folgt. Ebenfalls ist durch die Erweiterung von Crusius und Trofino der Entwurf von statischen Ausgangsreglern möglich. Andere Reglerstrukturen können mit der Methode jedoch, ebenfalls wie mit den Einschritt-Methoden aus dem Abschnitt 4.7, nicht ohne Weiteres entworfen werden.

Hinzu kommt, dass diese Methode nicht für MRS-Systeme verwendet werden kann, da die Bedingungen an das lineare Gebiet durch die in dieser Arbeit beschriebenen Umformungen nicht in LMI-Bedingungen überführt werden können. Der Grund dafür ist, dass $\boldsymbol{Q}$ nicht mit $\boldsymbol{P}$ zusammenhängt und für $\boldsymbol{P}$ kein Tausch der Variablen angewendet wird. Dies wird exemplarisch anhand der Bedingung $\mathcal{E}(\boldsymbol{P}) \subseteq \mathcal{L}_U(\boldsymbol{K})$ veranschaulicht, die zu

$$\begin{pmatrix} \boldsymbol{W} & \boldsymbol{K} \\ \star & \boldsymbol{P} \end{pmatrix} \succ 0, \tag{4.134}$$

$$w_{\{q,q\}} - u_{\max,q}^2 \leq 0, \; q = 1, \ldots, m \tag{4.135}$$

umgeformt werden kann. In Lemma 4.2 ist $\boldsymbol{K}$ nach dem Tausch der Variablen $\boldsymbol{Y} = \boldsymbol{K}\boldsymbol{Q}$ jedoch keine Entscheidungsvariable. Durch die Kongruenztransformation mit $\boldsymbol{M} = \mathrm{diag}(\boldsymbol{I}, \boldsymbol{Q})$ folgt

$$\begin{pmatrix} \boldsymbol{W} & \boldsymbol{Y} \\ \star & \boldsymbol{Q}^{\mathrm{T}}\boldsymbol{P}\boldsymbol{Q} \end{pmatrix} \succ 0, \tag{4.136}$$

wobei der nichtlineare Term $\boldsymbol{Q}^{\mathrm{T}} \boldsymbol{P} \boldsymbol{Q}$ nicht ohne Iteration gelöst werden kann, weil $\boldsymbol{P}$ und $\boldsymbol{Q}$ nicht zusammenhängen und somit auch durch die Approximation nach Oliveira et al. $\boldsymbol{Q}^{\mathrm{T}} + \boldsymbol{Q} - \boldsymbol{P}^{-1}$ nichtlinear bleibt.

Ein Vergleich zwischen Methoden zur Maximierung der Dämpfung ist daher nicht sinnvoll, da sich die vorliegende Arbeit auf den Entwurf von Reglern für MRS-Systeme fokussiert und in der Literatur keine Methoden existieren, die dies unter Sicherstellung der D_R-Stabilität ermöglichen. Die neue Methode aus Abschnitt 4.5 hingehen ist in der Lage, die Stellbeschränkungen im Entwurf zu berücksichtigen und zudem verschiedene Reglerstrukturen zu entwerfen, wobei für den geschlossenen Regelkreis stets die D_R-Stabilität sichergestellt wird. Zudem ist die Konservativität der neuen Methode gering. Dies wurde in Beispiel 12 gezeigt, da die Methode nahezu identische Ergebnisse zu der Methode aus Abschnitt 4.1 liefert, für die in den Beispiel 16 und 17 gezeigt wurde, dass diese gegenüber den Einschritt-Methoden weniger konservative Ergebnisse erzeugt.

5 Fazit

Das Ziel dieser Arbeit war die Entwicklung einer Methodik zum Entwurf stabiler und bezüglich eines Gütemaßes optimaler Regelungen für lineare zeitdiskrete Systeme, die Stellgrößen- und Stellratenbeschränkungen unterliegen. Durch die Methodik sollte der Entwurf unterschiedlicher Reglerstrukturen ermöglicht und verschiedene Gütekriterien berücksichtigen werden. Im Fokus sollte dabei auch die Konservativität der Methode stehen. Die vorliegende Arbeit sollte ebenfalls Aussagen über geeignete Reglerstrukturen und Gütekriterien für die betrachtete Systemklasse ermöglichen.

Um diese Ziele zu erreichen, wurde eine LMI-basierte iterative Methode weiterentwickelt, die im Vergleich zu anderen Methoden aus der Literatur zu einer geringeren Konservativität der Optimierung führt. Diese Methode basiert auf einer linearen Approximation der Ljapunow-Ungleichung zur Sicherstellung der Stabilität. Durch die iterative Vorgehensweise wird nahezu die ursprüngliche nichtlineare Ljapunow-Ungleichung gelöst, was sich positiv auf die Konservativität der Optimierung auswirkt. Zur Berücksichtigung der Stellgrößen- und Stellratenbeschränkungen im Entwurf wurden der iterativen Methode weitere Stabilitätsbedingungen hinzugefügt. Diese stellen sicher, dass entweder durch den verwendeten Regler oder durch zwei Hilfsregler die Beschränkungen nicht erreicht werden. Ersteres führt zu einer nichtsättigenden Regelung, wodurch der geschlossene Regelkreis lineares Verhalten aufweist. Die zweite Variante bedient sich der Einschließung der Sättigungen in konvexe Hüllen aus linearen Rückführungen. Diese bestehen aus der verwendeten Rückführungsmatrix und den Hilfsreglermatrizen. Dadurch wurde der Stabilitätsbeweis trotz der Nichtlinearitäten ermöglicht und dies wurde als sättigende Regelung bezeichnet.

Zudem wurde gezeigt, dass sich die Methode für den Entwurf zahlreicher Reglerstrukturen eignet, wobei eine Änderung der Reglerstruktur keine Änderungen in der Methodik erfordert. Dies wurde durch eine Formulierung der Bedingun-

S. Lerch, *Entwurf zeitdiskreter Ausgangsregler für Systeme unter Stellgrößen- und Stellratenbeschränkungen*, https://doi.org/10.1007/978-3-658-43061-0_5

gen ermöglicht, in der die Systembeschreibung des geschlossenen Regelkreises nicht von anderen Entscheidungsvariablen abhängt. Somit ergeben sich beliebige Reglerstrukturen, wobei in dieser Arbeit statische Zustands- sowie Ausgangsrückführungen, beobachterbasierte Regelungen, dynamische Ausgangsrückführungen, PID-Regler und außerdem die Erweiterung um Anti-Windup-Methoden betrachtet wurden. Beim Entwurf von Reglerstrukturen mit Anti-Windup traten zum Teil bilineare Formulierungen auf, die durch eine PK-Iteration gelöst wurden. Zudem wurde die Addition von zwei konvexen Hüllen durch die Minkowski-Summe ermöglicht. Damit wurde das Ziel erreicht, mehrere Reglerstrukturen durch eine Methode entwerfen zu können.

Bezüglich der Optimierungsaufgaben wurden die schnelle Regelung, die Maximierung des Stabilitätsbereiches und die Reduktion von Schwingungen behandelt. Dabei wurden ebenfalls Kombinationsmöglichkeiten dieser Optimierungsprobleme untersucht. Für die ersten beiden Möglichkeiten wurden Algorithmen entwickelt, die auf der Erweiterung der iterativen Methode basieren und die Gütekriterien sukzessive optimieren. Für die Reduktion von Schwingungen wurde eine neue Methode zur Polplatzierung in einer D_R-Region hergeleitet. Durch die Formulierung einer konvexen Approximation des Gebietes konstanter Dämpfung als D_R-Region wurden die Schwingungen sukzessive mithilfe eines Algorithmus minimiert. Damit werden nun ebenfalls beliebige andere Polplatzierungen ermöglicht, sofern das Gebiet als konvexe D_R-Region darstellbar ist. Somit wurde das Ziel der Betrachtung verschiedener Gütekriterien erreicht.

Zur weiteren Verringerung der Konservativität wurde zudem anstelle einer quadratischen Ljapunow-Funktion eine sättigungsabhängige Ljapunow-Funktion für den Stabilitätsbeweis verwendet. Durch die Abhängigkeit vom aktuellen Zustand der Sättigung entstehen mehr Freiheitsgrade in der Form des gesicherten Einzugsgebietes und dadurch eine geringere Konservativität. Da gezeigt wurde, dass die Konservativität der iterativen Methode im Vergleich zu anderen Methoden aus der Literatur bereits geringer ist, wurde mit der Einführung der sättigungsabhängigen Ljapunow-Funktion die Anforderung an die Konservativität mehr als erfüllt.

Die neuen Methoden bieten somit eine Vielzahl an Möglichkeiten zum Entwurf von Reglern für Systeme unter Stellgrößen- und Stellratenbeschränkungen bei gleichzeitigem Stabilitätsbeweis und geringer Konservativität. Um Aussagen über geeignete Reglerstrukturen und Optimierungsprobleme für Systeme mit Stellgrößen- und Stellratenbegrenzungen zu ermöglichen, wurden 18 Beispielsysteme herangezogen. Diese beinhalten sowohl numerische als auch praxisnahe Modelle aus verschiedenen Anwendungsgebieten. Dabei konnte zunächst gezeigt werden, dass eine sättigende Regelung im Vergleich zu einer nichtsättigenden Regelung durchweg zu einer höheren Regelgüte führt und daher bevorzugt werden sollte.

Zudem wurden verschiedene Aktormodelle untersucht, da die Stellrate entweder strikt durch eine Sättigungsfunktion oder durch ein Verzögerungsglied modelliert werden kann. Die strikte Beschränkung bildete das reale Verhalten genauer ab und führte beim Reglerentwurf zu Ergebnissen mit geringeren Werten der Gütemaße. Weitere Aktormodelle, die in der Literatur zu finden sind, wurden ausgeschlossen, da sie das Verhalten ungenau beschreiben. Somit wurde in dieser Arbeit für den modellbasierten Reglerentwurf das strikt beschränkte Aktormodell verwendet.

Bei der Betrachtung verschiedener Reglerstrukturen wurde unter anderem untersucht, ob die Rückführung der Aktorzustände bei einer statischen Regelung Vorteile bringt. In den 18 betrachteten Beispielsystemen war dies nicht der Fall, sodass eine strukturierte anstelle einer vollständigen Rückführung eingesetzt werden kann, um die Komplexität zu verringern.

Zudem wurden drei verschiedene Anti-Windup-Maßnahmen untersucht und miteinander verglichen, um das dynamische Verhalten zu optimieren. Dabei wurde der Entwurf von dynamischen Ausgangsrückführungen und PID-Reglern mit einer Aktorrückführung und einer einfachen sowie einer zweifachen Back-Calculation ermöglicht. Bei der dynamischen Ausgangsrückführung eigneten sich dazu die zwei Varianten des Back-Calculation-Verfahrens und bei dem PID-Regler wurde anhand eines Beispiels gezeigt, dass auch die Aktorrückführung, die eine geringe Komplexität aufweist, zu einer Optimierung des Verhaltens führen kann. Da die Berechnung vorab stattfindet und keine Echtzeit-Kriterien erfüllen muss, ist die Komplexität jedoch kein entscheidendes Kriterium. Die Optimierungsprobleme wurden bezüglich anwendungsrelevanter Einsatzgebiete diskutiert. Damit wurde das Ziel erreicht, Aussagen über die Eignung der verschiedenen Reglerstrukturen und Gütekriterien zu treffen.

Durch die neue Methode zur Polplatzierung in konvexen D_R-Regionen ergeben sich zahlreiche Erweiterungsmöglichkeiten für Gütemaße. Somit kann beispielsweise nicht nur die Dämpfung des Systems erhöht, sondern gleichzeitig auch die Abklingrate optimiert werden. Zudem können ohne Anpassung der Methode weitere Reglerstrukturen, wie beispielsweise ein PI-Zustandsregler, parametriert werden.

Zusammenfassend besitzen die neuen Methoden nicht nur verschiedene Adaptionsmöglichkeiten, sondern führen auch zu weniger konservativen Ergebnissen, als die Methoden, die dem bisherigen Stand der Forschung entsprechen. Ebenfalls wird der Entwurf von Reglerstrukturen und Optimierungsproblemen erschlossen, die bisher mit LMI-basierten Methoden für Systeme mit Stellgrößen- und Stellratenbeschränkungen nicht möglich waren.

Literaturverzeichnis

[1] ACKERMANN, J. : *Abtastregelung*. 3. Auflage. Springer Berlin, Heidelberg, 1988

[2] ADAMY, J. : *Nichtlineare Systeme und Regelungen*. 3. Auflage. Springer Vieweg Berlin, Heidelberg, 2018

[3] ANON: Why the gripen crashed. In: *Aerospace America* 32 (1994), Nr. 2, S. 11

[4] BATEMAN, A. ; LIN, Z. : An analysis and design method for discrete-time linear systems under nested saturation. In: *IEEE Transactions on Automatic Control* 47 (2002), Nr. 8, S. 1305–1310

[5] BENDER, F. ; GOMES DA SILVA, J. M.: Output Feedback Controller Design for Systems with Amplitude and Rate Control Constraints. In: *Asian Journal of Control* 14 (2012), Nr. 4, S. 1113–1117

[6] BENZAOUIA, A. ; MESQUINE, F. ; HMAMED, A. ; AOUFOUSSI, H. : Stability and control synthesis for discrete-time linear systems subject to actuator saturation by output feedback. In: *Mathematical Problems in Engineering* (2006)

[7] BERNSTEIN, D. S. ; MICHEL, A. N.: A chronological bibliography on saturating actuators. In: *International Journal of Robust and Nonlinear Control* 5 (1995), Nr. 5, S. 375–380

[8] BLAND, R. G. ; GOLDFARB, D. ; TODD, M. J.: The Ellipsoid Method: A Survey. In: *Operations Research* 29 (1981), Nr. 6, S. 1039–1091

[9] BOYD, S. ; EL GHAOUI, L. ; FERON, E. ; BALAKRISHNAN, V. : *Studies in Applied Mathematics*. Bd. 15: *Linear Matrix Inequalities in System and Control Theory*. Society for Industrial and Applied Mathematics (SIAM) Philadelphia, 1994

[10] BRAUN, A. : *Digitale Regelungstechnik*. R. Oldenbourg Verlag München Wien, 1997

[11] BRIEGER, O. ; KERR, M. ; LEIBLING, D. ; POSTLETHWAITE, I. ; SOFRONY, J. ; TURNER, M. C.: Anti-windup compensation of rate saturation in an experimental aircraft. In: *2007 American Control Conference*, 2007, S. 924–929

[12] BUTCHER, J. C.: *Numerical Methods for Ordinary Differential Equations*. 2. Auflage. John Wiley and Sons, Ltd Chichester, 2008

[13] CAO, Y.-Y. ; LIN, Z. : Stability analysis of discrete-time systems with actuator saturation by a saturation-dependent Lyapunov function. In: *Proceedings of the 41st IEEE Conference on Decision and Control* Bd. 4, 2002, S. 4140–4145

[14] CRUSIUS, C. ; TROFINO, A. : Sufficient LMI conditions for output feedback control problems. In: *IEEE Transactions on Automatic Control* 44 (1999), Nr. 5, S. 1053–1057

S. Lerch, *Entwurf zeitdiskreter Ausgangsregler für Systeme unter Stellgrößen- und Stellratenbeschränkungen*, https://doi.org/10.1007/978-3-658-43061-0

[15] DAAFOUZ, J. ; RIEDINGER, P. ; IUNG, C. : Stability analysis and control synthesis for switched systems: a switched Lyapunov function approach. In: *IEEE Transactions on Automatic Control* 47 (2002), Nr. 11, S. 1883–1887

[16] DE OLIVEIRA, M. ; BERNUSSOU, J. ; GEROMEL, J. : A new discrete-time robust stability condition. In: *Systems and Control Letters* 37 (1999), Nr. 4, S. 261–265

[17] DEHNERT, R. : *Entwurf robuster Regler mit Ausgangsrückführung für zeitdiskrete Mehrgrößensysteme*. Springer Vieweg Wiesbaden, 2020

[18] DEHNERT, R. ; DAMASZEK, M. ; LERCH, S. ; RAUH, A. ; TIBKEN, B. : Robust Feedback Control for Discrete-Time Systems Based on Iterative LMIs with Polytopic Uncertainty Representations Subject to Stochastic Noise. In: *Frontiers in Control Engineering* (2022)

[19] DEHNERT, R. ; LERCH, S. ; GRUNERT, T. ; DAMASZEK, M. ; TIBKEN, B. : A Less Conservative Iterative LMI approach for Output Feedback Controller Synthesis for Saturated Discrete-Time Linear Systems. In: *25th International Conference on System Theory, Control and Computing (ICSTCC)*, 2021, S. 93–100

[20] DEHNERT, R. ; LERCH, S. ; TIBKEN, B. : Robust Anti Windup Controller Synthesis of Multivariable Discrete Systems with Actuator Saturation. In: *2020 IEEE Conference on Control Technology and Applications (CCTA)*, 2020, S. 581–587

[21] DEHNERT, R. ; TIBKEN, B. ; PARADOWSKI, T. ; SWIATLAK, R. : Multivariable PID controller synthesis of discrete linear systems based on LMIs. In: *2015 IEEE Conference on Control Applications (CCA)*, 2015, S. 1236–1241

[22] DORNHEIM, M. A.: Report pinpoints factors leading to YF-22 crash. In: *Aviation Week Space Technol.* (1992), S. 53–54

[23] FÖLLINGER, O. : *Lineare Abtastsysteme*. 5. Auflage. R. Oldenbourg Verlag München, 1993

[24] FRANSSON, C. M. ; LENNARTSON, B. : Low order multicriteria H_∞ design via bilinear matrix inequalities. In: *42nd IEEE International Conference on Decision and Control* Bd. 5, 2003, S. 5161–5167

[25] FRIAS, J. : *Gegenüberstellung von Reglerentwurfsmethoden für Mehrgrößensysteme unter Stellgrößen- und Ratenbeschränkungen mittels linearer Matrixungleichungen*, Bergische Universität Wuppertal, Masterarbeit, 2021

[26] GALEANI, S. ; ONORI, S. ; TEEL, A. ; ZACCARIAN, L. : A magnitude and rate saturation model and its use in the solution of a static anti-windup problem. In: *Systems and Control Letters* 57 (2008), Nr. 1, S. 1–9

[27] GEERING, H. P.: *Regelungstechnik*. 6. Auflage. Springer Berlin, Heidelberg, 2004

[28] GOH, K.-C. ; SAFONOV, M. ; PAPAVASSILOPOULOS, G. : A global optimization approach for the BMI problem. In: *Proceedings of 1994 33rd IEEE Conference on Decision and Control* Bd. 3, 1994, S. 2009–2014

[29] GOMES DA SILVA, J. M. ; LIMON, D. ; ALAMO, T. ; CAMACHO, E. F.: Output Feedback for Discrete-Time Systems with Amplitude and Rate Constrained Actuators. In: TARBOURIECH, S. (Hrsg.) ; GARCIA, G. (Hrsg.) ; GLATTFELDER, A. H. (Hrsg.): *Advanced Strategies in Control Systems with Input and Output Constraints*. Springer Berlin, Heidelberg, 2007, S. 369–396

[30] GOMES DA SILVA, J. M. ; LIMON, D. ; ALAMO, T. ; CAMACHO, E. F.: Dynamic Output Feedback for Discrete-Time Systems Under Amplitude and Rate Actuator Constraints. In: *IEEE Transactions on Automatic Control* 53 (2008), Nr. 10, S. 2367–2372

[31] GOMES DA SILVA, J. M. ; TARBOURIECH, S. : Local stabilization of discrete-time linear systems with saturating controls: an LMI-based approach. In: *IEEE Transactions on Automatic Control* 46 (2001), Nr. 1, S. 119–125

[32] GOMES DA SILVA, J. M. ; TARBOURIECH, S. ; GARCIA, G. : Local stabilization of linear systems under amplitude and rate saturating actuators. In: *IEEE Transactions on Automatic Control* 48 (2003), Nr. 5, S. 842–847

[33] GOMES DA SILVA, J. ; TARBOURIECH, S. : Anti-windup design with guaranteed regions of stability for discrete-time linear systems. In: *Proceedings of the 2004 American Control Conference* Bd. 6, 2004, S. 5298–5303

[34] GRUNERT, T. ; DEHNERT, R. ; KUMMERT, A. ; TIBKEN, B. ; FIELSCH, S. : Gain Scheduled Control of Bounded Multilinear Discrete Time Systems with Uncertanties: An Iterative LMI Approach. In: *2019 IEEE 58th Conference on Decision and Control (CDC)*, 2019, S. 5199–5205

[35] HAGHANI, F. K. ; SOLEYMANI, F. : A new high-order stable numerical method for matrix inversion. In: *The Scientific World Journal* (2014)

[36] HAMILTON, M. : An Iterative Method for Computing Inverse Matrices. In: *British Journal of Statistical Psychology* 5 (1952), Nr. 3, S. 181–188

[37] HAN, J. ; SKELTON, R. : An LMI optimization approach for structured linear controllers. In: *42nd IEEE International Conference on Decision and Control* Bd. 5, 2003, S. 5143–5148

[38] HAN, J. ; SKELTON, R. E.: An LMI Optimization Approach to the Design of Structured Linear Controllers Using a Linearization Algorithm. In: *ASME 2003 International Mechanical Engineering Congress and Exposition, Dynamic Systems and Control* Bd. 1 und 2, 2003, S. 279–286

[39] HERRMANN, G. ; TURNER, M. C. ; POSTLETHWAITE, I. : Linear Matrix Inequalities in Control. In: TURNER, M. C. (Hrsg.) ; BATES, D. G. (Hrsg.): *Mathematical Methods for Robust and Nonlinear Control*. Springer London, 2007, S. 123–142

[40] HIPPE, P. : Stable and Unstable Systems with Amplitude and Rate Saturation. In: TARBOURIECH, S. (Hrsg.) ; GARCIA, G. (Hrsg.) ; GLATTFELDER, A. H. (Hrsg.): *Advanced Strategies in Control Systems with Input and Output Constraints*. Springer Berlin, Heidelberg, 2007, S. 31–60

[41] HOFFMANN, N. : *Digitale Regelung mit Mikroprozessoren*. Vieweg+Teubner Verlag Wiesbaden, 1983

[42] HU, T. ; LIN, Z. : *Control Systems with Actuator Saturation*. Birkhäuser Boston, MA, 2001

[43] HYPIUSOVA, M. ; ROSINOVA, D. : Discrete-Time Pole-Region Robust Controller for Magnetic Levitation Plant. In: *Symmetry* 13 (2021), Nr. 1

[44] ISERMANN, R. : *Digitale Regelsysteme*. Springer Berlin, Heidelberg, 1977

[45] KAPILA, V. ; GRIGORIADIS, K. M.: *Actuator Saturation Control*. Marcel Dekker New York, NY, 2002

[46] KEFFERPÜTZ, K. : *Regelungen für Systeme unter Stellgrößen- und Stellratenbeschränkungen*. VDI-Verlag Düsseldorf, 2012

[47] KOCVARA, M. ; STINGL, M. : PENNON: Software for Linear and Nonlinear Matrix Inequalities. In: ANJOS, M. F. (Hrsg.) ; LASSERRE, J. B. (Hrsg.): *Handbook on Semidefinite, Conic and Polynomial Optimization*. Springer New York, NY, 2012, S. 755–791

[48] KOTHARE, M. V. ; CAMPO, P. J. ; MORARI, M. ; NETT, C. N.: A unified framework for the study of anti-windup designs. In: *Automatica* 30 (1994), Nr. 12, S. 1869–1883

[49] LENNARTSON, B. ; MIDDLETON, R. ; CHRISTIANSSON, A.-K. ; MCKELVEY, T. : Low order sampled data H_∞ control using the delta operator and LMIs. In: *2004 43rd IEEE Conference on Decision and Control (CDC)* Bd. 4, 2004, S. 4479–4484

[50] LENS, H. : *Schnelle Regelung mit Ausgangsrückführung für Systeme mit Stellgrößenbeschränkungen*. Darmstadt, Technische Universität, Diss., 2010

[51] LERCH, S. ; DEHNERT, R. ; DAMASZEK, M. ; TIBKEN, B. : Anti Windup PID Control of Discrete Systems Subject to Actuator Magnitude and Rate Saturation: An Iterative LMI Approach. In: *2021 25th International Conference on System Theory, Control and Computing (ICSTCC)*, 2021, S. 413–418

[52] LERCH, S. ; DEHNERT, R. ; DAMASZEK, M. ; TIBKEN, B. : Static Output Feedback Controller Design of Discrete Systems Subject to Actuator Magnitude and Rate Saturation. In: *2021 25th International Conference on System Theory, Control and Computing (ICSTCC)*, 2021, S. 395–400

[53] LERCH, S. ; DEHNERT, R. ; ROSIK, M. ; TIBKEN, B. : Minimizing Oscillations for Magnitude and Rate-Saturated Discrete-Time Systems by a D_R Region Pole Placement. In: *2022 10th International Conference on Systems and Control (ICSC)*, 2022, S. 244–249

[54] LI, Y. ; LIN, Z. : *Stability and Performance of Control Systems with Actuator Saturation*. Birkhäuser Cham, 2018

[55] LIM, J. S. ; LEE, Y. I.: Design of discrete-time multivariable PID controllers via LMI approach. In: *2008 International Conference on Control, Automation and Systems*, 2008, S. 1867–1871

[56] LIU, S. ; ZHOU, L.-M. : Static Anti-windup Synthesis for a Class of Linear Systems Subject to Actuator Amplitude and Rate Saturation. In: *Acta Automatica Sinica* 35 (2009), Nr. 7, S. 1003–1006

[57] LÖFBERG, J. : YALMIP : A toolbox for modeling and optimization in MATLAB. In: *2004 IEEE International Conference on Robotics and Automation*, 2004, S. 284–289

[58] LUDYK, G. : *Theoretische Regelungstechnik 2*. 1. Auflage. Springer Berlin, Heidelberg, 1995

[59] LUNZE, J. : *Regelungstechnik 1*. 12. Auflage. Springer Vieweg Berlin, Heidelberg, 2020

[60] LUNZE, J. : *Regelungstechnik 2*. 10. Auflage. Springer Vieweg Berlin, Heidelberg, 2020

[61] MA, Y.-M. ; YANG, G.-H. : Stabilization with decay rate analysis for discrete-time linear systems subject to actuator saturation. In: *2008 American Control Conference*, 2008, S. 1887–1892

[62] MAYER, S. ; DEHNERT, R. ; TIBKEN, B. : Controller synthesis of multi dimensional, discrete LTI systems based on numerical solutions of linear matrix inequalities. In: *2013 American Control Conference*, 2013, S. 2386–2391

[63] MENGI, E. ; OVERTON, M. L.: Algorithms for the computation of the pseudospectral radius and the numerical radius of a matrix. In: *IMA Journal of Numerical Analysis* 25 (2005), Nr. 4, S. 648–669

[64] MOSEK- APS: *MOSEK Optimization Toolbox for MATLAB. Release 10.0.12*, 2022. https://docs.mosek.com/10.0/toolbox.pdf

[65] NATIONAL RESEARCH COUNCIL (U.S.) COMMITTEE ON THE EFFECTS OF AIRCRAFT- PILOT COUPLING ON FLIGHT SAFETY: *Aviation Safety and Pilot Control*. National Academies Press Washington, DC, 1997

[66] NESTEROV, Y. ; NEMIROVSKII, A. : *Studies in Applied Mathematics*. Bd. 13: *Interior-Point Polynomial Algorithms in Convex Programming*. Society for Industrial and Applied Mathematics (SIAM) Philadelphia, 1994

[67] NGUYEN, T. ; JABBARI, F. : Output feedback controllers for disturbance attenuation with actuator amplitude and rate saturation. In: *Proceedings of the 1999 American Control Conference* Bd. 3, 1999, S. 1997–2001

[68] OERTEL JR., H. : *Numerische Strömungsmechanik*. 2. Auflage. Springer Fachmedien Wiesbaden, 2003

[69] OLIVEIRA, L. A. L. ; BARBOSA, M. V. C. ; SILVA, L. F. P. ; LEITE, V. J. S.: Regional polyquadratic stabilization of discrete-time LPV systems under magnitude and rate saturating actuators. In: *2021 American Control Conference (ACC)*, 2021, S. 4926–4931

[70] ORTSEIFEN, A. : *Entwurf von modellbasierten Anti-Windup-Methoden für Systeme mit Stellbegrenzungen*. Darmstadt, Technische Universität, Diss., 2014

[71] PAN, H. ; KAPILA, V. : LMI-based control of discrete-time systems with actuator amplitude and rate nonlinearities. In: *Proceedings of the 2001 American Control Conference* Bd. 5, 2001, S. 4140–4145

[72] PEAUCELLE, D. ; ARZELIER, D. ; BACHELIER, J. ; BERNUSSOU, J. : A New Robust D-Stability Condition for Real Convex Polytopic Uncertainty. In: *Systems and Control Letters* 40 (2000), S. 21–30

[73] POLYAK, R. : Modified barrier functions (theory and methods). In: *Mathematical Programming* 54 (1992), S. 177–222

[74] RAUH, A. ; DEHNERT, R. ; ROMIG, S. ; LERCH, S. ; TIBKEN, B. : Iterative Solution of Linear Matrix Inequalities for the Combined Control and Observer Design of Systems with Polytopic Parameter Uncertainty and Stochastic Noise. In: *Algorithms* 14 (2021), Nr. 7

[75] RAUH, A. ; ROMIG, S. : Linear Matrix Inequalities for an Iterative Solution of Robust Output Feedback Control of Systems with Bounded and Stochastic Uncertainty. In: *Sensors* 21 (2021), Nr. 9

[76] REINHARDT, H.-J. : *Numerik gewöhnlicher Differentialgleichungen*. 2. Auflage. De Gruyter Berlin, Boston, 2012

[77] ROSIK, M. ; DEHNERT, R. ; LERCH, S. ; SONNENSCHEIN, J. ; TIBKEN, B. : Robust Observer-Based Adaptive High-Gain Feedback Design for Uncertain Saturated Discrete-Time Linear Systems. In: *2022 10th International Conference on Systems and Control (ICSC)*, 2022, S. 489–495

[78] ROSINOVA, D. ; HYPIUSOVA, M. : LMI Pole Regions for a Robust Discrete-Time Pole Placement Controller Design. In: *Algorithms* 12 (2019), Nr. 8

[79] RUGH, W. J.: *Linear system theory*. 2. Auflage. Prentice-Hall, 1996

[80] SAFONOV, M. ; LAUB, A. ; HARTMANN, G. : Feedback properties of multivariable systems: The role and use of the return difference matrix. In: *IEEE Transactions on Automatic Control* 26 (1981), Nr. 1, S. 47–65

[81] SCHERER, C. W. ; WEILAND, S. : Linear Matrix Inequalities in Control / Department of Mathematics University of Stuttgart, Department of Electrical Engineering Eindhoven University of Technology. 2017. – Forschungsbericht

[82] SCHULZ, G. : Iterative Berechung der reziproken Matrix. In: *ZAMM – Journal of Applied Mathematics and Mechanics / Zeitschrift für Angewandte Mathematik und Mechanik* 13 (1933), Nr. 1, S. 57–59

[83] SHEWCHUN, J. M. ; FERON, E. : High performance control with position and rate limited actuators. In: *International Journal of Robust and Nonlinear Control* 9 (1999), Nr. 10, S. 617–630

[84] SONTAG, E. D.: An algebraic approach to bounded controllability of linear systems. In: *International Journal of Control* 39 (1984), Nr. 1, S. 181–188

[85] STEIN, G. : Respect the unstable. In: *IEEE Control Systems Magazine* 23 (2003), Nr. 4, S. 12–25

[86] STOORVOGEL, A. ; SABERI, A. : Output regulation of linear plants with actuators subject to amplitude and rate constraints. In: *International Journal of Robust and Nonlinear Control* 9 (1999), Nr. 10, S. 631–657

[87] STÖLTING, H.-D. ; BEISSE, A. : Schrittmotoren. In: *Elektrische Kleinmaschinen*. Vieweg+Teubner Verlag Wiesbaden, 1987, S. 189–213

[88] TARBOURIECH, S. ; PRIEUR, C. ; GOMES DA SILVA, J. M.: Stability analysis and stabilization of systems presenting nested saturations. In: *IEEE Transactions on Automatic Control* 51 (2006), Nr. 8, S. 1364–1371

[89] TARBOURIECH, S. ; GARCIA, G. ; GLATTFELDER, A. H.: *Advanced Strategies in Control Systems with Input and Output Constraints*. Springer Berlin, Heidelberg, 2007

[90] TARBOURIECH, S. ; GARCIA, G. ; GOMES DA SILVA JR., J. M. ; QUEINNEC, I. : *Stability and Stabilization of Linear Systems With Saturating Actuators*. Springer London, 2011

[91] TARBOURIECH, S. ; QUEINNEC, I. ; TURNER, M. C.: Anti-windup design with rate and magnitude actuator and sensor saturations. In: *2009 European Control Conference (ECC)*, 2009, S. 330–335

[92] TURNER, M. C. ; HERRMAN, G. ; POSTLETHWAITE, I. : Anti-windup Compensation and the Control of Input-Constrained Systems. In: TURNER, M. C. (Hrsg.) ; BATES, D. G. (Hrsg.): *Mathematical Methods for Robust and Nonlinear Control*. Springer London, 2007, S. 143–173

[93] UNBEHAUEN, H. : *Regelungstechnik II*. 8. Auflage. Vieweg+Teubner Verlag Wiesbaden, 2000

[94] VANANTWERP, J. G. ; BRAATZ, R. D.: A tutorial on linear and bilinear matrix inequalities. In: *Journal of Process Control* 10 (2000), S. 363–385

[95] VANDENBERGHE, L. ; BOYD, S. : Semidefinite Programming. In: *SIAM Review* 38 (1996), Nr. 1, S. 49–95

[96] WADA, N. ; OOMOTO, T. ; SAEKI, M. : L_2-gain analysis of discrete-time systems with saturation nonlinearity using parameter dependent Lyapunov function. In: *2004 43rd IEEE Conference on Decision and Control (CDC)* Bd. 2, 2004, S. 1952–1957

[97] WANG, N. ; PEI, H. ; WANG, J. : Static anti-windup synthesis for linear systems subject to actuator amplitude and rate saturation using an LMI approach. In: *Proceedings of the 32nd Chinese Control Conference*, 2013, S. 402–406

[98] WERNER, D. : *Funktionalanalysis*. 6. Auflage. Springer Berlin, Heidelberg, 2007

[99] WU, F. ; SOTO, M. : Extended LTI anti-windup control with actuator magnitude and rate saturations. In: *42nd IEEE International Conference on Decision and Control* Bd. 3, 2003, S. 2786–2791

[100] ZACHER, S. ; REUTER, M. : *Regelungstechnik für Ingenieure*. 15. Auflage. Springer Vieweg Wiesbaden, 2017

[101] ZHENG, F. ; WANG, Q.-G. ; LEE, T. H.: On the design of multivariable PID controllers via LMI approach. In: *Automatica* 38 (2002), Nr. 3, S. 517–526

[102] ZHENG, Q. ; WU, F. : Output feedback control of saturated discrete-time linear systems using parameter-dependent Lyapunov functions. In: *Systems and Control Letters* 57 (2008), Nr. 11, S. 896–903

[103] ZHOU, B. ; ZHENG, W. X. ; DUAN, G.-R. : An improved treatment of saturation nonlinearity with its application to control of systems subject to nested saturation. In: *Automatica* 47 (2011), Nr. 2, S. 306–315

[104] ZHOU, J. : *Gegenüberstellung von konvexen Hüllen und Sektorbedingungen zur Abbildung von Stellgrößen- und Stellratenbeschränkungen in Reglerentwurfsmethoden basierend auf linearen Matrixungleichungen*, Bergische Universität Wuppertal, Masterarbeit, 2022

Printed in the United States
by Baker & Taylor Publisher Services